相分离技术及应用

Phase Separation Technology and Application

冯艳峰 主 编
魏久鸿 副主编

化学工业出版社
·北京·

内容简介

《相分离技术及应用》一书全面总结了气固、气液、液固以及其他形式的各物质相态之间的分离理论和技术。从基础理论出发，到新技术的开发和应用，全面阐释了“相分离”的概念和过程，全面总结了化工生产和环保领域中所涉及的各物质相态分离的过程，实现了理论与实践的结合。从传统分离方法到新型高效的分离方法，论述完整，角度新颖，对工业生产有重要的指导意义。

全书内容充实，学科跨度大，可作为环保、化工及安全等诸多领域一线工程技术人员和相关科研人员的选修读本。

图书在版编目(CIP)数据

相分离技术及应用/冯艳峰主编；魏久鸿副主编. —北京：化学工业出版社，2024.6

ISBN 978-7-122-44894-1

Ⅰ.①相… Ⅱ.①冯…②魏… Ⅲ.①相分离 Ⅳ.①O792

中国国家版本馆 CIP 数据核字（2024）第 076272 号

责任编辑：廉 静　　　文字编辑：张瑞霞
责任校对：王 静　　　装帧设计：王晓宇

出版发行：化学工业出版社
（北京市东城区青年湖南街 13 号 邮政编码 100011）
印 装：北京科印技术咨询服务有限公司数码印刷分部
787mm×1092mm 1/16 印张 16¾ 字数 306 千字
2024 年 10 月北京第 1 版第 1 次印刷

购书咨询：010-64518888　　　售后服务：010-64518899
网 址：http://www.cip.com.cn
凡购买本书，如有缺损质量问题，本社销售中心负责调换。

定 价：98.00 元

编写人员名单

主　　编：冯艳峰　沈阳工业大学建筑与土木工程学院

副 主 编：魏久鸿　通化鑫鸿新材料有限公司

参编人员：胥海江　河钢集团唐钢公司动力部

魏丽燕　辽宁基伊能源科技有限公司

江保兴　辽宁基伊能源科技有限公司

冯　忠　辽宁基伊能源科技有限公司

蒋皓楠　通化鑫鸿新材料有限公司

张宏红　唐山市第一职业中等专业学校

侯　健　河钢数字技术股份有限公司

前言 Preface

相，是一种物质聚集态的物理表述，是一般物质在一定的温度和压强条件下所处的相对稳定的状态，通常是指固态（固相）、液态（液相）和气态（气相）。除了上述三种物态以外，还有增加了等离子态、超固态和玻色-爱因斯坦凝聚态。当气体中分子运动更加剧烈，成为离子、电子的混合体时，称为等离子态；当压强超过百万大气压时，固体的原子结构被破坏，原子的电子壳层被挤压到原子核的范围，这种状态称为超固态；有些气体被冷却到 10^{-9}K 温度时，其气体中的原子（玻色子）都进入能量最低的状态，称为玻色-爱因斯坦凝聚态。

本书中所讨论的相态问题，仅限于气液固三态。相态分离技术其本质是把气液固三态混合体系如何分离成单相态的问题。相分离以物理分离为主，分离的对象以两相或多相混合物为主、同相混合物为辅。对于其他体系的分离技术，如蒸馏、萃取、生物分离、电渗析、重结晶等不在本书的讨论范围。

本书是从宏观角度阐述气固、液固、气液等两相或多相混合物分离为单相。讨论气固分离技术以空气净化除尘器居多，液固分离的过滤器其次，气液分离技术相对较少。在实际应用领域中，大多数表现在化工领域和环保领域。化工领域中的应用主要是合成产物后的相态分离过程，环保领域主要应用于大气污染防治以及污水处理等环节。通过对相分离技术的掌握，有助于提高相关行业的经济效益和社会效益。

在当今技术革新的浪潮中，相态分离技术的优化与创新显得尤为关键。三大体系——气相、液相、固相的分离问题，不仅彼此关联，而且在特定条件下能够实现相互转化，为寻求更高效、低能耗的处理方法提供了可能。因此，从宏观视角对相态分离技术进行全面分析，并将其应用于生产实践，对于推动技术进步和产业升级具有重大意义。

本书致力于探讨流体状态下的气相和液相，以及离散状态的固相颗粒和粉尘。其中，固相大多以气相或液相为载体，从而使得相态运动状态的研究主要隶属于流体运动的范畴。对于其他运动形式的相分离过程，则不在本书的讨论之列。

内容上，本书从相的基本概念入手，详细阐述了各相态的形态、力学特征及其运动规律。书中介绍了从传统到新型的相分离技术设备，构建了从基础理论到技术应用的知识框架。结合流体力学的基础知识，本书对气、液、固三大相态体系的分离技术进行了深入解析，并着重介绍了高效环保的新技术。这些新技术不仅具有独特的特点，而且实际工作生产和生活应用中展现了巨大的潜力。

本书旨在为读者提供一部全面、系统的相态分离技术指南，不仅可作为学习和研究的参考，也可作为工程技术人员实际工作中的应用手册。通过对这些技术的理解和比较，读者能够更好地把握相分离技术的最新动态，为技术发展奠定坚实的理论基础。

由于作者水平有限，书中难免存在缺点和不足，衷心希望广大读者给予批评和指正。

编者

2024 年 3 月

目录 Contents

1 第一章 绪论 001
一、相 002
二、相分离技术 003
三、研究相分离技术的目的及意义 003
四、相分离技术存在的问题 004
五、相分离技术的设计与应用 005

2 第二章 相和相流 006
一、相律 007
二、相平衡 008
三、两相流和多相流 008
四、表观密度 010

3 第三章 气相、液相和固相颗粒 011
一、气体的物理性质 012
二、液体的物理性质 016
三、气体的扩散与吸收 022
四、粉尘的物理性质 028

4 第四章 流体力学基础 037
一、流体 038
二、流体静力学基础 038
三、流场的基本概念 039
四、流体运动的基本方程 042
五、流体阻力与能量损失 050

5
第五章
过滤分离
055

一、多孔介质内流体的流动 056
二、渗透率 056
三、滤饼过滤 057
四、固体颗粒浓度 058
五、过滤介质 059
六、渗滤技术 066
七、上排污真空渗滤技术 071

6
第六章
袋式分离技术
074

一、袋式气固分离器的基本原理 075
二、滤料结构和特点 075
三、几种典型传统袋式气固分离器 077
四、势能旋袋式气固分离器 081
五、高效除尘脱硫技术 083

7
第七章
旋风式分离技术
086

一、旋风气固分离器 087
二、旋风分离器的工作原理 087
三、旋风分离器的结构型式 088
四、常用旋风分离器的结构和性能 089
五、旋风分离器内部流场分析 090
六、旋风分离器内部流场分析新观点 096
七、传统旋风分离器存在的问题 103
八、新型旋风分离器的设计 104
九、新型旋风分离器的应用实例优点与应用前景 109

8
第八章
湿法分离技术
111

一、洗涤器的分类 112
二、洗涤器的性能和净化效率 112
三、洗涤器的净化机制 113
四、洗涤器的选择 113
五、重力喷雾洗涤器 114
六、文丘里洗涤器 116

七、板式塔的结构和特点 125
八、填料塔与塔填料 130

9
第九章
气液分离技术
136
一、重力沉降分离 137
二、惯性分离 137
三、介质过滤分离 138
四、离心分离 138
五、孔板式分离 139
六、刘氏环技术 140

10
第十章
同相态分离
过程及技术
142
一、气气分离技术 143
二、气气分离方法 143
三、气相分离设备的选择 143
四、吸附法净化流程 144
五、固定床吸附器 145
六、移动床吸附器 145
七、沸腾床吸附器 146
八、吸附装置的设计与选择 146
九、液液分离技术 149
十、固固分离技术 149
十一、浮选法 150
十二、跳汰法 153

11
第十一章
洗气机分离
技术及应用
155
一、径混式风机的基本构造 156
二、风机的立式与卧式受力分析 161
三、风机进风口与出风口压力状态分析 163
四、径混式通风机蜗壳的蜗舌作用与
性能的研究 163
五、变频技术在风机降噪中的作用 166
六、强力传质洗气机 169
七、洗气机的分类 170
八、强力传质洗气机结构及工作原理 170

九、洗气机内部流体动力学分析 174
十、参数确定 180
十一、洗气机相态分离机理 187
十二、洗气机的性能特征 194
十三、强力传质洗气机的配套设备 195
十四、洗气机传质系统 197

12 第十二章 超重力分离技术及应用 200

一、超重力场及其设备 201
二、超重力因子 202
三、超重力场的实现 203
四、超重力场多相分离原理 204
五、超重力场气-固分离过程 206
六、超重力场气-液分离过程 210
七、超重力技术的特点 214
八、超重力装置的结构与类型 215
九、超重力技术的发展与应用 219

13 第十三章 新型相分离技术应用 222

一、势能旋袋式除尘器的应用 223
二、新型旋风除尘器的应用 229
三、吸收法和吸附法净化 VOCs 废气 231
四、超重力场中净化硝烟 235
五、超重力法脱除二氧化碳体系中的硫化氢 238
六、离心式洗气机的应用 245
七、旋流式洗气机的应用 247
八、中气回用与零排技术 249

结语 256

参考文献 257

第一章 绪论

Phase Separation Technology and Application

一、相

在物理学中相是指一个宏观物理系统所具有的一组状态，通称为物态。处于一个相中的物质拥有单纯的化学组成和物理特性（如密度、晶体结构、折射率等）。最常见的物质状态有固态、液态和气态，俗称“物质三态”。不常见的物质状态包括等离子态、夸克胶子等离子态、玻色-爱因斯坦凝聚态、费米子凝聚态、酯膜结构、奇异物质、液晶、超液体、超固体和具有顺磁性、逆磁性的磁性物质，等等。

系统中相的总数目称为相数，根据相数不同，可以将系统分为单相系统和多相系统。

根据系统中物质存在的形态和分布不同，将系统分为相（phase）。系统中的相是指在没有外力作用下，物理、化学性质完全相同、成分相同的均匀物质的聚集态。所谓均匀是指其分散度达到分子或离子大小的数量级。相与相之间有明确的物理界面，超过此界面，一定有某宏观性质（如密度、组成等）发生突变。物质在压强、温度等外界条件不变的情况下，从一个相转变为另一个相的过程称为相变。相变过程也就是物质结构发生突然变化的过程。

通常任何气体均能无限混合，所以系统内无论含有多少种气体都是一个相，称为气相。均匀的溶液也是一个相，称为液相。浮在水面上的冰不论是 2kg 还是 1kg，不论是一大块还是一小块，都是同一个相，称为固相。相的存在和物质的量的多少无关，可以连续存在，也可以不连续存在。系统内相的数目为相数，用 P 表示。

气体：一般是 1。

液体：视其混溶程度而定，可有 1、2、3…个相。

固体：一般有几种物质就有几个相，如水泥生料。另外，在固态合金中，在一种元素的晶格结构中包含其他元素，这种结构的合金称为固溶体。在固溶体晶格上各组分的化学质点随机分布均匀，其物理性质和化学性质符合相均匀性的要求，因而几种物质间形成的固溶体是一个相。

系统中物理状态、物理性质和化学性质完全均匀的部分称为一个相。系统里的气体，无论是纯气体还是混合气体，总是一个相。若系统里只有一种液体，无论这种液体是纯物质还是溶液，也总是一个相。若系统中有两种液体，如乙醚与水，中间以液液界面隔开，为两相系统，即使乙醚里溶有少量水，水里也溶有少量乙醚，同样只有两相。不相溶的油和水在一起是两相系统，激烈振荡后油和水形成乳浊液，也仍然是两相（一相叫连续相，另一相叫分散相）。不同固体的混合物，是多相系，如花岗石（由石英、云母长石等矿物组成），又如无色透明的金刚石中有少量黑色的金刚石，都是多相系统。相和组分不是一个概念，例如，同时存在水蒸气、液态的水和冰的系统是三相系统，尽管这个系统里只有一个组分——水。一般而言，相与相之间存在着光学界面，光由一相进入另一相会发生反射和折射，光在不同的相里行进的速度不同。混合气体或溶液是分子水平的混合物，分子（离子也一样）之间是不存在光学界面的，因而是单相的。不同相的界面不一定都一目了然。更确切地说，即单一相体系内部的物理和化学性质完全相同，相与相之间在指定条件下有明显分界面，在界面上，从宏观角度看性质的改变是突越式的。

二、相分离技术

气-固、气-液、气-液-固等多相分离过程在化学工程和其他过程工业中应用相当普遍，涉及电力、能源、国防、冶金、化工等诸多领域。其中，烟气除尘、从含固体的气体中回收产品、脱除煤气中焦油、油烟净化、尾气除雾等都是多相分离的典型过程。

总的来讲，多相分离方法可分为干法和湿法两类。干法是利用气体与固体（或液滴）之间物理性质（如密度、荷电性、表面性质等）的差异，依靠自然重力、惯性力、热聚力、扩散附着力、静电力等外力作用达到分离目的。干法分离设备主要有重力除尘器、惯性除尘器、旋风除尘器、过滤式除尘器、静电除尘器等。湿法是利用液体对固体的浸润、包裹、湿润、聚积等性质，依靠分离设备对多相流之间产生的剪切作用而达到分离目的。湿法分离设备主要有板式洗涤器、纤维填充洗涤器、喷雾式洗涤器、旋转式洗涤器、冲击式洗涤器、文丘里洗涤器等。湿法多相分离具有结构简单、操作及维修方便等特点，适用于气-固、气-液、气-液-固等多相分离过程，可进行气体净化、烟气冷却及增湿操作，特别适用于高温、高湿和有爆炸危险的气体净化。

三、研究相分离技术的目的及意义

在目前的工业体系中，相分离几乎是无处不在的。例如在环保领域，用于大气污染治理，其本质就是气固分离、气气分离和气液分离问题。用于气固分离的设备叫作除尘器，用于液固分离的设备叫作过滤器或过滤机，而用于气液分离的设备称为洗气机，虽然过滤的相不同，但其本质可以相互转化，理论也有许多互通之处，因此将这些理论技术进行归纳，使之集成化、标准化，这就是研究相分离技术的目的和意义。

四、相分离技术存在的问题

1. 液固分离问题

在液固分离领域中，重力沉降的方式则是大型企业大水量条件下的首选分离方式，用机械分离装置则可实现重力沉降，这使得机械式分离这种传统的分离技术在市场中的应用比例上升，使得传统分离技术在市场中的应用占有举足轻重的地位。

重力沉降法实现液固分离，其本身技术含量不高，存在的效率和能耗问题也是显而易见的，本书不做过多的阐述。除此之外，液固分离装置如压滤机、过滤机和过滤器等，这些过滤技术也属于传统过滤技术范畴。随着社会的发展，过滤装置小型化的市场需求越来越高，能否建立新的理论，使之能达到市场要求并占有一定的地位是液固分离技术的研究重点和发展方向。

2. 气固分离问题

（1）机械式分离技术（降尘或除尘）

机械式分离是最简单的分离方式，包括重力沉降、惯性分离、旋风式分离等，这些技术及设备设计简单，早已应用，其存在的最大问题就是能耗高、占地面积大、效率低。随着社会的发展和对环保的要求，这些技术及设备大多已经不被使用了。

（2）过滤式分离技术

过滤式分离设备是目前市场上应用最多的分离装置，其主要可分为两大类，一种是袋式过滤装置，也叫袋式除尘器，另一种是颗粒式过滤器。目前市场上应用的过滤器98％都是袋式除尘器，颗粒式过滤器由于其设计方面因素而很少使用。袋式除尘器在其应用中除了对介质和过滤材料有较大提升，其外形设计、内部结构等方式并无太大变化，在理论和技术上都没有较大突破。

（3）静电式分离技术

静电式分离是应用电场使分离的固态颗粒带电，在电荷作用下产生定向移动，并被吸附在电极上，从而达到气固分离的目的。目前较为先进的静电式分离技术有高温静电技术和电袋结合技术，这些技术虽然是静电式分离技术的进步体现，但本身仍存在许多问题尚未解决。

（4）湿法分离技术

湿法分离多用于环保领域或非产品回收的分离问题。此技术同袋式除尘器和静电式除尘器相比较，其特点鲜明，有一定的优势，但市场占有率远不及袋式除尘器和静电式除尘器。在湿法分离装置中，以塔式结构的分离装置或洗涤装置（交互装置）为主，在市场中占有主导地位，而文丘里过滤器则因能耗大，只能在特殊的工况中得以应用。然而塔器装置也存在传质效率偏低、设备阻塞等缺陷。

3. 气液分离问题

气液分离和前两项分离问题相比，市场占有量要小很多，但研究其分离技术的意义也是十分重要的，其适用的领域以环保领域为主。由于对气液分离技术的研究不足，从而阻碍此体系的技术和设备发展的先进性，存在气液分离技术没能系统化、分离精度不够高的问题。如湿法脱硫中伴随有碱雨的形成、氨逃逸等污染严重的问题。目前能够应用于气液分离的技术多是旋流板的使用，但其应用效果也不算太好，而折流板、丝网等机构因其阻力大的问题，阻塞严重从而不能得到很好的推广及应用。

在需要处理气液分离问题的领域，如工业和餐饮的油烟净化过程，高温产生的油烟经冷凝后与气相结合形成气液混合物，冷凝的油烟的物理性质决定（黏度、密度等）分离难度。

五、相分离技术的设计与应用

在一个体系存在气固、气液、液固同时发生的联合设计的分离问题，如转炉中的一次除尘采用湿法技术时，将气固分离问题转化成气液分离、液固分离来处理，从而达到高效低能耗的分离效果。类似于这类问题的工程有很多，这就要求设计者对诸多相分离技术都要掌握，对分离方案的设计也有很高的要求，从宏观角度考虑相分离问题，灵活运用分离技术，才能事半功倍。

第二章 相和相流

Phase Separation Technology and Application

前文介绍过，相是物质以某种形式聚集态的体现，而相流则是相本身以流体形式的表现。研究相分离，其本质是研究相和相流在流场内部的变化情况，因此本章主要介绍相和相流相关的基本概念，为后面的论述打基础。

一、相律

相律作为物理化学中最具有代表性的规律之一，是吉布斯根据热力学原理得出的，它用于确定相平衡系统中能够独立改变的变量个数。相和相数、自由度和自由度系数是用来推导相律的基本概念。

自由度是指维持系统相数不变的情况下可以独立改变的变量（如温度、压力和组成等），其个数为自由度数，用 F 表示。如纯水在气、液两相平衡共存时，若温度同时要维持气液两相共存，则系统的压力必须等于该温度下的饱和蒸气压而不能任意选择，否则会有一个相消失。同样，若改变压力，温度也不能任意选择。即水与水蒸气两相平衡系统中，能独立改变的变量只有一个，即自由度数 $F=1$。又如任意组成的二组分盐水溶液与水蒸气两相平衡系统，可以改变的变量有三个：温度、压力（水蒸气压力）和盐水溶液的组成。但水蒸气压力是温度和溶液组成的函数，故这个系统的自由度数 $F=2$。若盐是过量的，系统中为固体盐、盐的饱和水溶液与水蒸气三相平衡。当温度一定时，盐的溶解度一定，因而水蒸气压力也一定，能够独立改变的变量只有一个，故系统的自由度 $F=1$。

要确定一个相平衡系统的自由度数，对于简单的系统可凭经验加以判断，对复杂系统，如多相、多分相平衡，则要逐个相去确定。

相律的主要目的是确定系统的自由度数，即独立变量个数，其基本思路为：

$$自由度数=总变量数-非独立变量数$$

任何一个非独立变量，它总可以通过一个与独立变量关联的方程式来表示，具有多少非独立变量，就一定有多少关联变量的方程式，故有：

$$自由度数=总变量数-方程式数$$

总变量数包括温度、压力及组成。方程式数：系统中 P 个物种就有 P 个关联组成的方程式。

二、相平衡

化学化工生产中对产品进行分离，提纯时离不开蒸馏、结晶、萃取等各种单元操作，而这些单元操作过程中的理论基础就是相平衡原理。此外，在冶金、材料、采矿、地质等行业过程中，也需要相平衡的知识。

相平衡研究的主要内容是表达一个相平衡系统的状态如何随其组成、温度、压力等变量而变化。而描述这种相平衡系统状态变化的方法主要有两种：一是从热力学的基本原理、公式出发，推导系统的温度、压力与各相组成间的关系，并用数学公式予以表示，如克拉佩龙方程、拉乌尔定律等；另一种方法是用图形表示相平衡系统温度、压力、组成间的关系，这种图形称为相图。

在一定的条件下，当一个多相系统中各相的性质和数量均不随时间变化时，称此系统处于相平衡。此时从宏观上看，没有物质由一相向另一相的净迁移，但从微观上看，不同相间分子转移并未停止，只是两个方向的迁移速率相同而已。

相平衡的条件：相平衡时任一物质在各相中的化学势相等。

三、两相流和多相流

在流体介质组成中根据其物理状态可以分为单相流、两相流和三相流。单相流就是气相、液相或固相中的一相（一种）。两相流就是三种相状态中的任意两种相状态同时混合流动，如：固液混流、气固混流和气液混流。三相流则是三种相状态的介质同时混合流动。

自然界和工业过程中常见的两相流及多相流主要有如下几种，其中以两相流最为普遍。

（1）气液两相流

气体和液体物质的混合流称为气液两相流。它又可以分单组分工质如水-水蒸气的气液两相流和双组分工质如空气-水气液两相流两类。前者气、液两相都具有相同的化学成分，后者则是两相各具有不同的化学成分。单组分的气液两相流在流动时根据压力和温度的变化会发生相变，即部分液体能汽化为蒸气或部分蒸气凝结成液体；双组分气液两相流则一般在流动中不会发生相变。自然界、日常生活和工业设备中气液两相流的实例比比皆是，如下雨时风雨交加的湖面和海面上带雾的上升气流、山区大气中的云遮雾罩，沸腾的水壶中的循环，啤酒及汽水等夹带着气泡从瓶中注入杯子的流动等都属于自然界及日常生活中常见的气液两相流。

现代工业设备中广泛应用气液两相流与传热的原理和技术，如锅炉、核反应堆蒸汽发生器等汽化装置，石油、天然气的管道输送，大量传热传质与化学反应工程设备中的各种蒸发器、冷凝器、反应器、蒸馏塔、汽提塔，各式气液混合器、气液分离器和热交换器等，都广泛存在气液两相流与传热现象。

(2) 气固两相流

气体和固体颗粒混合在一起共同流动称为气固两相流。自然界和工业过程中气固两相流的实例也比比皆是，如空气中夹带灰粒与尘土、沙漠风沙、飞雪、冰雹，在动力、能源、冶金建材、粮食加工和化工工业中广泛应用的气力输送、气流干燥、煤炭燃烧、石油的催化裂化、矿物的流态化焙烧和气力浮选、流态化等过程或技术，都是气固两相流的具体实例。

严格地说，固体颗粒没有流动性，不能作流体处理。但当流体中存在大量固体小粒子流时，如果流体的流动速度足够大，这些固体粒子的特性与普通流体相类似，即可以认为这些固体颗粒为拟流体，在适当的条件下当作流体流动来处理。在流体力学中，尽管流体分子间有间隙，但人们总是把流体看成是充满整个空间没有间隙的连续介质。由于两相流动研究的不是单个颗粒的运动特性，而是大量颗粒的统计平均特性，虽然颗粒的数密度（单位混合物体积中的颗粒数）比单位体积中流体分子数少得多（在标准状态下，$1cm^3$ 体积中气体分子数为 2.7×10^{19} 个），但当悬浮颗粒较多时，人们仍可设想离散分布于流体中颗粒是充满整个空间而没有间隙的流体。这就是常用的拟流体假设。引入拟流体假设后，气固两相流动就如同两种流体混合物的流动，可以用流体力学、热力学的方法来处理，使两相流动的研究大为简化，但拟流体并不是真正的流体。颗粒与气体分子之间、两相流与连续介质流之间存在许多差异，处理颗粒相运动时，应把其看作流体的同时考虑颗粒相本身的特点。

(3) 液固两相流

液体和固体颗粒混合在一起共同流动称液固两相流。自然界和工业中的典型实例有夹带泥沙奔流的江河海水，采矿、建筑等工业工程中广泛使用的水力输送，矿浆、纸浆、泥浆、胶浆等浆液流动等。其他像火电锅炉的水力除渣管道中的水渣混合物流动，污水处理与排放的污水管道流动等也属于液固两相流范畴。

（4）液液两相流

两种互不相溶的液体混合在一起的流动称液液两相流。油田开采与地面集输分离，排污中的油水两相流，化工过程中的乳浊液流动，物质提纯和萃取过程中大量的液液混合物流动均是液液两相流。

（5）气液液、气液固和液液固多相流

气体、液体和固体颗粒混合在一起的流动称气液固三相流；气体与两种不能均匀混合、互不相溶的液体混合物在一起的共同流动称为气液液三相流；两种不能均匀混合、互不相溶的液体与固体颗粒混合在一起的共同流动称为液液固三相流。

在油田油井及井口内的原油-水-气-砂粒的三种以上相的混合物流动，油品加氢和精制中的滴流床，淤浆反应器以及化学合成和生化反应器中的悬浮床等均存在气液固、液液固、气液液等各种多相流。

四、表观密度

由于多相流体系为不同物质不同状态的混合物，为方便计算，提出表观密度的定义。定义多相流单位体积中所含某一相的质量称为该相的表观密度，多相混合物的表观密度为：

$$\rho_{\mathrm{m}}=\sum\rho_k=\sum\varphi_k\bar{\rho}_k \tag{2-1}$$

对于颗粒悬浮体多相流，其表观密度为：

$$\rho_k=n_k m_k \tag{2-2}$$

多相混合物的表观密度为：

$$\rho_{\mathrm{m}}=\rho_{\mathrm{g}}+\sum\rho_k=\rho_{\mathrm{g}}+\sum n_k m_k \tag{2-3}$$

式中，ρ_{g} 为气体组分的表观密度；n_k 为多相流单位体积中 k 种颗粒的数目；m_k 为 k 种颗粒的质量。

第三章 气相、液相和固相颗粒

相分离，其本质是处于相态的各种物质的分离。因此，物质自身的物理特性是相分离变化中的重要因素之一，了解气相、液相和固相颗粒的物理性质，对相分离的研究十分重要。本章分别介绍气相、液相和固相颗粒的物理性质和相关基本概念。

一、气体的物理性质

本节主要了解大气污染和环保领域中的气体的含义以及气体的组成、密度、黏滞性和湿度。

1. 气体的组成

在大气污染控制工程中，最常见的气体就是空气。大气由洁净的空气、水蒸气和悬浮颗粒三部分组成。其中洁净的空气的组成基本是稳定的，性质也是基本不变的。在工程中，有时把洁净的空气作为一个整体来看待，并简称“干空气”。空气中水蒸气的含量是不稳定的，尽管含量一般不超过4%，但对空气性质影响却很大，表现为湿度。工程中一般把由干空气和水蒸气组成的混合气体称为“湿空气”，简称“空气”。空气中的悬浮颗粒等污染物，一般情况下浓度很小，可以忽略其对湿空气物理性质和特性参数值的影响。在常温常压下，空气中各组分远远偏离临界状态，可以把空气当作理想气体看待。

大气污染控制中，常遇到“废气”，是由数种气体或颗粒组成的混合气体或气溶胶。由于其发生源不同，在组成成分和含量上往往差别较大，因而它的物理性质和特性参数值变化很大。但在常温常压下，仍可将废气近似地看成理想气体。此外，也仿照湿空气的定义方法，把废气看成是由“干气体”和水蒸气两部分组成的混合气体，并称为“湿气体”。在废气净化过程中，废气中的水蒸气和某些组分的含量可能发生变化，导致废气的物理、化学性质及特性参数值的改变，这是工程计算中也要注意的问题。

2. 气体的密度

气体的密度系指每立方米气体所具有的质量（千克）。在标准状态下气体的密度（kg/m^3）可根据其摩尔质量 M 确定：

$$\rho_N=\frac{M}{22.414} \tag{3-1}$$

在实际工艺操作中，由于气体的温度、压力和湿度的变化，气体密度也随之变化。因此经常要根据标准状态下的气体密度计算实际操作状态下的密度，或者相反。下面介绍这一计算公式。

设标准状态下（$T_N=273.15K$，$p_N=101.33kPa$）干气体密度为ρ_{Nd}，气体常数为R'_d，压缩因子为Z_N，在工艺操作过程中，由于气体进行热、湿交换，气体变为具有温度T、压力p、密度ρ、气体常数R'和压缩因子Z的湿气体时，则计算操作状态下湿气体密度的总公式为：

$$\rho=\rho_{Nd}\frac{R'_d p T_N Z_N}{R' p_N T Z} \tag{3-2}$$

3. 气体的黏滞性

流动中的流体（气体或液体），如果各流层间的流速不相等，则在相邻两流层间的接触面上形成一对相互阻碍的等值而反向的摩擦力，称为内摩擦力。流体的这种性质称为流体的黏滞性。

这种内摩擦切应力的大小与流体的种类、相邻两流层间的速度梯度有关，并可用牛顿内摩擦定律描述：

$$\tau=\mu\frac{du}{dy} \tag{3-3}$$

式中 τ——相邻两流层间的内摩擦切应力，N/m^2；

du/dy——相邻两流层间的速度梯度，s^{-1}；

μ——动力黏度（简称黏度）。

在SI制中黏度的单位是$Pa\cdot s=kg/(m\cdot s)$；在CGS制中黏度单位用泊（P）或厘泊（cP）表示，它们之间的换算关系为：

$$1P=1g/(cm\cdot s)=100cP=0.1Pa\cdot s$$

流体黏度与其密度之比称为运动黏度$v(m^2/s)$，即

$$v=\frac{\mu}{\rho} \tag{3-4}$$

气体的黏度随温度升高而增大，常压下与温度的关系可用肖捷兰德（Sutherand）公式确定：

$$\mu=\frac{AT^{1/2}}{1+C/T} \tag{3-5}$$

式中 μ——温度为T（K）时气体的黏度，$Pa\cdot s$；

A——由气体特性决定的常数；

C——肖捷兰德常数（无量纲）。

一些气体的A和C值列入表3-1中。

在常数A值或C值不明时，可按下式确定。

$$A=\mu_0\frac{1+C/273}{273^{1/2}},C=\frac{T_c}{1.12} \tag{3-6}$$

式中 μ_0——标准状态下气体的黏度，Pa·s；

T_c——气体的临界温度，K。

表 3-1　计算气体黏度的常数 A 和肖捷兰德常数 C

气体	$A\times10^6$	C	适用温度范围/℃	气体	$A\times10^6$	C	适用温度范围/℃
空气	1.50	124	—	HCl	1.87	360	0～250
水蒸气	1.83	659	0～400	NO	—	128	20～250
H_2	0.671	83	−40～250	N_2O	1.65	274	0～100
N_2	1.38	103	−80～250	SO_2	1.78	416	0～100
O_2	1.75	138	0～80	CS_2	—	500	—
He	1.51	98	−250～800	H_2S	1.57	331	0～100
CO	1.38	101	−80～250	CH_4	1.08	198	0～100
CO_2	1.66	274	0～100	C_2H_6	—	252	20～250
Cl_2	1.68	351	20～500	C_2H_4	—	225	20～250

表 3-2 和表 3-3 中给出了 1atm（101325Pa）下空气和各种气体在几种温度下的黏度值。

表 3-2　常压下各种气体的黏度　　单位：Pa·s

气体	温度			
	0℃	20℃	50℃	100℃
水蒸气	—	—	—	1.28×10^{-5}
H_2	0.84×10^{-5}	0.88×10^{-5}	0.94×10^{-5}	1.03×10^{-5}
N_2	1.66×10^{-5}	1.75×10^{-5}	1.88×10^{-5}	2.08×10^{-5}
O_2	1.92×10^{-5}	2.03×10^{-5}	2.18×10^{-5}	2.44×10^{-5}
He	1.86×10^{-5}	1.96×10^{-5}	2.08×10^{-5}	2.29×10^{-5}
CO	1.66×10^{-5}	1.77×10^{-5}	1.89×10^{-5}	2.10×10^{-5}
CO_2	1.38×10^{-5}	1.47×10^{-5}	1.62×10^{-5}	1.85×10^{-5}
Cl_2	1.23×10^{-5}	1.32×10^{-5}	1.45×10^{-5}	1.68×10^{-5}
HCl	1.31×10^{-5}	1.43×10^{-5}	1.59×10^{-5}	1.83×10^{-5}
NO	1.79×10^{-5}	1.88×10^{-5}	2.04×10^{-5}	2.27×10^{-5}
N_2O	1.37×10^{-5}	1.46×10^{-5}	1.60×10^{-5}	1.83×10^{-5}
SO_2	1.16×10^{-5}	1.26×10^{-5}	1.40×10^{-5}	1.63×10^{-5}
H_2S	1.17×10^{-5}	1.24×10^{-5}	—	1.59×10^{-5}
CH_4	1.02×10^{-5}	1.08×10^{-5}	1.18×10^{-5}	1.33×10^{-5}
C_2H_4	0.94×10^{-5}	1.01×10^{-5}	1.10×10^{-5}	1.26×10^{-5}
C_2H_6	0.86×10^{-5}	0.92×10^{-5}	1.01×10^{-5}	1.15×10^{-5}

表 3-3　常压下空气的黏度和运动黏度

温度/℃	黏度/Pa·s	运动黏度/(m^2/s)	温度/℃	黏度/Pa·s	运动黏度/(m^2/s)	温度/℃	黏度/Pa·s	运动黏度/(m^2/s)
0	1.71×10^{-5}	1.32×10^{-5}	30	1.86×10^{-5}	1.59×10^{-5}	60	2.00×10^{-5}	1.89×10^{-5}
10	1.76×10^{-5}	1.41×10^{-5}	40	1.90×10^{-5}	1.69×10^{-5}	80	2.09×10^{-5}	2.09×10^{-5}
20	1.81×10^{-5}	1.50×10^{-5}	50	1.95×10^{-5}	1.79×10^{-5}	100	2.18×10^{-5}	2.30×10^{-5}

4. 气体的湿度

气体的湿度表示湿气体中水蒸气含量的多少。气体的湿度可用绝对湿度、相对湿度、含湿量等表示。

(1) 绝对湿度

单位体积湿气体中含有的水蒸气质量，称为气体的绝对湿度。显然，它等于在水蒸气分压下的水蒸气密度（kg/m^3，湿气体），可按理想气体状态方程式来确定：

$$\rho_w=\frac{p_w}{R'_w T} \tag{3-7}$$

式中　p_w——湿气体中水蒸气的分压，Pa；

R'_w——水蒸气的气体常数，为 461.4J/(kg·K)；

T——湿气体的温度，K。

湿气体达到饱和状态时的绝对湿度称为饱和绝对湿度（kg/m^3，湿气体），一般用 ρ_v 表示，因而有：

$$\rho_v=\frac{p_v}{R'_w T} \tag{3-8}$$

式中　p_v——湿气体在温度为 T 下的饱和水蒸气分压，Pa。

由于湿气体的体积随气体的温度和压力变化而变化，所以气体的绝对湿度值亦随气体的温度和压力变化而变化。

(2) 气体的相对湿度

湿气体的相对湿度 φ 为气体的绝对湿度 ρ_w 与同温度下的饱和绝对湿度 ρ_v 之百分比，即

$$\varphi=\frac{\rho_w}{\rho_v}\times100\%=\frac{p_w}{p_v}\times100\% \tag{3-9}$$

湿气体的相对湿度 φ 表示湿气体中水蒸气接近饱和的程度，故也称饱和度。当 $\varphi=100\%$时，湿气体达到饱和状态。

(3) 气体的含湿量

气体的含湿量一般定义为 1kg 干气体中所含有的水蒸气质量

(kg)，常用 d 表示。根据定义则有：

$$d[\mathrm{kg}(\text{水蒸气})/\mathrm{kg}(\text{干气体})]=\frac{\rho_w}{\rho_d} \tag{3-10}$$

式中 ρ_d——湿气体中的干气体密度，kg/m^3。

利用式(3-7)～式(3-10)，可将气体含湿量 d [kg(水蒸气)/kg(干气体)] 表示成：

$$d=\frac{R'_d p_w}{R_w p_d}=\frac{R'_d}{R'_w}\times\frac{p_w}{p-p_w}=\frac{R'_d}{R'_w}\times\frac{\varphi p_v}{p-\varphi p_v} \tag{3-11}$$

若湿气体中的干气体为干空气，干空气的气体常数 $R'_d=287.0$J/(kg·K)，则 $R'_d/R'_w=287.0/461.4=0.622$，代入式(3-11) 中，则得到湿空气的含湿量 [kg(水蒸气)/kg(干空气)] 计算公式：

$$d=0.622\frac{p_w}{p-p_w}=0.622\frac{\varphi p_v}{p-\varphi p_v} \tag{3-12}$$

在工程计算中，常将湿气体的含湿量定义为标准状态下 $1m^3$ 干气体中所含有的水蒸气的质量 (kg)，其单位是 kg(水蒸气)/m^3(干气体)，并用 d_0 表示。显然，根据两种含湿量的定义有：

$$\rho_{Nd}=\frac{d_0}{d}(\mathrm{kg/m^3}) \tag{3-13}$$

式中，ρ_{Nd} 为标准状态下干气体的密度。考虑到 $R'_d/R'_w=0.804/\rho_{Nd}$，则得

$$d_0[\mathrm{kg}(\text{水蒸气})/\mathrm{m^3}(\text{干空气})]=0.804\frac{p_w}{p-p_w}=0.804\frac{\varphi p_v}{p-\varphi p_v} \tag{3-14}$$

二、液体的物理性质

1. 液体的密度

单位体积液体的质量称为液体的密度 ρ_L，在 SI 制中单位是 kg/m^3 或 g/cm^3。例如，在 1atm 和 4℃ 时，纯水密度为 $999.97kg/m^3 \approx 1000.0kg/m^3=1.0g/cm^3$。在目前沿用的公制单位中，密度（单位体积液体的重量）的单位是 kg/m^3。显然，若假定在地面上重力加速度为 $9.8066m/s^2$，以 kgf/m^3 为单位的重度值应等于以 kg/m^3 为单位的密度值。通常还习惯用液体的相对密度（在公制单位中叫比重）这一概念，它系指液体的密度与 1atm、4℃时纯水的密度（公制中纯水的重

度）的比值，为一无量纲量。由于 1atm、4℃时纯水密度近似为 1000.0kg/m^3，所以液体的相对密度（或比重）在数值上等于以 g/cm^3 为单位的液体密度（或重度）值。顺便指出，以上所述关于液体的密度、相对密度（或比重）的概念，对气体、固体或粉尘等物质皆适用，后面不再重述。

在常温常压下，液体密度可以用比重计或比重瓶等很容易地测定出来。若液体的组分是清楚的，且是广泛应用的，其密度值可以从相应资料中查得。因为水和汞的密度是各种液体的密度、体积或压力测定的标准，所以将它们的值列入表 3-4 中。

表 3-4　纯水和汞的密度

温度/℃	纯水		汞的密度/(kg/m^3)	温度/℃	纯水		汞的密度/(kg/m^3)
	密度/(kg/m^3)	相对密度			密度/(kg/m^3)	相对密度	
0	999.84	0.99987	13595	50	988.05	0.98808	13472
4	999.97	1.00000	13585	55	985.70	0.98573	13460
5	999.96	0.99999	13583	60	983.21	0.98324	13448
10	999.70	0.99973	13570	65	980.57	0.98060	13446
15	999.10	0.99913	13558	70	977.78	0.97781	13424
20	998.20	0.99823	13546	75	974.86	0.97489	13412
25	997.05	0.99708	13534	80	971.80	0.97183	13400
30	995.65	0.99568	13521	85	968.62	0.96865	13387
35	994.03	0.99406	13509	90	965.32	0.96535	13375
40	992.21	0.99225	13497	95	961.89	0.96192	13362
45	990.22	0.99024	13485	100	958.35	0.95838	13351

液体的密度随压力的变化很小，所以除非是压力特别高，一般可以忽略液体密度随压力的变化，即认为液体是不可压缩流体。虽然温度引起的液体密度变化也较小，但在温度变化范围较大或需要精确知道密度值时，就有必要考虑温度的影响了。液体密度与温度的关系一般以下式表达：

$$\rho_L=\rho_s[1+A(T_s-T)+B(T_s-T)^2+C(T_s-T)^3+\cdots] \quad (3\text{-}15)$$

式中　ρ_L——温度 T 时液体的密度；

ρ_s——标定温度 T_s 时液体的密度；

A、B、$C\cdots$——依液体种类而定的常数。

绝大多数液体温度变化 1℃时其密度变化仅在 1%以内。若温度变化范围在±20℃以内，液体密度随温度的变化曲线可近似地看成直线。这样，式(3-15) 中 $(T_s-T)^2$ 以后各项便可略去，而此时的常数 A 则称为该液体的体膨胀系数。即使是对同一种液体，在不同温度范围内的体膨胀系数值也不相同。

应用比重计测定液体密度很简便。在测定时，先把比重计洗净，再浸到被测液体中，读出液面位置处的刻度值即为所求的密度。读刻度时，一般是取液面上升（即弯月面）的最上缘来读数的，也有取弯月面下缘来读数的。像这样的比重计，其上一定刻有叫作水平面刻度的标记。

大多数比重计是在15℃下标定的，在这一标定温度 T_s 下应用时能测得精确的密度值。若测定温度为 T，则此时的液体密度可用下式求得：

$$\rho_L=\rho_R[1+\alpha(T_s-T)] \tag{3-16}$$

式中 ρ_R——比重计的刻度读数；

α——比重计材质的热膨胀系数。

比重计一般是玻璃制的，可近似取 $\alpha=25\times10^{-6}K^{-1}$。若温差 (T_s-T) 不大，修正项可以忽略。

此外，用比重计测定液体密度时，必须考虑液体表面张力的影响。若液面脏污，则应将表面液体放掉，再在清洁的液面里测定。若比重计标定用的液体与被测液体的表面张力不相同，则需考虑表面张力的修正。这时可将按下式求得的修正值加在比重计的读值上：

$$\Delta\rho=\frac{\pi D\rho_R}{mg}(\sigma-\sigma_s) \tag{3-17}$$

式中 D——比重计刻度部分的直径；

m——比重计的质量；

σ 和 σ_s——被测液体和标定用液体的表面张力。

差值 $(\sigma-\sigma_s)$ 和 D 在大多数情况下为修正量的0.2%～1%。

2. 液体的黏滞性

流体的黏滞性可用牛顿内摩擦定律描述。液体的黏度随温度升高而减小，随压力升高而增大。表示黏度 μ_L 随温度 T 和压力 p 变化的关系式很多，这里只给出两个具有代表性的公式：

$$\mu_L=A\cdot\exp\left(\frac{B}{T-C}\right) \tag{3-18}$$

$$\mu_L=\alpha\cdot\exp(\beta p) \tag{3-19}$$

式中，A、B、C、α 和 β 皆为依液体特性确定的常数。对一般液体，由于压力变化引起黏度变化非常小，所以当压力变化不大时可以忽略压力的影响。表 3-5 给出了各种温度下纯水的黏度值。

表 3-5 纯水在各种温度下的黏度和运动黏度

温度 /℃	黏度 μ_L /10^{-3}Pa·s	运动黏度 v /($10^{-6}m^2/s$)	温度 /℃	黏度 μ_L /10^{-3}Pa·s	运动黏度 v /($10^{-6}m^2/s$)
0	1.792	1.792	55	0.505	0.512
5	1.520	1.520	60	0.467	0.475
10	1.307	1.307	65	0.434	0.443
15	1.138	1.139	70	0.404	0.413
20	1.002	1.004	75	0.378	0.388
25	0.890	0.893	80	0.355	0.365
30	0.797	0.801	85	0.334	0.345
35	0.719	0.724	90	0.315	0.326
40	0.653	0.658	95	0.298	0.310
45	0.598	0.604	100	0.282	0.295
50	0.548	0.554			

各种液体的黏度可从有关资料中查得。当需要准确知道某种液体（或溶液）的黏度而又查不到时，可用图 3-1 所示的奥氏黏度计进行测定。

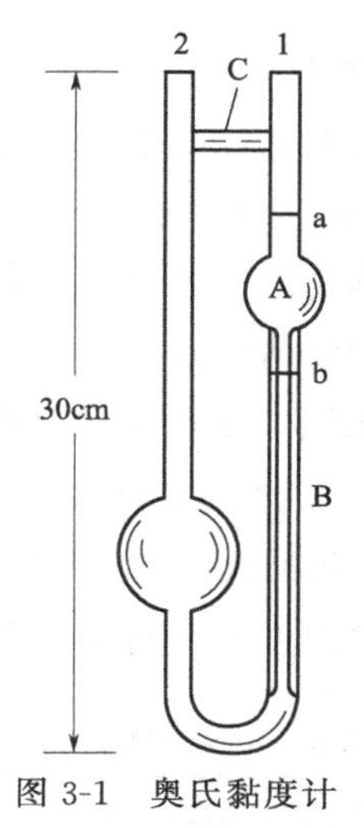

图 3-1 奥氏黏度计

A—球；B—毛细管；C—加固用的玻璃棒；a,b—环形测定线

奥氏黏度计是一种玻璃制的毛细管黏度计，它实际上是测定液体在一定压力下通过一定大小的毛细管所需要的时间，并按下面的经验公式计算黏度：

$$\mu_L = K\rho_L t \tag{3-20}$$

式中 t——液体流过上下刻度线所需要的时间；

K——黏度计常数，预先用已知黏度和密度的液体来确定。

测定黏度的方法简述如下：先把黏度计洗净，将被测液体从粗管注入，其容量约到球的中部（不得超过下刻度线）。然后把黏度计垂直放入恒温槽中，稳定到所要求的测定温度之后，用洗耳球把液体吸到上刻度线以上，取下洗耳球，液体开始往下流，记下液面由上刻度线降到下刻度线所需的时间 t_0，重复做几次，将测得的时间取算术平均值，代入式(3-20) 便可计算出被测液体的黏度值。

黏度计常数 K 值的确定方法与上述测定方法相同，但需要应用已知在某一温度下的黏度和密度值的液体（如纯水）。

被测液体流过两刻度线之间的时间，要求达到由 100～200s 起到 1000s 左右。因此需根据被测液体黏度的大小，选用毛细管内径不同的黏度计。例如，测定水、煤油、醇等液体可选用毛细管内径 0.6mm 左右的黏度计。

还应指出，有些特殊液体，如很黏的石油、泥浆及多相流等非均质流体，不遵从牛顿内摩擦定律，被称为非牛顿流体。非牛顿流体多种多样，描述它们的黏滞力和角变形速度之间的关系式也是各不相同的。

3. 液体的表面张力

在液体的自由表面上，由于分子之间的吸引力，使液体尽可能地收缩成为具有最小的表面面积。这种作用在液体自由表面上的使表面具有收缩倾向的张力，称为液体的表面张力。由于表面张力仅在液体自由表面或两种不能混合的液体之间的界面处存在，一般用表面张力系数 σ 来衡量其大小。在 SI 制中，σ 的单位是牛顿/米（N/m），在 CGS 制中为达因/厘米（dyn/cm）。两者换算关系是 1dyn/cm$=10^{-3}$N/m。

表 3-6 中给出了几种液体在空气中的表面张力系数值。各种液体的表面张力系数值随着温度的升高而稍有降低。

表 3-6 几种液体在空气中的表面张力系数

液体	温度/℃	表面张力系数 σ/(10^{-3}N/m)	液体	温度/℃	表面张力系数 σ/(10^{-3}N/m)
水	20	72.7	乙醚	150	2.9

续表

液体	温度/℃	表面张力系数 σ /(10^{-3}N/m)	液体	温度/℃	表面张力系数 σ /(10^{-3}N/m)
水	100	58	乙醇	20	22
汞	20	472	乙烷	20	18.4
炼油	18	22.5	苯	20	28.9
油	20	25～30	丙酮	20	23.7
乙醚	20	16.5	甘油	20	63

当液体与固体接触时，如果液体分子之间的吸引力（称为内聚力）小于液体与固体之间的吸引力（称为附着力），则发生液体能润湿固体的现象，如水滴滴在玻璃表面上的情况［图 3-2(a)］；反之，若液体的内聚力大于液固间的附着力，则液体不能润湿固体，如水滴滴在石蜡表面上的情况［图 3-2(b)］。可见液体能否润湿固体与液体的表面张力及液固界面情况有关。这可用液体与固体表面的接触角 θ（系从液体和固体表面的交点 A 沿液面引的切线与固体表面的夹角）来判别。当接触角 θ 处在 90°～180°之间时，认为液体不能润湿固体，如汞与金属接触（θ=145°）和与玻璃接触（θ=140°）或水与石蜡接触（θ=105°）的情况；当接触角 θ 处在 0°～90°范围时，则液体能润湿固体，如水与玻璃接触（θ=4.7°）及与滑石接触（θ=70°）等情况；在 θ=0°时则称为完全润湿，如水遮盖在清洁的玻璃面上或油遮盖在金属面上等。

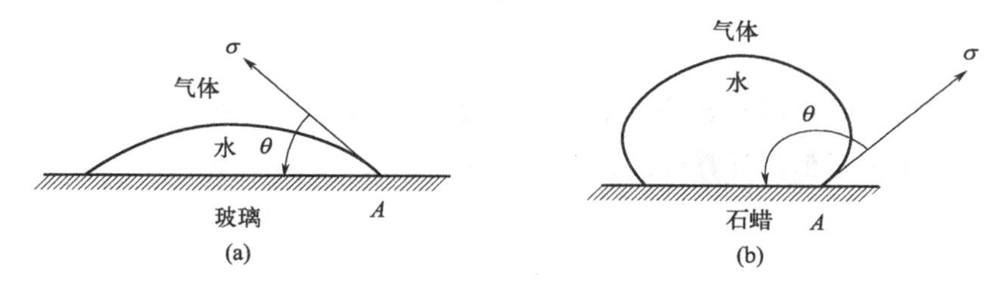

图 3-2　固体表面被液体湿润的情况

固体粒子在液体介质中分散时，分散介质种类不同，分散状况也不同。例如，在碳酸钙的粒径测定中，以水和以其他液体作为分散介质时会得到不同的测定结果。如果再加入适当的分散剂或表面活性剂，还会得到不同的数值。因此，如果分散剂选择不当，使粒子在凝聚状态下测定，就会得到比实际粒径大的数值。这类分散现象，既与润湿现象有关，又与液体界面性质有关。一般说来，固体粒子在易润湿的液体中能分散，在难润湿的液体中就不易分散。从上两例可见，在研究润湿、分散现象时，必涉及液体的表面张力和接触角等有关液面的基本性质。

液体的表面张力系数 σ 可以用毛细管法方便地测出。将内径为 d 的毛细管垂直插入被测液体中，若液体能润湿管壁（$d<0.4$mm 时液体能全部沾湿管壁），则管内液面上升一定的高度 h（见图 3-3）。根据上升液柱所受的表面张力和重力相平衡，可以得到液体的表面张力系数（N/m）：

$$\sigma=\frac{1}{4}d(\rho_L-\rho_G)g\ \frac{h}{\cos\theta} \tag{3-21}$$

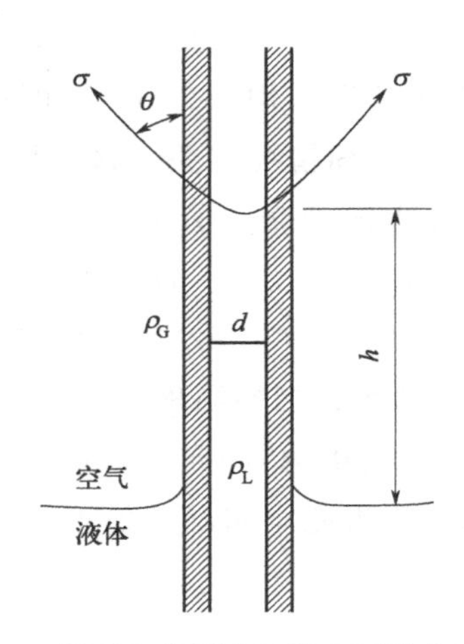

图 3-3　用毛细管测定液体表面张力系数

若接触角 θ 不清楚时，可近似取 $\cos\theta=h/(h+d/6)$，则得到一个十分近似的计算公式：

$$\sigma=\frac{1}{4}d(\rho_L-\rho_G)\left(h+\frac{d}{6}\right)g \tag{3-22}$$

三、气体的扩散与吸收

1. 气体的扩散

气体的质量传递过程是借助于气体扩散过程来实现的。扩散的推动力是浓度差，扩散的结果会使气体从浓度较高的区域转移到浓度较低的区域。扩散过程包括分子扩散和涡流扩散两种方式。物质在静止的或垂直于浓度梯度方向做层流流动的流体中传递，是由分子运动引起的，称为分子扩散；物质在湍流流体中的传递，主要是由于流体中质点的运动而引起的，称为涡流扩散。物质从壁面向湍流主体中的传递，由于壁面处存在着层流边界层，因此这种传递过程除涡流扩散外，还存在着分子扩散，把这种扩散称为对流扩散。对流扩散是相际间质量传递的基础。

2. 扩散速率方程式

对吸收操作来说，混合气体中的可溶组分首先要从气相主体扩散到气液界面上，然后再通过界面扩散到液相主体中。因此，这种扩散可视为对流扩散，扩散同时在气相和液相中进行。对流扩散可折合为通过一定当量膜厚度的静止气体的分子扩散。因此，这里仅对分子扩散进行讨论。

一般工业操作通常具有固定的传质面，且所涉及的多为稳定状态的扩散，即系统各部分的组成不随时间而变化，单位时间通过单位传质面积传递的物质量（扩散速率）为定值。

（1）在气相中的稳定扩散

假定混合气体由可溶组分 A 和不溶的惰性组分 B 组成，组分 A 在组分 B 中做稳定扩散时，其传质速率，即单位时间通过单位传质面积传递的物质量，与组分 A 在扩散方向上的浓度梯度成正比。其数学表达式为：

$$N'_A = -D_{AB}\frac{dC_A}{dZ} \tag{3-23}$$

式中　N'_A——组分 A 的传质速率，$kmol/(m^2 \cdot s)$；

D_{AB}——组分 A 在组分 B 中的分子扩散系数，m^2/s 或 cm^2/s；

$\frac{dC_A}{dZ}$——组分 A 的浓度沿 Z 方向的变化率，称为浓度梯度，是扩散的推动力。

式(3-23）右端的负号表示组分 A 的扩散向着浓度降低的方向进行。

同样，对于组分 B 的传质速率为：

$$N'_B = -D_{BA}\frac{dC_B}{dZ} \tag{3-24}$$

式(3-24）称为费克（Fick）定律，它仅用来表示由分子扩散造成的传质速率。

在稳态条件下的 A、B 两种组分的相互扩散，整个流体单元内的物质数量不变，其扩散的结果是 $N'_A = -N'_B$，式(3-23）与式(3-24）合并后可以写成：

$$-D_{AB}\frac{dC_A}{dZ}=D_{BA}\frac{dC_B}{dZ}$$

流体单元内的物质数量不变，在一定温度与压力下单元的体积亦为定值，故 $C_A+C_B=$常数，$dC_A=-dC_B$ 代入上式可得 $D_{AB}=D_{BA}$。因此，可用符号 D 表示，即 $D_{AB}=D_{BA}=D$。

在吸收操作中，气体浓度常以组分分压表示。若组分 A 在混合气体中的分压为 p_A，根据理想气体定律，则有 $p_A=C_ART$，代入式(3-23) 得

$$N'_A=-\frac{D}{RT}\times\frac{dp_A}{dZ} \tag{3-25}$$

同样，由式(3-24)，对组分 B 可得：

$$N'_B=-\frac{D}{RT}\times\frac{dp_B}{dZ} \tag{3-26}$$

假定混合气体的总压保持一定，即 $p=p_A+p_B$ 为定值，则有：

$$N'_B=-\frac{D}{RT}\times\frac{d(p-p_A)}{dZ}=\frac{D}{RT}\times\frac{dp_A}{dZ} \tag{3-27}$$

比较式(3-25) 和式(3-27) 可见，B 的分子扩散恰与 A 的扩散大小相等、方向相反。

若于扩散进程中引入一能吸收 A 但不能吸收 B 的表面（见图 3-4），则组分 A 将依其本身的分压梯度不断地向表面方向扩散，而组分 B 则不断地向相反（即离开表面）的方向扩散。这种分子扩散的结果，将造成表面处气体总压 p 比气相主体中的低，即引起一总压梯度，必将推动组分 A 和 B 一起向表面流动，将此称为主体流动。因为总的说来 B 是静止的，即 B 并无净的扩散（$N_B=0$），所以 B 的主体流动 N''_B必定恰好为其分子扩散所抵消，即

$$N''_B=N'_B=-\frac{D}{RT}\times\frac{dp_A}{dZ}$$

式中的负号表示 B 的主体流动方向恰与其分子扩散方向相反。而伴随 B 的主体流动所发生的 A 的主体流动 N''_A则应为：

$$N''_A=N''_B\frac{p_A}{p_B}=-\frac{D}{RT}\times\frac{p_A}{p-p_A}\times\frac{dp_A}{dZ} \tag{3-28}$$

因为 A 的主体流动方向与其分子扩散方向相同，所以 A 的总传质速率（即净传质速率）应为分子扩散 N'_A和主体流动 N''_A两项速率之和，则得：

$$N_A=\frac{D}{RT}\left(1+\frac{p_A}{p-p_A}\right)\times\frac{dp_A}{dZ}=-\frac{D}{RT}\times\frac{p}{p-p_A}\times\frac{dp_A}{dZ} \quad (3\text{-}29)$$

假定 D 为定值，扩散距离为 Z，将式(3-29) 分离变量，并在 Z 时 $p_A=p_{A1}$ 到 $p_A=p_{A2}$ 之间积分，得

$$N_A\int_0^z dZ=-\frac{Dp}{RT}\int_{p_{A1}}^{p_{A2}}\frac{dp_A}{p-p_A}$$

则

$$N_A=\frac{Dp}{RTZ}\ln\frac{p-p_{A2}}{p-p_{A1}}$$

因 $p-p_{A2}=p_{B2}$，$p-p_{A1}=p_{B1}$，故 $p_{B2}-p_{B1}=p_{A1}-p_{A2}$

令

$$p_{Bm}=\frac{p_{B2}-p_{B1}}{\ln\frac{p_{B2}}{p_{B1}}} \quad (3\text{-}30)$$

故得

$$N_A=\frac{Dp}{RTZp_{Bm}}(p_{A1}-p_{A2}) \quad (3\text{-}31)$$

式中 p_{Bm}——惰性组分 B 在 1、2 两点分压的对数平均值；

$p_{A1}-p_{A2}$——组分 A 在 1、2 两点的分压差；

Z——扩散距离。

式(3-31) 就是气相中组分 A 通过静止的惰性组分 B 的传质速率方程式。式中 p/p_{Bm} 称为漂流因数，它反映主体流动的相对大小，其值愈大于 1，主体流动在传质中所占的分量愈大。这种一组分通过另一静止组分的扩散往往出现于气体吸收过程。

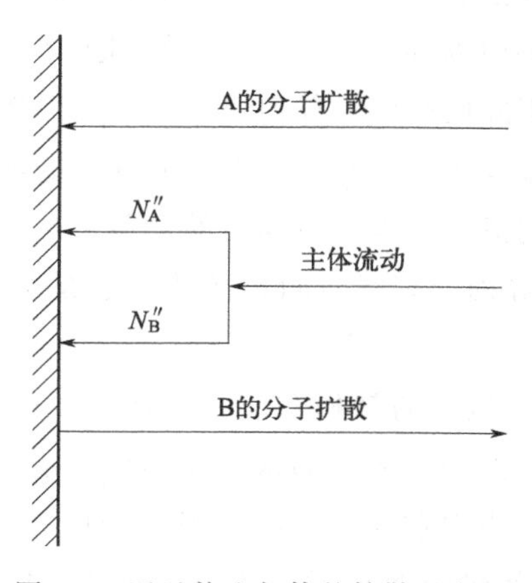

图 3-4 通过静止气体的扩散示意图

(2) 在液相中的稳定扩散

由于液体的密度和黏度较大，所以组分 A 在液体中的扩散远比在气体中慢得多。与在气相中的扩散类似，组分 A 在液相中的传质速

率为：

$$N'_{A}=-D'\frac{dC_{A}}{dZ} \tag{3-32}$$

组分 A 通过静止惰性组分 B 的总传质速率（即净传质速率）则为：

$$N_{A}=\frac{D'}{Z}\times\frac{C_{A}+C_{B}}{C_{Bm}}(C_{A1}-C_{A2}) \tag{3-33}$$

式中 D'——组分 A 在液相中的扩散系数，m^2/s 或 cm^2/s；

Z——扩散距离；m；

$C_{A1}-C_{A2}$——组分 A 在 1、2 两点浓度之差，$kmol/m^3$；

$C_{Bm}=\frac{C_{B2}-C_{B1}}{\ln\frac{C_{B2}}{C_{B1}}}$——组分 B 在 1、2 两点浓度的对数平均值。

3. 气体的吸收

气体吸收是溶质从气相传递到液相的相际间传质过程。对于吸收机理的解释已有几种理论，如双膜理论、溶质渗透理论、表面更新理论等。目前双膜理论模型简明易懂，应用较广。

双膜理论模型见图 3-5，图中 p 表示组分在气相主体中的分压；p_i 表示在界面上的分压；C 及 C_i 则分别表示组分在液相主体及界面上的浓度。双膜理论模型的基本要点如下。

① 当气、液两相接触时，两流体相之间有一个相界面，在界面两侧分别存在着呈层流流动的气膜和液膜，即在气相侧的气膜和液相侧的液膜。溶质必须以分子扩散方式从气相主体连续通过此两层膜而进入液相主体。由于此两层膜在任何情况下均呈层流，故又称为层流膜。两相流动情况的改变仅影响膜的厚度，如气体的流速愈大，气膜就愈薄；同样，如液体的流速愈大，液膜也就愈薄。

② 在相界面上，气液两相的浓度总是互相平衡，即界面上不存在吸收阻力。

③ 在膜层以外的气相和液相主体内，由于流体的充分湍动，溶质的浓度基本上是均匀的，即认为主体内没有浓度梯度存在，也就是说，浓度梯度全部集中在两层膜内。当组分从气相主体传递到液相主体时，所有阻力仅存在于两层层流膜中。通过层流气膜的浓度（分压）降（Δp）就等于气相主体浓度（分压）与界面气相浓度（分压）之差（$p-p_i$）；通过层流液膜的浓度降（ΔC）就等于界面液相浓度与液相主体浓度之差（C_i-C）。

双膜模型根据上述假定，把复杂的吸收过程简化为通过气液两层层

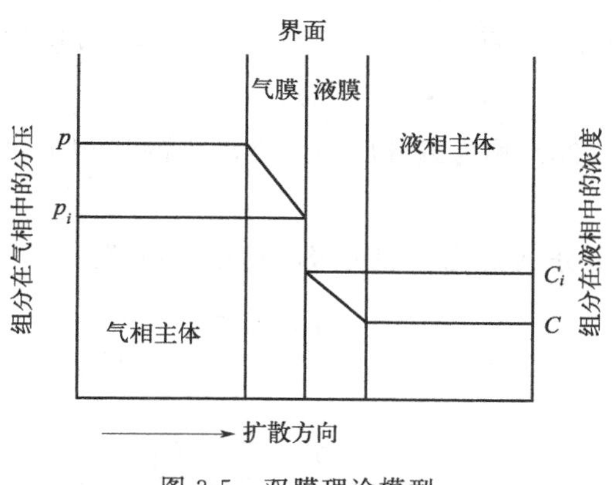

图 3-5　双膜理论模型

流膜的分子扩散，通过此两层膜的分子扩散阻力就是吸收过程的总阻力。这个简化了的膜模型为求取吸收速率提供了基础。

4. 吸收速率方程式

在吸收过程中，单位时间通过单位相际传质面积所能传递的物质量，即为吸收速率，亦即传质速率。它可以反映吸收的快慢程度。表述吸收速率及其影响因素的数学表达式，即为吸收速率方程式。它具有“速率＝推动力/阻力”的形式。

由上面讨论可知，吸收过程为吸收质通过气液两层流膜的分子扩散过程。被吸收组分 A 通过气膜和液膜的分子扩散速率即为吸收速率，因而可由分子扩散速率方程式得出组分 A 经由气膜和液膜的吸收速率方程式。

① 组分 A 经由气膜的吸收速率可仿照式(3-31) 写成：

$$N_A=\frac{Dp}{RTZ_G p_{Bm}}(p-p_i) \tag{3-34}$$

令

$$\frac{Dp}{RTZ_G p_{Bm}}=k_G$$

因此

$$N_A=\frac{G_A}{A}=k_G(p-p_i) \tag{3-35}$$

式中 N_A——吸收速率，kmol/(m^2 · s)；

G_A——被吸收的组分量，kmol/s；

A——相际接触表面积，m^2；

p，p_i——组分 A 在气相主体及相界面上的分压，atm；

$p-p_i$——气相传质推动力，atm；

Z_G——气膜厚度，m；

k_G——以（$p-p_i$）为推动力的气相传质分散系数，kmol/(m^2·s·atm)。

式(3-35) 称为以分压差为推动力的气相吸收速率方程式或传质速率方程。

② 组分 A 经由液膜的吸收速率，仿照式(3-33) 写成：

$$N_A=\frac{D'}{Z_L}\times\frac{C_A+C_B}{C_{Bm}}(C_i-C) \tag{3-36}$$

令

$$\frac{D'}{Z_L}\times\frac{C_A+C_B}{C_{Bm}}=k_L$$

因此

$$N_A=\frac{G_A}{A}=k_L(C_i-C) \tag{3-37}$$

式中 C_i，C——组分 A 在相界面上及液相主体的浓度，kmol/m^3；

(C_i-C)——液相传质推动力，kmol/m^3；

Z_L——液膜厚度，m；

k_L——以（C_i-C）为推动力的液相传质分散系数，kmol/[m^2·s·(kmol/m^3)]，简化为 m/s。

式(3-37) 称为以浓度差为推动力的液相吸收速率方程式。

四、粉尘的物理性质

粉尘的本质属性是固相颗粒，本节要介绍的粉尘物理性质包括颗粒的定义、粒径分布、粉尘的密度、粉尘的安息角与滑动角、粉尘的含水率、润湿性、荷电性和导电性、黏附性及自燃性和爆炸性等。

1. 颗粒的粒径

颗粒的大小不同，其物理、化学特性不同，对人和环境的危害亦不同，颗粒的大小对除尘装置的性能影响很大，所以颗粒的大小是颗粒物的基本特性之一。若颗粒是球形的，则可用其直径作为颗粒的代表性尺寸。但实际颗粒的形状多是不规则的，所以需要按一定的方法确定一个表示小颗粒大小的代表性尺寸，作为颗粒的直径，简称为粒径，下面介绍几种常用的粒径的定义方法。

(1) 用显微镜法观测颗粒时，采用如下几种粒径：

a. 定向直径 d_F，也称菲雷特（Feret）直径。为各颗粒在投影图中同一方向的最大投影长度（图 3-6 左）。

b. 定向面积等分直径 d_M，也称马丁（Martin）直径。为各颗粒在投影图中按同一方向将颗粒投影面积的线段长度（图 3-6 中）。

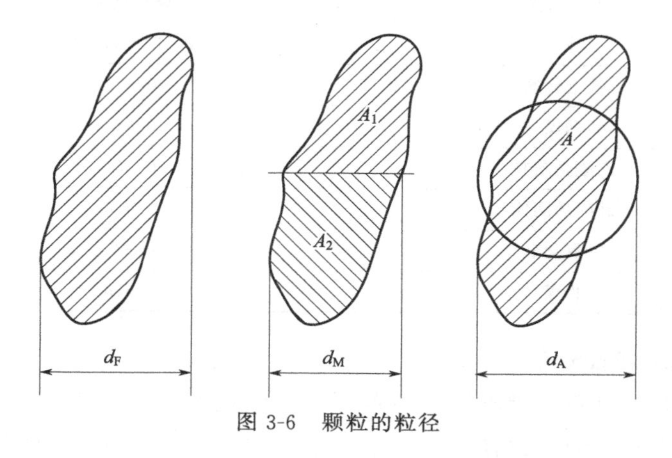

图 3-6 颗粒的粒径

c. 投影面积直径 d_A，也称黑乌德（Heywood）直径，为与颗粒投影面积相等的圆的直径（图 3-6 右）。若颗粒的投影面积为 A，则 $d_A=(4A/\pi)^{1/2}$。同一颗粒的 $d_F>d_A>d_M$。

（2）用筛分法测定时可得到筛分直径，为颗粒能够通过的最小方筛孔的宽度。

（3）用光散射法测定时可得到等体积直径 d_V，为与颗粒体积相等的圆球的直径，若颗粒体积为 V，则 $d_V=(6V/\pi)^{1/3}$。

（4）用沉降法测定时，一般采用如下两种定义。

a. 斯托克斯（Stokes）直径 d_S。为在同一流体中与颗粒的密度相同和沉降速率相等的圆球的直径。

b. 空气动力学当量直径 d_P。为在空气中与颗粒的沉降速度相等的单位密度的圆球的直径。

斯托克斯直径和空气动力学当量直径是除尘技术中应用最多的两种直径，原因在于它们与颗粒在流体中的动力学行为密切相关。

粒径的测定方法不同，其定义方法也不同，得到的粒径数值往往差别很大，很难进行比较，因而实际中多是根据应用目的来选择粒径的测定和定义方法。

此外，粒径的测定结果还与颗粒的形状关系较大。通常用圆球度来表示颗粒形状与圆球形颗粒不一致程度的尺度。圆球度是与颗粒体积相等的圆球的表面积和颗粒的表面积之比，以 Φ 表示。Φ 的值总是小于 1。对于正方体 $\Phi=0.806$，对于圆柱体，若其直径为 d、高为 l，则

$\Phi=2.62(l/d)^{2/3}/(1+2l/d)$。表 3-7 给出了某些颗粒 Φ 的实测值。

表 3-7 某些颗粒的圆球度

颗粒种类	圆球度 Φ
砂粒	0.534～0.628
铁催化剂	0.578
烟煤	0.625
乙酰基塑料	0.861
破碎的固体	0.63
二氧化硅	0.554～0.628
粉煤	0.696

2. 粒径分布

粒径分布是指不同粒径范围内的颗粒的个数（或质量）所占的比例。以颗粒的个数表示所占的比例时，称为个数分布；以颗粒的质量表示时，称为质量分布。除尘技术中多采用粒径的质量分布。下面以粒径分布测定数据的整理过程来说明粒径分布的表示方法及相应定义。首先介绍个数分布，然后介绍质量分布以及两者的换算关系。

（1）个数分布

按粒径间隔给出的个数分布测定数据列在表 3-8 中，其中 n 为每一间隔测得的颗粒个数，$N=\sum n$ 为颗粒的总个数（表中 $N=1000$）。根据此可以作出个数分布的其他定义。

表 3-8 颗粒个数分布的测定数量及其计算结果

分级号 i	粒径范围 d_p/p_m	颗粒个数 /个	频率 f	间隔上限粒径/μm	筛下累积频率	粒径间隔 Δd	频率密度 ρ
1	0～4	104	0.104	4	0.104	4	0.026
2	4～6	160	0.160	6	0.264	2	0.080
3	6～8	161	0.161	8	0.452	2	0.0805
4	8～9	75	0.075	9	0.500	1	0.075
5	9～10	67	0.067	10	0.567	1	0.067
6	10～14	186	0.180	14	0.753	4	0.0465
7	14～16	61	0.061	16	0.814	2	0.0305
8	16～20	79	0.079	20	0.893	4	0.0197
9	20～35	103	0.103	35	0.996	15	0.0068
10	35～50	4	0.004	50	1.000	15	0.003
11	＞50	0	0.00	∞	1.000		0.00
总数		1000	1.000				
算术平均粒径 $d=11.8\mu m$ 中位粒径 $d=9.0\mu m$							
众径 $d=6.0\mu m$。几何平均粒径 $d=8.96\mu m$							

（2）质量分布

根据颗粒个数给出的粒径分布数据，可以转换为以颗粒质量表示的粒径分布数据或者进行相反的换算。这是在所有颗粒都具有相同的密度以及颗粒的质量与其粒径的立方成正比的假设下进行的。这样，类似于按个数分布数据所给的定义，可以按质量给出频率、筛下累积频率和频率密度的定义式。

第 i 级颗粒发生的质量频率：

$$g_i = m/\sum m = nd_p^3/\sum nd_p^3 \tag{3-38}$$

小于第 i 间隔上限粒径的所有颗粒发生的质量频率，即质量筛下累积频率：

$$G_i = \sum g_i = 1 \tag{3-39}$$

质量频率密度：

$$q = dG/dd_p \tag{3-40}$$

质量筛下累积频率 G 和质量频率密度 q 也是粒径 d_p 的连续函数。

G 曲线也是有一拐点的“S”形曲线，拐点位于 $dq/dd_p = d^2G/dd_p^2 = 0$ 处，对应的粒径称为质量众径。质量累积频率 $G=0.5$ 时对应的粒径为 d_{50}，称为质量中位直径（MMD）。

3. 粉尘的密度

单位体积粉尘的质量称为粉尘的密度，单位为 kg/m^3 或 g/cm^3。若所指的粉尘体积不包括粉尘颗粒之间和颗粒内部的空隙体积，而是粉尘自身所占的真实体积，则以此真实体积求得的密度称为粉尘的真密度，并以 ρ_p 表示。固体磨碎所形成的粉尘，在表面未氧化时，其真密度与母料密度相同。呈堆积状态存在的粉尘（即粉体），它的堆积体积包括颗粒之间和颗粒内部的空隙体积，以此堆积体积求得的密度称为粉尘的堆积密度，并以 ρ_b 表示。可见对于同一种粉尘来说，$\rho_b < \rho_p$。如粉煤燃烧产生的飞灰颗粒含有熔凝的空心球（煤泡），其堆积密度约为 $1070kg/m^3$，真密度约为 $2200kg/m^3$。

若将粉体颗粒间和内部空隙的体积与堆积粉体的总体积之比称为空隙率，用 ε 表示，则空隙率 ε 与 ρ_p 和 ρ_b 之间的关系为：

$$\rho_b = (1-\varepsilon)\rho_p \tag{3-41}$$

对于一定种类的粉尘，其真密度为一定值，堆积密度则随空隙率 ε 变化而变化。空隙率 ε 与粉尘的种类、粒径大小以及充填方式等因素有关。粉尘越细，吸附的空气就越多，ε 越大，充填过程加压或进行振动则使 ε 值减小。

粉尘的真密度用于研究尘粒在气体中的运动、分离和去除等方面，堆积密度用于贮仓或灰斗的容积确定等方面。

4. 粉尘的安息角与滑动角

粉尘从漏斗连续落到水平面上，自然堆积成一个圆锥体，圆锥体母线与水平面的夹角称为粉尘的安息角，一般为35°～55°。

粉尘的滑动角是指自然堆放在光滑平板上的粉尘随平板做倾斜运动时，粉尘开始发生滑动时的平板倾斜角，也称静安息角，一般为40°～55°。

粉尘的安息角与滑动角是评价粉尘流动特性的一个重要指标。安息角小的粉尘，其流动性好；安息角大的粉尘，其流动性差。粉尘的安息角与滑动角是设计除尘器灰斗（或粉料仓）的锥度及除尘管路或输灰管路倾斜度的主要依据。

影响粉尘安息角和滑动角的因素主要有粉尘粒径、含水率、颗粒形状、颗粒表面光滑程度及粉尘黏性等。对于同一种粉尘，粒径越小，安息角越大，这是由于细颗粒之间黏附性增大的缘故，粉尘含水率增加，安息角增大，表面越光滑和越接近球形的颗粒，安息角越小。

5. 粉尘的比表面积

粉状物料的许多物化性质往往与其表面积的大小有关，细颗粒表现出显著的物理、化学活性。例如，通过颗粒层的流体阻力，会因细颗粒表面积增大而增大；氧化、溶解、蒸发、吸附、催化等，都因细颗粒表面积增大而被加速，有些粉尘的爆炸性和毒性随粒径减小而增加。

粉尘的比表面积定义为单位体积（或质量）粉尘所具有的表面积。以粉尘自身体积（即净体积）表示的比表面积 S_V 用显微镜法测得的定义为：

$$S_V = S/V = 6/d \tag{3-42}$$

$$S_m = S/\rho V = 6/\rho d_w \tag{3-43}$$

式中，ρ 为粉尘真密度。

6. 粉尘的含水率

粉尘中一般都含有一定的水分，它包括附着在颗粒表面上和在细孔中的自由水分，以及紧密结合在颗粒内部的结合水分。化学结合的水分，如结晶水等是作为颗粒的组成部分，不能用干燥的方法除掉，否则将破坏物质本身的分子结构，因而不属于粉尘含水的范围。干燥作业时可以去除自由水分和一部分结合水，其余部分作为平衡水分残留，其数量随干燥条件变化而变化。

粉尘中的水分含量一般用含水率 W 表示，是指粉尘中所含水分质量与粉尘总质量（包括干粉尘与水分）之比。

粉尘含水率的大小会影响粉尘的其他物理性质，如导电性、黏附性、流动性等，所有这些在设计除尘装置时都必须加以考虑。

粉尘的含水率与粉尘的吸湿性，即粉尘从周围空气中吸收水分的能力有关，若尘粒能溶于水，则在潮湿气体中尘粒表面上会形成溶有该物质的饱和水溶液。如果溶液上方的水蒸气分压小于周围气体中的水蒸气分压，该物质将由气体中吸收水蒸气，这就形成了吸湿现象。对于不溶于水的尘粒，吸湿过程开始时尘粒表面吸附水分子，然后在毛细力和扩散力作用下逐渐增加对水分的吸收，一直继续到尘粒上方的水汽分压与周围气体中的水汽分压相平衡为止。气体的每一相对湿度都相应于粉尘的一定的含水率，称为粉尘的平衡含水率。气体的相对湿度与粉尘的含水率之间的平衡，可用每种粉尘所特有的吸收等温线来描述。

7. 粉尘的润湿性

粉尘颗粒与液体接触后能否相互附着或附着难易程度的性质称为粉尘的润湿性。当尘粒与液体接触时，如果接触面能扩大而相互附着，则称为润湿性粉尘。如果接触面趋于缩小而不能附着，则称为非润湿性粉尘。粉尘的润湿性与粉尘的种类、粒径和形状、生成条件、组分、温度、含水率、表面粗糙度及荷电性等性质有关。例如，水对飞灰的润湿性要比对滑石粉好得多，球形颗粒的润湿性要比形状不规则表面粗糙的颗粒差，粉尘越细，润湿性越差，如石英的润湿性虽好，但粉碎成粉末后润湿性将大大降低。粉尘的润湿性随压力的增大而增大，随温度的升高而下降。粉尘的润湿性还与液体的表面张力及尘粒与液体之间的黏附力和接触方式有关。例如，酒精、煤油的表面张力小，对粉尘的润湿性就比水好。某些细粉尘特别是粒径在 $1\mu m$ 以下的粉尘，很难被水润湿，是由于尘粒与水滴表面均存在一层气膜，只有在尘粒与水滴之间具有较高相对运动速度的条件下，水滴冲破这层气膜，才能使之相互附着凝并。

粉尘的润湿性是选用湿式除尘器的主要依据。对于润湿性好的亲水性（中等亲水、强亲水）粉尘，可以选用湿式除尘器净化；对于润湿性差的憎水性粉尘，则不宜采用湿法除尘。

8. 粉尘的荷电性和导电性

（1）粉尘的荷电性

天然粉尘和工业粉尘几乎都带有一定的电荷（正电荷或负电荷），

也有中性的。使粉尘荷电的因素很多，诸如电离辐射、高压放电或高温产生的离子或电子被颗粒所捕获，固体颗粒相互碰撞或它们与壁面发生摩擦时产生的静电。此外，粉尘在它们产生过程中就可能已经荷电，如粉体的分散和液体的喷雾都可能产生荷电的气溶胶。颗粒获得的电荷受周围介质的击穿强度限制。在干燥空气情况下，粉尘表面的最大荷电量约为 1.66×10^{10} 电子/cm^2 或 $2.7\times10^9 C/cm^2$，而天然粉尘和人工粉尘的荷电量一般仅为最大荷电量的 1/10。

粉尘荷电后，将改变其某些物理特性，如凝聚性、附着性及其在气体中的稳定性等，同时对人体的危害也将增强。粉尘的荷电量随温度升高、表面积增大及含水率减小而增加，还与其化学组成等有关。粉尘的荷电在除尘中有重要作用，如电除尘器就是利用粉尘荷电而除尘的，在袋式除尘器和湿式除尘器中也可利用粉尘或液滴荷电来进一步提高对细尘粒的捕集性能。实际中，由于粉尘天然荷电量很小，并且有两种极性，所以一般多采用高压电晕放电等方法来实现粉尘荷电。

（2）粉尘的导电性

粉尘的导电性通常用比电阻 ρ_d 来表示：

$$\rho_d = V/(J\sigma) \tag{3-44}$$

式中 V——通过粉尘层的电压，V；

J——通过粉尘层的电流密度，A/cm^2；

σ——粉尘层的厚度，cm。

粉尘的导电机制有两种，取决于粉尘、气体的温度和组成成分。在高温（一般在 200℃以上）范围内，粉尘层的导电主要靠粉尘本体内部的电子或离子进行。这种本体导电占优势的粉尘比电阻称为体积比电阻。在低温（一般在 100℃以下）范围内，粉尘的导电主要靠尘粒表面吸附的水分或其他化学物质中的离子进行。这种表面导电占优势的粉尘比电阻称为表面比电阻。在中间温度范围内，两种导电机制皆起作用，粉尘比电阻是表面比电阻和体积比电阻的和。

在高温范围内，粉尘比电阻随温度升高而降低，其大小取决于粉尘的化学组成。例如，具有相似组成的燃煤锅炉飞灰，比电阻随飞灰中钠或锂的含量增加而降低。在低温范围内，粉尘比电阻随温度的升高而增大，还随气体中水分或其他化学物质（如 SO_3）含量的增加而降低。在中间温度范围内，两种导电机制皆较弱，因而粉尘比电阻达到最大值。

粉尘比电阻对电除尘器的运行有很大影响，最适宜于电除尘器运行的比电阻范围为 $10^4\sim10^{10}\Omega\cdot cm$。当比电阻值超出这一范围时，则需采取措施进行调节。

9. 粉尘的黏附性

粉尘颗粒附着在固体表面上，或者颗粒彼此相互附着的现象称为黏附，后者也称为自黏。附着的强度即克服附着现象所需要的力（垂直作用于颗粒中心上）称为黏附力。

粉尘的黏附是一种常见的现象。如果没有黏附，降落到地面上的粉尘就会连续地被气流带回到空气中，而达到很高的浓度。就气体除尘而言，一些除尘器的捕集机制是依靠施加捕集力以后尘粒在捕集表面上的黏附。但在含尘气体管道和净化设备中，又要防止粉尘在壁面上的黏附，以免造成管道和设备的堵塞。

粉尘颗粒之间的黏附力分为三种（不包括化学黏合力）：分子间作用力（范德华力）、毛细作用力和静电力（库仑力）。三种力的综合作用形成粉尘的黏附力。通常采用粉尘层的断裂强度作为表征粉尘自黏性的基本指标。在数值上断裂强度等于粉尘层断裂所需的力除以其断裂的接触面积。根据粉尘层的断裂强度大小，将粉尘分成四类：不黏性、微黏性、中等黏性和强黏性。

以上的分类是有条件的，粉尘受潮或干燥都将影响粉尘颗粒间的各种力的变化，从而使其黏性发生很大变化。此外，粉尘的粒径大小、形状是否规则、表面粗糙程度、润湿性好坏及荷电大小等皆对粉尘的黏附性有重要影响。实验研究表明，黏附力与颗粒粒径成反比关系，当粉尘中含有60%～70%小于10μm 的粉尘，其黏性会大大增加。

10. 粉尘的自燃性和爆炸性

（1）粉尘的自燃性

粉尘的自燃是指粉尘在常温下存放过程中自然发热，此热量经长时间的积累，达到该粉尘的燃点而引起燃烧的现象。粉尘自燃的原因在于自然发热，并且产热速率超过粉尘的排热速率，使粉尘热量不断积累所致。

引起粉尘自燃发热的原因有：①氧化热，即因吸收氧而发热的粉尘，包括金属粉类（锌、铝、锆、锡、铁、镁、锰等及其合金的粉末），碳素粉末类（活性炭、木炭、炭黑等），其他粉末（胶木、黄铁矿、煤、橡胶、原棉、骨粉、鱼粉等）。②分解热，因自然分解而发热的粉尘，包括漂白粉、硫代硫酸钠、乙基磺酸钠、硝化棉、赛璐珞等。③聚合热，因发生聚合而发热的粉尘，如丙烯腈、异戊间二烯、苯乙烯、异丁烯酸盐等。④发酵热，因微生物和酶的作用而发热的物质，如下草、饲料等。

各种粉尘的自燃温度相差很大，某些粉尘的自燃温度较低，如黄磷、还原铁粉、还原镍粉、烷基铝等，由于它们同空气的反应活化能小，所以在常温下暴露于空气中就可能直接自燃。

影响粉尘自燃的因素，除了取决于粉尘本身的结构和物理化学性质外，还取决于粉尘的存在状态和环境。处于悬浮状态的粉尘的自燃温度要比堆积状态粉尘的自燃温度高很多。堆积粉尘的粒径越小、比表面越大、浓度越高，越容易自燃。悬浮的粉尘较松散，若环境温度较低，通风良好，就不易自燃。

(2) 粉尘的爆炸性

这里所说的爆炸是指可燃物的剧烈氧化作用，在瞬间产生大量的热和燃烧产物，在空间造成很高的温度和压力，称为化学爆炸。可燃物包括可燃粉尘、可燃气体和蒸气等。引起可燃物爆炸必须具备的条件有两个：一是由可燃物与空气或氧气构成的可燃混合物达到一定的浓度，二是存在能量足够的火源。

可燃混合物中可燃物的浓度只有在一定范围内才能引起爆炸。能够引起可燃混合物爆炸的最低可燃物浓度，称为爆炸浓度下限；最高可燃物浓度称为爆炸浓度上限。在可燃物浓度低于爆炸浓度下限或高于爆炸浓度上限时，均无爆炸危险。由于上限浓度值过大（如糖粉在空气中的爆炸浓度上限为 $13.5kg/cm^3$），在多数情况下都达不到，故实际意义不大。

此外，有些粉尘与水接触后会引起自燃或爆炸，如镁粉、碳化钙粉等；有些粉尘互相接触或混合后也会引起爆炸，如溴与磷、锌粉与镁粉等。

第四章 流体力学基础

Phase Separation Technology and Application

研究相分离过程，主要是研究各个相流之间的变化，相流是物质以流体方式的呈现，因此了解流体的相关知识以及流体力学的基本概念对相分离的研究是十分必要的。本章主要介绍流体力学的基本内容，包括流体的概念、流体静力学基础、流体动力学基础以及流体阻力与能量损失的相关知识。

一、流体

流体包括气体和液体，流体在运动时总是连续不断的，河水的流动，风的吹动都是如此。流体力学研究流体的宏观运动，它是在远远大于分子运动尺度的范围里观察流体运动，而不考虑个别流体分子的行为，因此将实际的由分子组成的结构用一种假想的流体模型代替，在这种流体模型中，有足够数量的分子连续充满它所占据的空间，彼此之间无任何间隙，这就是1753年由欧拉首先建立的连续介质模型。它具有如下三个性质：

① 流体是连续分布的物质，它可以无限分割为具有均布质量的宏观微元体；

② 不发生化学反应和离解等非平衡热力学过程的运动流体中，微元体内流体状态服从热力学关系；

③ 除了特殊面外，流体的力学和热力学状态参数在时空中是连续分布的，并且通常认为是无限可微的。

二、流体静力学基础

流体静力学研究静止流体（气体或液体）的压力、密度以及流体对物体的作用力，是流体动力学的基础。

1. 流体静压强

在静止流体中取一作用面 A，其上作用的压力为 p，则当 A 缩小为一点时，平均压强 p/A 的极限定义为该点的流体静压强，以符号 P 表示。即

$$P=\lim_{A\to 0}\frac{p}{A} \tag{4-1}$$

压力单位为 N 或 kN；流体静压强的单位为 N/m^2，也可用 Pa 或 kPa 表示。

2. 静止流体中应力的特征

静止流体中的应力具有以下两个特性：

① 应力的方向和作用面的内法线方向一致。

② 静压强的大小与作用面方位无关。

在静止流体中任取截面 $N—N$，将其分为Ⅰ、Ⅱ两部分，取Ⅱ为隔离体，Ⅰ对Ⅱ的作用由 $N—N$ 面上连续分布的应力代替（图 4-1）。

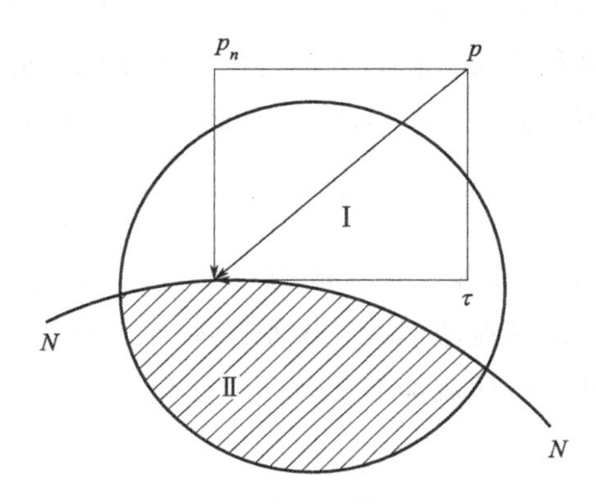

图 4-1　静止流体应力

在 $N—N$ 平面上，若任意一点的应力 p 的方向不是作用于平面的法线方向，则可将 p 分解为法向应力 p_n 和切向应力 τ。因为静止流体不能承受切力，又因流体不能承受拉力，故 p 的方向只能和作用面的内法线方向一致。

三、流场的基本概念

由于流体具有“易流动性”，因而流体的运动和刚体的运动有所不同。刚体在运动时，各质点之间处于相对静止状态，表现为一个整体一致地运动；而流体在运动时，质点之间则有相对运动，不表现整体一致的运动。因此，表征流体的运动就应有与其运动特征相应的一些概念。

流动流体所占据的空间称为流场。表征流体运动的物理量，如流速、加速度、压力等统称为运动要素。由于流体为连续介质，因而其运动要素是空间和时间的连续函数。下面就流场的几个基本概念分别进行叙述，正确掌握这些基本概念，对于深入认识流体运动规律十分重要。

1. 恒定流与非恒定流

在流场中，如果在各空间点上流体质点的运动要素都不随时间而变化，这种流动称为恒定流（或称稳定流）。如图 4-2(a) 所示，当容器内水面保持不变，器壁孔洞的泄流也一定保持不变，这是恒定流的一个例子。在这种情况下，容器内和泄流中任一点的运动要素是不随时间变化的。也就是说，在稳定流中，运动要素仅是空间坐标的连续函数，而与时间无关。

因而运动要素对时间的偏导数为零，例如$\frac{\partial u}{\partial t}=0$、$\frac{\partial p}{\partial t}=0$。

在流场中，如果在任一空间点上有任何质点的运动要素是随时间而变化的，这种流动就称为非恒定流（或非稳定流）。在非恒定流情况下，运动要素不仅是空间坐标的连续函数，而且也是时间的连续函数，例如：$u=u(x,y,z,t)$、$p=p(x,y,z,t)$ 及$\frac{\partial u}{\partial t}\neq 0$、$\frac{\partial p}{\partial t}\neq 0$。

图 4-2(b) 就是非恒定流的一个例子。图中容器的水面随时间而下降，器壁孔洞的泄流形状和大小随时间而变化。在这种情况下，容器内和泄流中任一点的流动都随时间而变化。

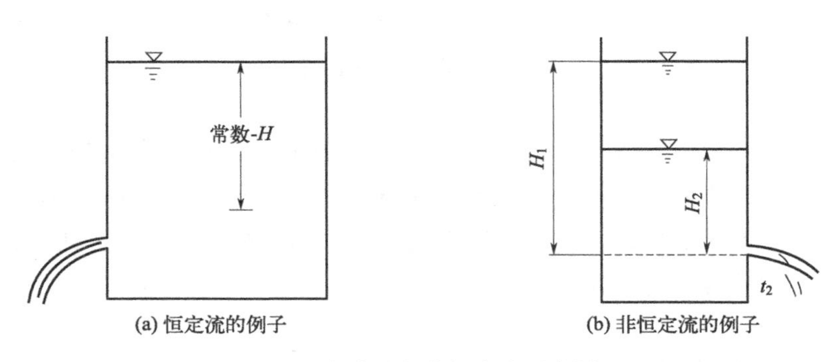

图 4-2 恒定流与非恒定流示意图

2. 流线和迹线

在流体力学中，研究流体质点的运动有两种方法。一种方法是跟踪每个质点的路径进行描述的所谓质点系法。这种方法注意质点的迹线，并用相应的数学方程式来表达。所谓迹线，就是质点在连续时间过程内所占据的空间位置的连线（即质点在某段时间段内所走过的轨迹线）。另一种研究方法只注意在固定的空间位置上研究质点运动要素的情况，即所谓的流场法。流场法考察的是同一时刻流体质点通过不同空间点时的运动情况。因此，这种方法引出了流线的概念。流线是某一时刻在流场中画出的一条空间曲线，该曲线上的每个质点的流速方向都与这条曲线相切（图 4-3）。因此，一条时刻的流线就表示这条线上各点在该时

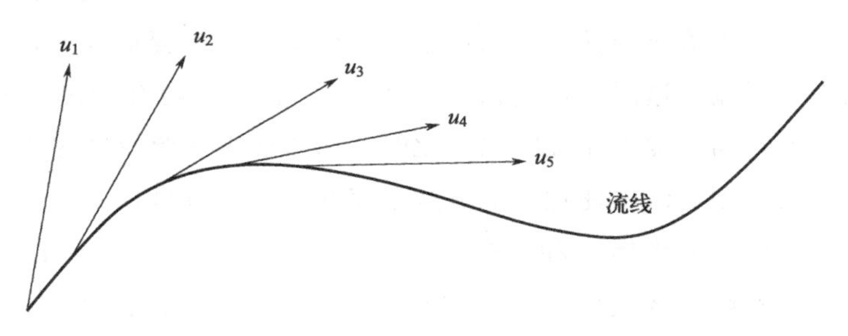

图 4-3 流线示意图

刻质点的流向，一组某时刻的流线就表示流场某时刻的流动方向和流动的形象。

在科学实验中，为了获得某一流场的流动图形，常把一些能够显示流动方向的“指示剂”（如锯末、纸屑等）撒放在所要观察的运动流体中，利用快速照相的手段，可以拍摄出在某一微小时段内这些指示剂所留下的一个个短的线段。如果指示剂撒得很密的话，这些短线就能在照片上连成流线的图形。

流线的概念在流体力学研究中是很重要的。从流线的定义可以引申出以下结论。

① 一般情况下，流线不能相交，且流线只能是一条光滑的曲线。

② 流场中每一点都有流线通过。流线充满整个流场，这些流线构成某一时刻流场内的流动图像。

③ 在恒定流条件下，流线的形状和位置不随时间而变化，在非恒定流条件下，流线的形状和位置一般要随时间而变化。

④ 恒定流动时，流线与迹线重合；非恒定流动时，流线与迹线一般不重合。

3. 一元流、二元流及三元流

流场中流体质点的流速状况在空间的分布有各种形式，可根据其与空间坐标的关系，将其划分为三种类型：一元流、二元流和三元流（又称一维流、二维流和三维流）。

一元流是流体的流速在空间坐标中只和一个空间变量有关，或者说仅与沿流程坐标 s 有关，即 $u=u(s)$ 或 $u=u(s,t)$。显然，在一元流场中，流线是彼此平行的直线，而且同一过流断面上各点的流速是相等的。

如果对空间坐标来讲，流场中任一点的流速是两个空间坐标变量的函数，即 $u=u(x,y)$ 或 $u=u(x,y,t)$，则称这种流动为二元流。

如果流场中任一点的流速与三个空间坐标变量有关，则称这种流动为三元流。这时质点的流速 u 在 3 个坐标上均有分量。例如，一矩形明渠，当宽度沿流程方向变化时，由于明渠水流流动时水面向流动方向倾斜，则水流中任意点的流速不仅与断面位置坐标有关，而且还与该点在断面上的坐标 y 和 z 有关，即 $u=u(x,y,z)$ 或 $u=u(x,y,z,t)$。

实际流体力学问题大多属于三元流或二元流。但由于考虑多维问题的复杂性，在数学上有相当大的困难，为此，有的需要进行简化。最常用的简化方法就是引入过流断面平均流速的概念，把水流简化为一维流，用一维分析方法研究实际上是多维的水流问题，但用一维流代替多维流所产生的误差要加以修正，修正系数一般用试验的方法来解决。

四、流体运动的基本方程

1. 质量方程

质量方程是流体流动过程中质量守恒的数学表达式，对于不同的流体流动情况，连续性方程有不同的表达形式。本章节我们推导两种连续性方程，不可压缩流体恒定流的连续性方程和三维流动的连续性方程。首先是不可压缩流体恒定流的连续性方程式。

设在某一元流中任取两过流断面 1 和 2（图 4-4），其面积分别为 dA_1 和 dA_2，在恒定流条件下，过水断面 dA_1 和 dA_2 上的流速 u_1 和 u_2 不随时间变化。因此，在 dt 时段内通过这两个过流断面流体的体积应分别为 u_1dA_1dt 和 u_2dA_2dt，考虑到：

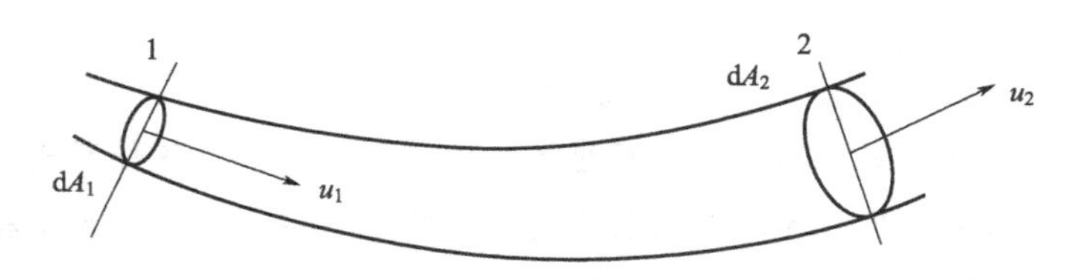

图 4-4　流体通过过流断面的流动

① 流体是连续介质。

② 流体是不可压缩的。

③ 流体是恒定流，且流体不能通过流面流进或流出该元流。

④ 在元流两过流断面间的流段内不存在输出或吸收流体的奇点。

因此，在 dt 时段内通过过流断面 dA_1 流进该元流段的流体体积应与通过过流断面 dA_2 流出该元流段的液体体积相等。即：

$$u_1 dA_1 dt = u_2 dA_2 dt$$

于是得：

$$u_1 dA_1 = u_2 dA_2 \tag{4-2}$$

式(4-2) 称为不可压缩流体恒定元流的连续性方程。它表达了沿流程方向流速与过流断面面积成反比的关系。由于流速和过流断面面积相乘的积等于流量，所以式(4-2) 也表明，在不可压缩流体恒定元流中，各过流断面的流量是相等的，从而保证了流动的连续性。

根据过流断面平均流速的概念，可以将元流的连续性方程推广到总流中。设在不可压缩流体恒定总流中任取两过流断面 A_1 和 A_2，其相应的过流断面平均流速为 V_1 和 V_2，则根据上述讨论的元流连续性方程，有：

$$\int_{A_1} u_1 d\omega = \int_{A_2} u_2 d\omega$$

因而：

$$A_1 V_1 = A_2 V_2 \tag{4-3}$$

式(4-2) 和式(4-3) 被称为不可压缩流体恒定总流的连续性方程式。它表明，通过恒定总流任意过流断面的流量是相等的，或者说，恒定总流的过流断面的平均流速与过流断面的面积成反比。

如果恒定总流两断面间有流量输入或输出（如图 4-5 所示的管、渠交汇处），则恒定总流的连续性方程为：

$$Q_1 + Q_2 = Q_3 \tag{4-4}$$

式中，Q_3 为引入（取正号）或引出（取负号）。

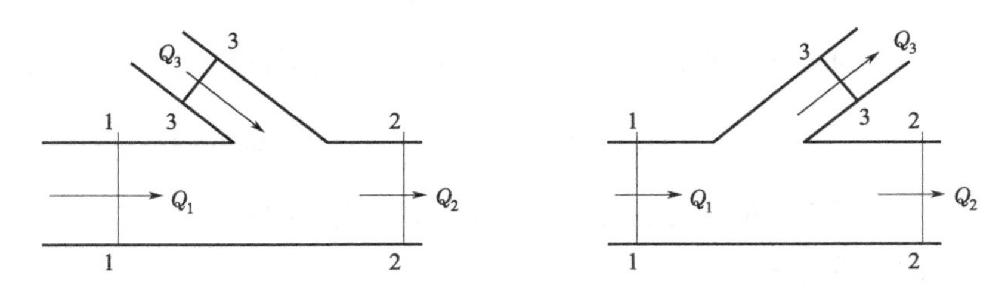

图 4-5　分叉管渠中的水流

对于一般的三维流动，能够采用流体微元分析法，得到其微分形式的连续性方程。设 C 是流场中的任意一点，C 点上的流速分量为 u、v、w，流体密度为 ρ。为了方便，选取流场中的矩形六面体微元作为控制体，如图 4-6 所示，六面体微元以 C 点为中心，边长分别为 $\mathrm{d}x$、$\mathrm{d}y$、$\mathrm{d}z$。显然，六面体微元的 6 个表面构成了封闭的控制面。

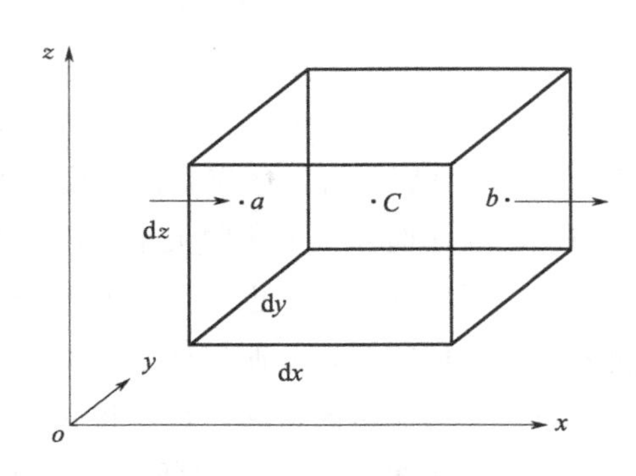

图 4-6　三维流动的连续性方程

为了用 C 点的流动要素来表示控制面上的流动要素，需要假定流速 u、v 及 w 与密度 ρ 在空间上是连续可微的函数。先考察控制面的左、右表面上的质量流量。设 a、b 分别为左、右表面的中心，能够根据泰勒级数展开（忽略高阶微量）得到 a、b 点上的流动要素。例如 a、b 点上流速的 x 分量可以近似表示成：

$$u_a=u-\frac{\partial u}{\partial x}\times\frac{\mathrm{d}x}{2}\qquad u_b=u+\frac{\partial u}{\partial x}\times\frac{\mathrm{d}x}{2}$$

质量流量可以表示为：

$$Q_{\mathrm{m}a}=\left[\rho u-\frac{\partial(\rho u)}{\partial x}\times\frac{\mathrm{d}x}{2}\right]\mathrm{d}y\,\mathrm{d}z$$

通过右表面流出控制体外的质量流量可以表示为：

$$Q_{\mathrm{m}b}=\left[\rho u+\frac{\partial(\rho u)}{\partial x}\times\frac{\mathrm{d}x}{2}\right]\mathrm{d}y\,\mathrm{d}z$$

通过 x 方向的两个控制体表面流入六面体微元的质量流量为：

$$Q_{\mathrm{m}x}=Q_{\mathrm{m}a}-Q_{\mathrm{m}b}=-\frac{\partial(\rho u)}{\partial x}\mathrm{d}x\,\mathrm{d}y\,\mathrm{d}z$$

同理，能够得到通过 y 方向、z 方向的控制体表面流入六面体微元的质量流量为：

$$Q_{\mathrm{m}y}=-\frac{\partial(\rho u)}{\partial y}\mathrm{d}x\,\mathrm{d}y\,\mathrm{d}z\qquad Q_{\mathrm{m}z}=-\frac{\partial(\rho u)}{\partial z}\mathrm{d}x\,\mathrm{d}y\,\mathrm{d}z$$

根据质量守恒定律，在没有质量源的条件下，单位时段内控制体内流体总质量（$\rho\mathrm{d}x\,\mathrm{d}y\,\mathrm{d}z$）的变化量应当等于单位时段内流入控制体内的流体质量，即：

$$\frac{\partial(\rho \mathrm{d}x \mathrm{d}y \mathrm{d}z)}{\partial t}=Q_{\mathrm{m}x}+Q_{\mathrm{m}y}+Q_{\mathrm{m}z}$$

将 $Q_{\mathrm{m}x}$、$Q_{\mathrm{m}y}$、$Q_{\mathrm{m}z}$ 的表达式代入上式，并消去 $\mathrm{d}x\mathrm{d}y\mathrm{d}z$ 得到：

$$\frac{\partial \rho}{\partial t}+\frac{\partial(\rho u)}{\partial x}+\frac{\partial(\rho v)}{\partial y}+\frac{\partial(\rho w)}{\partial z}=0 \tag{4-5}$$

这就是微分形式的三维流动连续性方程。

对于恒定流，$\frac{\partial \rho}{\partial t}=0$，式(4-5) 变为：

$$\frac{\partial(\rho u)}{\partial x}+\frac{\partial(\rho v)}{\partial y}+\frac{\partial(\rho w)}{\partial z}=0 \tag{4-6}$$

若为不可压缩流体，式(4-6) 变为：

$$\frac{\partial u}{\partial x}+\frac{\partial v}{\partial y}+\frac{\partial w}{\partial z}=\nabla \cdot \overline{u}=0 \tag{4-7}$$

该式既适用于恒定流，又适用于非恒定流。

2. 欧拉方程

流体质点的运动同刚体质点一样，服从牛顿第二运动定律。根据这一定律，可以得出流体运动和它所受到的作用力之间的关系。下面从分析作用在流动着的理想液体质点上的各种力以及流体质点在这些外力作用下产生的运动加速度出发，来建立理想流体运动的基本微分方程式。

如图 4-7 所示，在 x、y、z 空间坐标系所表示的流场中，取一微分六面体的流体作为表征单元体进行分析。该六面体各边与对应的坐标轴平行，其边长分别为 $\mathrm{d}x$、$\mathrm{d}y$ 和 $\mathrm{d}z$。并设 $A(x,y,z)$ 点为该六面体的顶点，其流体压力为 p，可以认为任何包括 A 点在内的微元体的边界面上，其压力均等于 p。

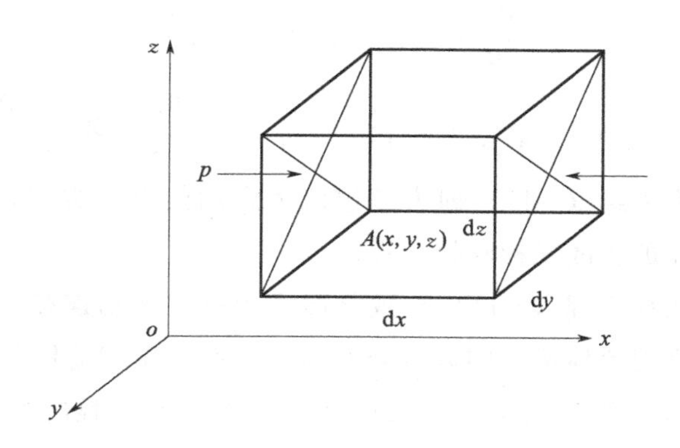

图 4-7 理想流体中的表征单元体

其中若作用于单位质量流体的质量力的分量分别用 X、Y、Z 表示，则作用于该微分六面体体内液体的总质量力的各分量为：

在 $O\text{-}x$ 方向：$X=\mathrm{d}x\mathrm{d}y\mathrm{d}z$。在 $O\text{-}y$ 方向：$Y=\mathrm{d}x\mathrm{d}y\mathrm{d}z$。在 $O\text{-}z$：方向：$Z=\mathrm{d}x\mathrm{d}y\mathrm{d}z$。

在上述外力作用下，该微元体的运动具有加速度，其在坐标轴的分量可分别表示为：

$$\frac{\mathrm{d}u}{\mathrm{d}t},\frac{\mathrm{d}v}{\mathrm{d}t},\frac{\mathrm{d}w}{\mathrm{d}t}$$

根据牛顿第二运动定律，可以写出质点受力与加速度的关系式。x 轴方向为：

$$p\mathrm{d}y\mathrm{d}z-\left(p+\frac{\partial p}{\partial x}\mathrm{d}x\right)\mathrm{d}y\mathrm{d}z+X\rho\mathrm{d}x\mathrm{d}y\mathrm{d}z=\rho\mathrm{d}x\mathrm{d}y\mathrm{d}z\ \frac{\mathrm{d}u}{\mathrm{d}t} \tag{4-8}$$

将式(4-8) 整理化简后，可得：

$$X-\frac{1}{\rho}\times\frac{\partial p}{\partial x}=\frac{\mathrm{d}u}{\mathrm{d}t} \tag{4-9}$$

同理对 y 方向和 z 方向进行操作，可得到类似于式(4-9) 的方程。综合可得下列方程组：

$$\begin{cases}\dfrac{\mathrm{d}u}{\mathrm{d}t}=X-\dfrac{1}{\rho}\times\dfrac{\partial p}{\partial x}\\ \dfrac{\mathrm{d}v}{\mathrm{d}t}=Y-\dfrac{1}{\rho}\times\dfrac{\partial p}{\partial y}\\ \dfrac{\mathrm{d}w}{\mathrm{d}t}=Z-\dfrac{1}{\rho}\times\dfrac{\partial p}{\partial z}\end{cases} \tag{4-10}$$

将欧拉方法得到的流体加速度表达式代入式(4-10)，可得：

$$\begin{cases}\dfrac{\partial u}{\partial t}+u\ \dfrac{\partial u}{\partial x}+v\ \dfrac{\partial u}{\partial y}+w\ \dfrac{\partial u}{\partial z}=X-\dfrac{1}{\rho}\dfrac{\partial p}{\partial x}\\ \dfrac{\partial v}{\partial t}+u\ \dfrac{\partial v}{\partial x}+v\ \dfrac{\partial v}{\partial y}+w\ \dfrac{\partial v}{\partial z}=Y-\dfrac{1}{\rho}\dfrac{\partial p}{\partial y}\\ \dfrac{\partial w}{\partial t}+u\ \dfrac{\partial w}{\partial x}+v\ \dfrac{\partial w}{\partial y}+w\ \dfrac{\partial w}{\partial z}=Z-\dfrac{1}{\rho}\dfrac{\partial p}{\partial z}\end{cases} \tag{4-11}$$

方程组 (4-11) 即为理想流体运动的微分方程，它是欧拉在 1755 年得出的，故又称欧拉方程。

欧拉方程 (4-11) 与微分形式的三维流动连续方程 (4-5) 构成了描述理想流体运动的偏微分方程组。不可压缩流体的密度 ρ 是已知的，方程组中含有 ρ、u、v、w 4 个未知量，与方程的个数相等。因此能够通过求方程组的解得到未知量在时间、空间上的变化规律。若流体是可压缩的，流体密度 ρ 是未知的，方程组的 4 个方程中含有 5 个未知量。此时，需要将连续方程、欧拉方程与能量方程、流体的状态方程联解。

对于黏性流体，需要考虑切应力的作用。x、y、z 方向单位质量流体受到的黏滞力分别为 $\mu\nabla^2 u$、$\mu\nabla^2 v$、$\mu\nabla^2 w$，考虑黏滞力的影响，流体运动微分方程变为：

$$\begin{cases}\dfrac{\partial u}{\partial t}+u\dfrac{\partial u}{\partial x}+v\dfrac{\partial u}{\partial y}+w\dfrac{\partial u}{\partial z}=X-\dfrac{1}{\rho}\dfrac{\partial p}{\partial x}+\mu\nabla^2 u\\ \dfrac{\partial v}{\partial t}+u\dfrac{\partial v}{\partial x}+v\dfrac{\partial v}{\partial y}+w\dfrac{\partial v}{\partial z}=Y-\dfrac{1}{\rho}\dfrac{\partial p}{\partial y}+\mu\nabla^2 v\\ \dfrac{\partial w}{\partial t}+u\dfrac{\partial w}{\partial x}+v\dfrac{\partial w}{\partial y}+w\dfrac{\partial w}{\partial z}=Z-\dfrac{1}{\rho}\dfrac{\partial p}{\partial z}+\mu\nabla^2 w\end{cases} \tag{4-12}$$

式(4-12) 为纳维-斯托克斯方程（Navier-Stokes）方程，简称 N-S 方程。

3. 能量方程（伯努利方程）

由于数学上的困难，理想流体的运动微分方程仅在某些特定条件下才能求解。假定流体运动满足如下假设：

① 理想流体。

② 流体不可压缩，密度为常数。

③ 流动是恒定的。

④ 质量力是有势力。

⑤ 沿流线积分。

通过数学推导，可得到欧拉方程与连续方程所构成的偏微分方程组的解析解。为了推导方便，将欧拉方程（4-11）写成：

$$\frac{d\bar{u}}{dt}=\bar{f}-\frac{1}{\rho}\nabla p \tag{4-13}$$

设 dr 是流体质点的微小位移矢量，其 3 个分量为 dx、dy、dz，将上式两边同时点乘 dr，得到：

$$d\bar{r}\cdot\frac{d\bar{u}}{dt}=d\bar{r}\cdot f-\frac{1}{\rho}d\bar{r}\cdot\nabla p \tag{4-14}$$

因为 $d\bar{r}$ 为流体质点的位移，所以 $\dfrac{d\bar{r}}{dt}=\bar{u}$，因此：

$$d\bar{r}\cdot\frac{d\bar{u}}{dt}=\frac{d\bar{r}}{dt}\cdot d\bar{u}=\bar{u}\cdot d\bar{u}=d\left(\frac{\bar{u}\cdot\bar{u}}{2}\right)=d\left(\frac{u^2+v^2+w^2}{2}\right) \tag{4-15}$$

若以 U 表示 $\bar{u}$ 的大小，则 $U^2=u^2+v^2+w^2$，上式可变为：

$$d\bar{r}\cdot\frac{d\bar{u}}{dt}=d\left(\frac{U^2}{2}\right) \tag{4-16}$$

由于质量力是恒定的有势力，可以用 W 表示质量力势函数，而且有：

$$d\overline{r} \cdot f = X\,dx + Y\,dy + Z\,dz = dW \tag{4-17}$$

将式(4-16)、式(4-17) 代入式(4-11) 可得到：

$$d\left(\frac{U^2}{2}\right) = dW - \frac{dp}{\rho}$$

因为 ρ 为常数，可以将上式改写为：

$$d\left(\frac{U^2}{2} + \frac{p}{\rho} - W\right) = 0$$

该方程只有在流线上才能成立。将该式沿流线积分后可得：

$$\frac{U^2}{2} + \frac{p}{\rho} - W = C \tag{4-18}$$

式中，C 为积分常数。这就是理想流体的伯努利积分方程。上式表明：在有势力场的作用下常密度理想流体恒定流中同一条流线上的 $\frac{U^2}{2} + \frac{p}{\rho} - W$ 数值不变。一般情况下，积分常数 C 的数值随流线的不同而变化。

通常情况下，作用在流体上的力只有重力，即：

$$X = Y = 0,\quad Z = -g\text{（选坐标 } z \text{ 垂直向上为正）}$$

所以质量力势函数 W 为：

$$W = -gz$$

将质量力势函数 W 代入伯努利积分方程式(4-18)，可得：

$$\frac{U^2}{2} + \frac{p}{\rho} + gz = C$$

也可写为：

$$\frac{U^2}{2g} + \frac{p}{\rho g} + z = C'$$

上式表明，在同一条流线上的任意两点 1、2 满足：

$$\frac{U_1^2}{2g} + \frac{p_1}{\rho g} + z_1 = \frac{U_2^2}{2g} + \frac{p_2}{\rho g} + z_2 \tag{4-19}$$

上式即为重力场中理想流体的伯努利积分方程。式(4-19) 表示重力场中理想流体的元流（或在流线上）做恒定流动时，流速大小 U、动压强 p 与位置高度 z 三者之间的关系。

实际上，伯努利方程是能量守恒定律的一种表达形式，又称能量方程。z 是相对于某一基准面的位置水头，它代表了单位重量流体相对于基准面的位置势能（位能）；$\frac{p}{\rho g}$是测管高度或压力水头，代表单位重量流体相对于大气压强的压力水头（压能）。位置水头和压力水头均为流体的势能，二者之和称为测压管水头（测管水头），即：

$$h_{p}=\frac{p}{\rho g}+z$$

式(4-19）中的第一项$\frac{U^2}{2g}$的物理意义为：单位重量流体流速为U时的动能，$\frac{U^2}{2g}$被称为速度水头。

因此，单位重量所具有的总机械能H_0为：

$$H_0=\frac{U^2}{2g}+\frac{p}{\rho g}+z$$

式中，H_0在工程上被称为总水头。

4. 动量方程

动量方程是理论力学中的动量定理在流体力学中的具体体现，它反映了流体运动的动量变化与作用力之间的关系，其特殊优点在于不必知道流动范围内部的流动过程，而只需知道其边界面上的流动情况即可，因此它可用来方便地解决急变流动中流体与边界面之间的相互作用问题。

从理论力学中知道，质点系的动量定理可表述为：在$\mathrm{d}t$时间内，作用于质点系的合外力等于同一时间间隔内该质点系在外力作用方向上的动量变化率，即：

$$\sum F=\frac{\mathrm{d}(mv)}{\mathrm{d}t} \tag{4-20}$$

上式是针对流体系统（即质点系）而言，通常称为拉格朗日型动量方程，由于流体运动的复杂性，在流体力学中一般采用欧拉法研究流体流动问题，因此，需引入控制体及控制面的概念，将拉格朗日型的动量方程转换成欧拉型动量方程。下面来推导适用于流体运动特点的动量定理的表示式。

在稳定流动的总流中，任意取一流体段1-1～2-2（图4-8），以这个流段的侧面，即总流边界流线所构成的流面为控制面。设Q_1、A_1、v_1各为断面1-1的流量、断面面积和平均流速；Q_2、A_2、v_2各为断面2-2的流量、断面面积和平均流速。经过$\mathrm{d}t$时间后，流体段1-1～2-2移到$1'$-$1'$～$2'$-$2'$。其动量的变化应等于$1'$-$1'$～$2'$-$2'$段流体的动量与1-1～2-2段流体动量之差。由于$1'$-$1'$～2-2段为$1'$-$1'$～$2'$-$2'$和1-1～2-2段所共有，而且在稳定流中，这段流体的动量在$\mathrm{d}t$时间并无变化，故动量的增量等于2-2～$2'$-$2'$段流体的动量与1-1～$1'$-$1'$段流体的动量之差。

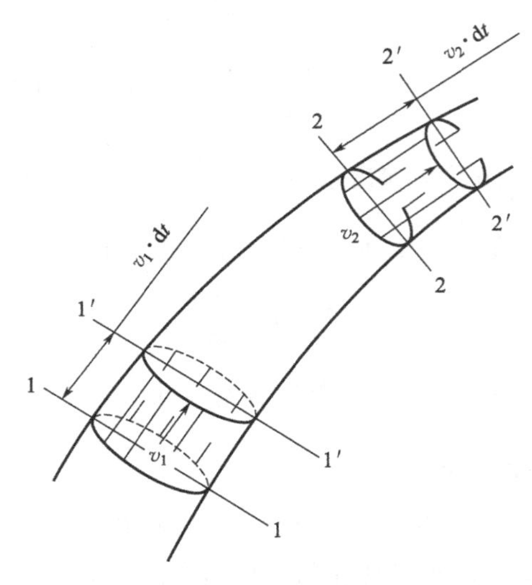

图 4-8 动量方程的推导

故在 dt 时间内的动量增量为：

$$\mathrm{d}\sum m_{\mathrm{k}}\overline{v}_{\mathrm{k}}=\rho Q_2\mathrm{d}t\overline{v}_2-\rho Q_1\mathrm{d}t\overline{v}_1$$

由此得到：

$$\frac{\mathrm{d}}{\mathrm{d}t}\sum m_{\mathrm{k}}\overline{v}_{\mathrm{k}}=\rho Q_2\overline{v}_2-\rho Q_1\overline{v}_1 \tag{4-21}$$

设在 dt 时间作用于总流控制表面上的表面力的总向量为$\sum F_{\mathrm{a}}$，作用于控制表面内的质量力的总向量为$\sum F_{\mathrm{b}}$，可写出流体运动的动量方程如下：

$$\sum\overline{F}_{\mathrm{a}}+\sum\overline{F}_{\mathrm{b}}=\rho Q_2\overline{v}_2-\rho Q_1\overline{v}_1 \tag{4-22}$$

考虑 $Q_1=Q_2=Q$，所以上式可以改写为：

$$\sum\overline{F}_{\mathrm{a}}+\sum\overline{F}_{\mathrm{b}}=\rho Q_2(\overline{v}_2-\overline{v}_1) \tag{4-23}$$

式(4-23) 表明：稳定流动时，作用在总流控制表面上的表面力总向量与控制表面内流体的质量力总向量的向量和等于单位时间内通过总流控制面流出与流入流体的动量的向量差。

五、流体阻力与能量损失

在工程的设计计算中，根据流体接触的边壁沿程是否变化，把能量损失分为两类：沿程能量损失 h_{f} 和局部能量损失 h_{m}。它们的计算方法和损失机理不同。本章简单介绍流体阻力和能量损失的相关概念和计算，以及层流、湍流和雷诺数的概念。

1. 流动阻力和能量损失的分类

流体流动的边壁沿程不变（如均匀流）或者变化微小（缓变流）时，流动阻力沿程也基本不变，称这类阻力为沿程阻力。由沿程阻力引起的机械能损失称为沿程能量损失，简称沿程损失。由于沿程损失沿管段均布，即与管段的长度成正比，所以也称为长度损失。

当固体边界急剧变化时，使流体内部的速度分布发生急剧的变化。如流道的转弯、收缩、扩大，或流体流经闸阀等局部障碍之处。在很短的距离内流体为了克服由边界发生剧变而引起的阻力称局部阻力。克服局部阻力的能量损失称为局部损失。

整个管道的能量损失等于各管段的沿程损失和各局部损失的总和。

$$h_1=\sum h_f+\sum h_m \tag{4-24}$$

式(4-24) 称为能量损失的叠加原理。

2. 能量损失的计算公式

沿程水头损失：能量损失计算公式是长期工程实践的经验总结，用水头损失表达时的情况如下。

$$P_f=\lambda\ \frac{l}{d}\times\frac{v^2}{2g} \tag{4-25}$$

式(4-25) 是法国工程师达西根据自己 1852～1855 年的实验结论，在 1857 年归结的达西公式。

局部水头损失：

$$h_m=\zeta\ \frac{v_2}{2g} \tag{4-26}$$

用压强的损失表达，则为：

$$P_f=\lambda\ \frac{l}{d}\times\frac{pv^2}{2} \tag{4-27}$$

$$P_m=\zeta\ \frac{pv^2}{2} \tag{4-28}$$

式中　l——管长；

d——管径；

v——断面平均流速；

g——重力加速度；

λ——沿程阻力系数；

ζ——局部阻力系数。

3. 层流、湍流与雷诺数

从 19 世纪初期起，通过实验研究和工程实践，人们注意到流体流动的能量损失的规律与流动状态密切相关。直到 1883 年英国物理学家雷诺（Osbore Reynolds）所进行的著名圆管流实验才更进一步证明了实际流体存在两种不同的流动状态及能量损失与流速之间的关系。

雷诺的实验装置如图 4-9 所示，水箱 A 内水位保持不变，阀门 C 用于调节流量，容器 D 内盛有容重与水箱 A 中液体颜色相近的水，容器 E 水位也保持不变，经细管 E 流入玻璃管 B，用以演示水流流态，阀门 F 用于控制颜色水流量。

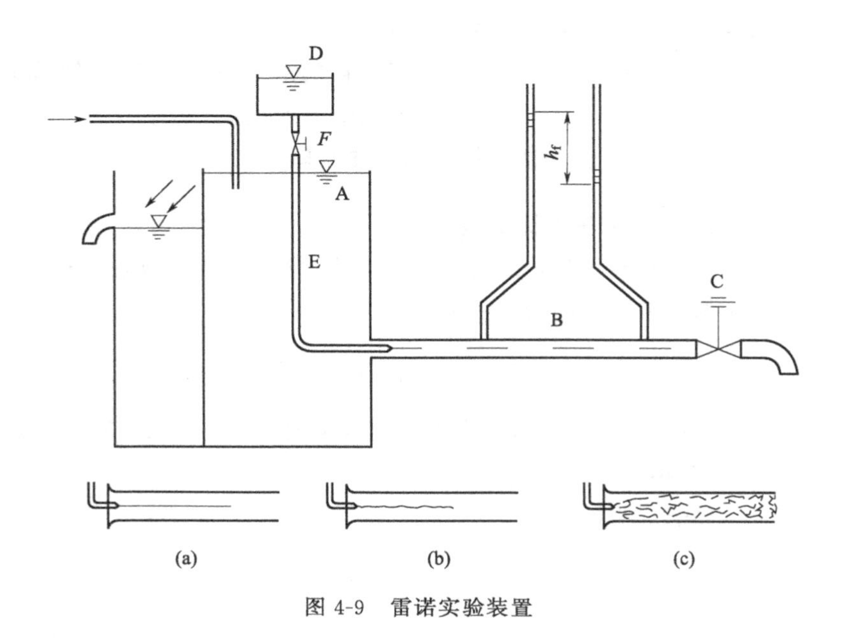

图 4-9 雷诺实验装置

能量损失在不同的流动状态下规律如何呢？雷诺在上述装置的管道 B 的两个相距为 L 的断面处加设两根测压管，定量测定不同流速时两测压管液面之差。根据伯努利方程，测压管液面之差就是两断面管道的沿程损失，实验结果如图 4-10 所示。

实验表明：若实验时的流速由大变小，则上述观察到的流动现象以相反程序重演，但由湍流转变为层流的临界流速 v_k 小于由层流转变为湍流的临界流速 v'_k。称 v'_k 为上临界流速，v_k 为下临界流速。

实验进一步表明：对于特定的流动装置上临界流速 v'_k 是不固定的，随着流动的起始条件和实验条件的扰动不同，v'_k 值可以有很大的差异；但是下临界流速 v_k 却是不变的。在实际工程中，扰动普遍存在，上临界流速没有实际意义。以后所指的临界流速即是下临界流速。

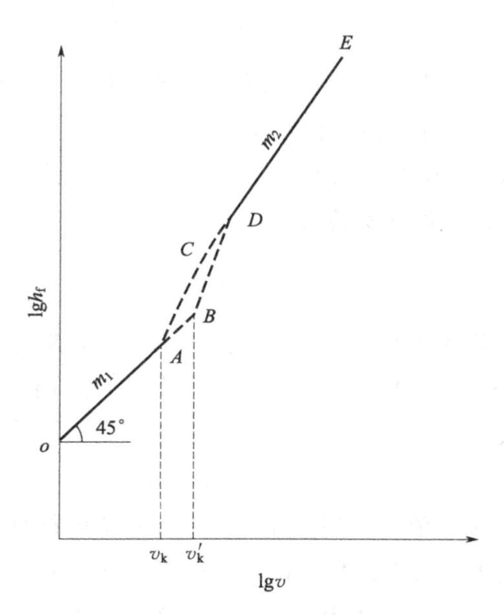

图 4-10　雷诺实验结果

实验曲线 $OABDE$ 在流速由小变大时获得，而流速由大变小时的实验曲线是 $EDCAO$。其中 AD 部分不重合。图中 B 点对应的流速即上临界流速，A 点对应的流速即下临界流速。AC 段和 BD 段试验点分布比较散乱，是流态不稳定的过渡区域。

此外，由图 4-10 可分析得：

$$h_f = Kv^m \tag{4-29}$$

流速小时，即 OA 段，$m=1$，$h_f=Kv^{1.0}$，沿程损失和流速一次方成正比。流速较大时，在 CDE 段，$m=1.75\sim2.0$，$h_f=Kv^{1.75\sim2.0}$。线段 AC 或 BD 的斜率均大于 2。

4. 流体阻力

在不可压缩的（$Ma \ll 1$）连续流体介质中，做稳定运动的颗粒必然受到流体阻力的作用。这种阻力是由两种现象引起的，一是由于颗粒具有一定的形状，运动时必须排开周围的流体，导致其前面的流体压力比其后面大，产生了所谓形状阻力；二是由于流体具有一定的黏性，与运动颗粒之间存在着摩擦力，导致了所谓的摩擦阻力。把两种阻力同时考虑在一起，称为流体阻力。阻力的大小取决于颗粒的形状、粒径、表面特性、运动速度及流体的种类和性质。阻力的方向总是与速度向量的方向相反，其大小可按如下标量方程计算：

$$F_D = C_D A_p \frac{\rho u^2}{2} \tag{4-30}$$

式中 A_p——颗粒在其运动方向上的投影面积，m^2；

C_D——由实验确定的阻力系数。

在 $Re_p < 0.1$ 的范围内，颗粒运动处于层流状况，C_D 与 Re_p 呈直线关系，由理论和实验得到：

$$C_D = \frac{24}{Re_p} \tag{4-31}$$

这一关系式通称为斯托克斯（Stokes）阻力定律。对于球形颗粒，$Re_p = d_p u \rho / \mu$，$A_p = \pi d_p^2 / 4$，将上式代入式(4-30) 中，得到斯托克斯阻力公式：

$$F_D = 3\pi d_p \mu \tag{4-32}$$

随着 Re_p 值增加到大于 0.1，与简单的线性关系式(4-31) 的偏差也逐渐增加，阻力系数变得大于按斯托克斯定律预估的值。这一影响起因于在颗粒周围流体中的紊流逐渐发生，尤其是紧跟在颗粒之后的流体中。

按 Re_p 计算 C_D 的一些半理论或半经验公式已经提出来了，在一定的 Re_p 范围内，C_D 的计算值与实验值的误差在 ±2% 之内，同时计算相对简单。

第五章 过滤分离

固液分离技术的基础理论和数值计算都十分重要，不仅出于对新设备设计和参数给定的需求，而且也是对已有过滤设备性能和运行状况进行评价的基础。利用一些简单的试验和计算，而并不一定使用试验设备，相关技术人员就可以有把握地对系统进行控制、设计和参数优化。同时，这其中有些理论在设计气固分离和气液分离装置时同样有借鉴意义。

一、多孔介质内流体的流动

达西（Darcy）早在 1856 年就研究了堆积床层最基本的压力降和流量的关系，该床层由固体颗粒堆积而成，流体流经颗粒床层的间隙，液体与固体颗粒表面的摩擦造成流动阻力和压力降。

固体颗粒数目越多，液体流经的内部表面积越大，固液两相间的摩擦越大，压力降就越高。颗粒床层内液体能够流过的孔隙占总体积的比例称为孔隙率，定义如下：

$$孔隙率\ \varepsilon=\frac{孔隙体积}{床层总的面积}$$

在许多固液分离情况下，常用颗粒床层内固体颗粒所占体积分数来描述固体颗粒浓度，而孔隙率是孔隙所占的百分数。任何情况下，只要存在流体流动，就会存在流动阻力。阻力无非来自两个方面：一个是与黏性相关的表面摩擦（黏性阻力）；另一个是与几何障碍相关的形状阻力。前者导致在固体颗粒表面形成一层液体静止层，因此，流体中不同相（固体和液体）界面之间的摩擦，同相不同流速的流体界面之间的摩擦，就形成了流体阻力（压力损失）。后者则反映了除摩擦阻力以外的，流速较高时由于强烈的湍流和方向变化等造成的湍流涡漩引起的压力损失。如果这种损失所占比例较大，会破坏流速与压力降之间的线性关系。从修正雷诺数可以区别流动类型，并判断何种阻力占优。大多数实际情况下，料浆通过多孔介质的流动是低速的，可假设是层流状态，形状阻力可以忽略不计。

二、渗透率

渗透率表达了液体流经包括滤饼在内的多孔介质的难易程度。影响渗透率的因素有组成多孔介质中的颗粒的大小和孔隙率，很多学者都对其进行了研究，其中最有影响的渗透率公式是由 Kozeny 提出的：

$$k=\frac{\varepsilon^3}{K(1-\varepsilon)^2 S_v^2} \tag{5-1}$$

式中，S_v 为单位体积颗粒的比表面积；K 为 Kozeny 常数，通常固定的颗粒床层或低速移动的颗粒床层取值为 5，沉降或高速移动的颗粒床层取值为 3.36，把式(5-1) 代入达西定律可得 Kozeny-Carman 方程：

$$\frac{\Delta p}{L}=\mu\left[\frac{5(1-\varepsilon)^2 S_v^2}{\varepsilon^3}\right]\frac{q}{A} \tag{5-2}$$

其他学者也研究过多孔介质中颗粒的形状、孔隙率和渗透率之间的关系。

在研究渗透率时，假定颗粒是坚硬的、几何形状固定、颗粒间为点接触。此外，仅考虑流体阻力和压力。如果有任何其他力存在，利用上面的方法进行简化就会出现偏差。通常这些力对于小于 10μm 的颗粒影响是非常明显的，此时在应用这些关系时应慎重。Kozeny 已经认识到这一点并提醒人们注意，但仍有许多研究人员还是把 Kozeny-Carman 方程用于较小颗粒甚至高分子超滤，而大多数试验情况都与数学模型的预测结果不一致。

在过滤过程中，从试验或工业生产得到的数据出发，可以得到渗透率的经验数值。实际上滤饼的渗透率是孔隙率、颗粒形状及组合、粒径及分布、滤饼形成速度、料浆浓度等参数的函数。理论计算的渗透率仅用于缺乏运行数据时对其进行估算，而实测值比上述方程所得计算值很可能低 1 到 2 个数量级，这是因为上述方程还有许多参数没有考虑。事实上，颗粒尺寸越小，粒径分布范围越宽，理论值与实际值的偏差也就越大。

三、滤饼过滤

随着过滤的进行，固体颗粒在滤布、支承网等任何形式的过滤介质上沉积、架桥，逐渐形成滤饼。这种现象防止或延缓了细小颗粒对过滤介质微孔的堵塞。过滤介质在过滤开始时起关键作用，并对整个过滤周期内滤饼结构和特性有充分的影响。

为使对滤饼过滤的数学描述简单些，暂不考虑过滤介质阻力。用达西定律把滤液流速与压力降关联起来：

$$\frac{\Delta p}{L}=\frac{\mu}{kA}\times\frac{\mathrm{d}V}{\mathrm{d}t} \tag{5-3}$$

式中，$dV/dt=q$，dV 为在时间微元 dt 内的滤液体积。在过滤过程中滤饼厚度因固体颗粒在滤饼表面的继续沉积而增厚，滤液流量和压力降也随过滤时间而变化。如此，即便滤饼渗透率、滤液黏度、过滤面积保持不变，式(5-3) 还是包含了四个未知量。如果某种料浆能使滤饼渗透率保持不变，那就意味着滤饼含固量保持不变，这与渗透率的定义相一致，同时说明了渗透率的确是滤饼固体颗粒形态（尺寸）及孔隙率（或含固量）的函数。据此，如果某料浆能使滤饼含固量保持不变，那么所形成的滤饼必然是不可压缩的，此类过滤称作不可压缩滤饼过滤。

四、固体颗粒浓度

表达固体颗粒浓度的方式可以有多种。如何评价其优劣、它们之间如何转换是大家所关心的，这对于用过滤的数学模型来处理试验数据非常重要。干燥称重常是获得滤饼含固量 C_w 或滤液含固量 s 的主要手段，因此得到的数据都是质量分数。要获得体积分数可以由密度的定义进行换算：

$$C=\frac{\text{滤饼中固体颗粒体积}}{\text{滤饼中固体颗粒体积}+\text{滤饼中滤液体积}}=\left[1+\frac{(1-C_w)\rho_s}{C_w\rho}\right]^{-1}$$

用 C_{wv} 表达单位体积的固体颗粒的质量浓度，可以这样计算：

$$C_{wv}=\frac{\text{料浆中固体颗粒质量}}{\text{料浆中固体颗粒体积}+\text{料浆中液体体积}}=\left[\frac{1}{\rho_s}+\frac{(1-s)}{s\rho}\right]^{-1}$$

类似地，用 C_{wvl} 表达单位液体体积的固体颗粒质量浓度，可以这样计算：

$$C_{wvl}=\frac{\text{料浆中固体颗粒质量}}{\text{料浆中液体体积}}=\frac{s\rho}{1-s}$$

单位过滤面积滤饼固体颗粒质量 w 可以由单位液体体积的固体颗粒质量浓度 C_{wvl} 得到：

$$wA=\text{干固体颗粒质量}=C_{wvl}V$$

则 w 可表达为：

$$w=C_{wvl}\frac{V}{A}$$

上式忽略了残留在滤饼中的水分，这会使 w 值偏低。不过只要料浆浓度较低，这种误差不会太大。

为得到更准确的单位过滤面积上干滤饼质量，通常引入滤饼湿干比

m，定义为：

$$m=\frac{\text{湿滤饼的质量}}{\text{干滤饼的质量}}=\frac{\text{滤饼所含纯固体颗粒质量}+\text{滤饼所含液体质量}}{\text{滤饼所含纯固体颗粒质量}}$$

因此：

$$m=\frac{CAL\rho_s+(1-C)AL\rho}{CAL\rho_s} \tag{5-4}$$

将相同项消去，可得：

$$m=1+\frac{1-C}{C}\times\frac{\rho}{\rho_s} \tag{5-5}$$

$$w=\left[\frac{C\rho_s s\rho}{(1-s)C\rho_s-s(1-C)\rho}\right]\frac{V}{A} \tag{5-6}$$

上式可简化成：

$$w=\left\{\rho/\left[\frac{1}{s}-1-\frac{(1-C)\rho}{C\rho_s}\right]\right\}\frac{V}{A} \tag{5-7}$$

把滤饼含湿量的表达式代入上式并重新整理得式(5-8)：

$$w=\left(\frac{s\rho}{1-sm}\right)\frac{V}{A} \tag{5-8}$$

如果滤饼湿干比一致，把 C_{wvl} 的定义式代入式(5-8)，就还原到式(5-7)，则式(5-7)、式(5-8) 具有下列共同的形式：

$$w=c\ \frac{V}{A} \tag{5-9}$$

$$c=C_{wvl}$$

或：

$$c=\frac{s\rho}{1-sm} \tag{5-10}$$

使用时可根据提供的数据和问题的复杂程度选择其中之一。上两式右侧的 s、C_{wvl} 针对的是料浆，而 c 在不可压缩滤饼过滤情况下是常数。从物理意义方面说，c 是流出单位体积滤液所增加的干滤饼质量。在可压缩滤饼过滤情况下，式(5-10) 中的 m 不再是常数，因此 c 值也会跟着变。为了得到变量 w 的正确表达，我们将使用式(5-9) 的基本方程。读者可根据自己的实际情况选择适当的基本方程式求解。

五、过滤介质

过滤介质的主要作用是用最少的能量消耗将固体微粒从流动的流体中分离出来。过滤介质的作用为：①回收有用的固体产物；②澄清液体。在①中人们尝试用可回收的形式形成表面沉积物。当然不能将某种过滤介质描述为属于①类或者②类，而是通过表面沉积层和过滤介质孔隙内部所捕捉的固体颗粒兼有的共同作用达到分离要求。成功的过滤操作很大程度上取决于选择合适的过滤介质。在当前发展阶段，尽管在过滤介质的性能和选择方面已经有大量的技术信息，但过滤介质还是要依靠对固液混合物的一些实验来选择。这些实验操作要非常小心，正如下面要讨论的，实验中工艺条件的很小变化都可能对结果产生很大影响。由于过滤介质多种多样，导致选择过滤介质的工作非常困难。仅依靠对颗粒的测定很难确定哪一种过滤介质最适合该分离操作。也有一些例外，比如非常粗大的固体颗粒（粒径＞100μm），在某些条件下可以使用开有孔的板或者金属缝隙过滤元件进行分离，但那些非常小的物质（粒径＜0.05μm），就需要用膜分离。即使在这样的情况下，颗粒浓度和形状的改变也会给实际应用带来困难。

在以往的文献中给出了关于过滤介质主要形式的一些定性的论述，后来发展成为包括过滤介质性质和操作性能的广泛的论述。人们早就注意到可用作过滤介质材料的范围很宽，有金属丝布、金属缝隙过滤元件、金属烧结纤维、陶瓷和浸渍纤维。在实际应用中，后来在过滤介质选择和分类上又得到进一步扩展。

从纺织领域可以十分清楚地解释与过滤介质选择相关的内在问题。为了在一个过滤工艺过程中使用某一特定的过滤介质，其编织方式、构成材料和纱线种类都可做很大改变。不同过滤介质阻力对不可压缩滤饼的恒压过滤过程的产量是可计算的，定义为：

$$V^2+\frac{2AR_{\mathrm{m}}V}{\bar{a}c}-\frac{2A^2\Delta pt}{\bar{a}\mu c}=0 \tag{5-11}$$

式中，$\bar{a}$ 是操作压力下的平均滤饼比阻；R_{m} 是过滤介质对流体的阻力。该方程由过滤的基本原理得到。

与滤饼阻力相比，过滤介质阻力 R_{m} 可以假定忽略不计时，公式(5-11) 可简化为：

$$V_{\mathrm{R}}=\left(\frac{2\Delta p}{\bar{a}\mu ct}\right)^{0.5} \tag{5-12}$$

式中，V_{R} 是单位时间单位面积上的滤液体积流速。

应该指出式(5-12) 是建立在固体颗粒是表面沉积、没有穿透进入过滤介质孔隙里面，并且整个过程中 R_{m} 保持不变的假设上的。这种简化假设是很勉强的，因为在实际应用中，微粒会进入过滤介质孔隙中引起过滤介质阻力的增大。这种现象可以导致过滤介质的堵塞，使其渗透性降到零。内部沉积机理是导致理论的抛物线速度方程在实际中很少应用的主要原因，使用合适的滤布或者过滤介质可有以下优点：

① 得到纯净滤液，没有因渗漏或穿透过滤介质引起颗粒的损失；

② 容易卸除滤饼；

③ 经济的过滤时间；

④ 不会因过滤介质突然或逐渐地堵塞、延展和起褶皱等因素引起过滤介质作用恶化；

⑤ 滤布使用寿命足够长，通过对过滤介质的反冲洗可使其再生。

当过滤介质的制作和组装固定也考虑在内时，所列出的要求在实际中会更多。密封性、化学和生物学方面的稳定性、强度、磨损、阻力等因素在设备使用中都要予以考虑。考虑到情况的复杂性，必须认识到，在过滤系统的工艺过程中，同颗粒性质相联系的过滤介质的分类极其重要。考虑到在滤饼形成的最初阶段中固体颗粒和孔的相互作用，得到所处理的颗粒粒径范围信息是至关重要的，详见第三章固体颗粒部分介绍。

1. 纺织滤布

纺织滤布的结构取决于编织过程中使用的纱线类型。纱线有很多种类型：单丝、复丝、人造短纤维和上述纱线的混纺织物。

滤布的纱线是由固体聚合体（聚丙烯、聚酯、聚酰胺等）组成的。在织机上，改变经纱线和纬纱线的编织方式可以织出不同结构的滤布。经纱线是沿着机器或者纵向方向延伸，而纬纱线则与经纱线成直角。纱线通常是圆柱形，其他形状的纱线也是可用的。

织物的表面可以用精整加工加以修饰，包括热处理和研光，使滤布表面变得平整，减小孔径，但是要通过减小它在应用中的收缩或者伸展来保持原有结构。

织物的质量非常轻，而且如果直接用在加压过滤中很容易就被损坏。因此使用这种滤布时需权衡其高生产量和易于清洗的优点及易损坏的缺点。现代的发展趋势是由细的和粗的单丝生产复合滤布，其表层具有良好的卸饼性能和抗堵塞性能。由粗纤维织成的下层起到支撑的作用，并有助于排水和促使滤布附着或压紧在过滤面上。实际上这种滤布是仿照顶层过滤滤布被一个辅助滤布支撑的复合情况设计的。为了生产孔径更细小的滤布，可改变编织方式来改变滤布孔径的大小（和形状）。因而在生产各种斜纹滤布时，采用不同的编织方法诸如一根在上两根在下、三根在上一根在下、两根在上两根在下，就可以制造出不同的过滤滤布。这种类型的滤布，比如缎纹滤布，具有非常平滑的表面，有利于卸除滤饼。

为了提高颗粒的截留率、滤饼的可剥离性和滤液的排出能力，生产商们继续开发新型织物。有一种较新型的紧密斜纹滤布比较适合用于胶体的分离。因为这种滤布比起平纹滤布或者荷兰织法滤布，其渗透性较低，更容易清洗而且经得起大负荷情况下使用。

复丝纱线由许多的精细纱线捻制而成。这些细丝在长度上可以是连续的也可以是很短的（短纤维）。连续的长细丝可以捻得很紧，类似于渗透性为零的单丝。单丝的性能导致其织物也可具有良好的韧性、中等强度，从而能适用于高压分离操作。高捻度滤布的优点将与后面的流体流过低捻度复丝滤布的效果一起讨论。人造短纤维可以长短不一，制成具有定向的或定向性质的纱线。这种纱线具有很高的微粒截留性，织成的滤布对颗粒的截留性较好，但滤饼的可剥离性很差。单丝和复丝混织的复合滤布的性能很适合带式压滤机和大型全自动机的过滤工况。这些过滤机要求采用重磅的编织密实的单丝滤布。

2. 滤布的选择

在加压过滤操作中，滤布是成功与失败的决定因素。由于过滤操作中所包含的变量范围很宽，实际上不可能找到一种满足所有分离过程要求的滤布，我们通常只有有限的时间来选择一种可接受的过滤介质，也就是这种滤布可能符合大多数要求，但并不满足所有的要求。在这种情况下，如果其他的要求（如过滤速度、抗堵塞能力等）可得到最大限度的满足，个别要求（如滤液澄清度）也许可以被放宽。编织物的孔越开放，抗堵塞的性能越强，但截留颗粒的能力就越差。滤布对颗粒的截留性能的排序为：单丝滤布＜复丝滤布＜人造短纤维滤布。

另一种选择过滤介质的方法是在实验室内利用小型过滤机进行模拟实验。这时流体在过滤介质表面的流动形式至少与大型装置操作中的流动形式相似。这种实验规模的过滤不能得出滤布磨损的信息，例如由于尺寸大且重的滤板移动造成的磨损。滤布性质必须通过实验室的Buchner过滤器来研究。近来低压试验将能提供关于所用过滤介质的阻力、堵塞趋势等信息。然而，在0.5bar压差下，并不能期望这种过滤介质表面向下的过滤操作能准确地模拟发生在大型厢式或板框式过滤机内部的过程，因为料浆中颗粒的运动是十分复杂的水平和竖直方向的混合运动。

虽然在过滤介质上的投资额是相当低的，但选择适当规格的过滤介质却是使过滤过程成功和具有经济效益的关键。

3. 非编织过滤介质

前文侧重于织造过滤介质在加压过滤中的应用。人们将认识到把非编织的、任意堆积的纤维制成的过滤介质应用到气体和液体过滤系统中可取得巨大的效益。使用厚毡（尼龙和聚丙烯混合的纤维制品）的板框压滤机已经应用到纤维胶涂料的澄清中。与织造过滤介质相比，非编织过滤介质能更好地避免过滤介质表面堵塞，因此在从液相中除掉凝胶类物质的过程中使用非编织过滤介质较好。在高压过滤中可以使用非编织的金属纤维过滤介质来过滤出熔融聚合体中的凝胶类物质。非编织过滤介质对例如颗粒沉淀及（或）浓度变化等过程的改变不是很敏感，典型的例子是从玉米浆中提取蛋白质。

由于性能的改善（滤板具有功能更好的边缘垫片与滤板凸台），并随着表面处理如孔径及控制卸饼，在传统的使用编织滤布的领域中非编织过滤介质的应用在逐渐增多。由于压力作用表面易脱落毛毡，有时要在其两侧进行表面处理。

前面涉及的聚合物滤布的制作有一个干燥过程，例如，被挤压出的、熔融的丝状聚合物被热气流分散并且沉积在运动的传输带上。纸板的制作是非编织织物湿法生产过程的一个例子，在一个高速运动的单丝织物的传输带上受到冲击作用，使含有纤维质的纤维从它们分散的水中分离出来。

现在的趋势是通过减小纤维尺寸来改进非编织物的操作使用性能。许多织造滤布的厂商也针对一些特定的压力提供一系列的非编织物。

尽管古代的过滤过程也使用非编织过滤介质，例如毡、垫、纸等，但过滤介质的发展继续表现为重视现代纤维的应用，如聚合物、玻璃、碳氟化合物等。它们单独使用或是与传统的纤维物质如羊毛、棉等相混合，生产出适合固-液分离的一系列的过滤介质。与这些纤维物质相关的详细的物理性质可以从有关文献中查到。

非编织织物或毛毡实际上是纤维的任意缠结的集合，并具有大量孔隙。这种织物的机械强度主要依赖于纤维间的任意互连。如果结构比较松散，机械强度就比较弱，它们有时要通过掺入另外的强度比较大的平纹棉麻编织物来增加强度，例如薄细的棉布。这种材料已用在空气过滤中。使用一种有倒钩的针加工，可以使毡的纤维进一步混合，从而使毡非常致密。将针在毛毡里反复插进和拔出数次后，会使纤维连接得更加紧密。这个过程生产的所谓“针刺布”在大型气体过滤中有广泛的应用。通过这种针刺处理过的产品的极限密度为 0.2mg/mL，它可以通过热定型研光作用使毡的密度达到更大。这样生产出来的滤布在湿的过滤过程中更有用。这些技术包括：表面微烫，层压（经常使用一个聚四氟乙烯薄膜），微烫后再用研光机研光，然后在加热和高压下辊压。最后的加工处理对过滤介质在液体中使用是至关重要的。

对深层过滤器而言，非编织过滤介质的较高的孔隙率可以使它保持较高的截留性能。这些过滤器经常包含有黏结而成的纤维物质。这样使纤维之间相互固定，形成一种坚固的网状结构，极大地增强过滤介质的湿强度及整体抗纤维脱落的能力等。可以通过黏合剂或热定型使纤维结合。人造纤维具有可以接受热定型加工的固有特性。主要是把熔融聚合物挤压成柱状细丝，并使这些细丝在热气流作用下形成一种曲折的、任意的分散状态。纤维混合物可能包含少量的低熔点的物质。

非编织过滤介质的渗透性和过滤特征都取决于毛毡的孔隙率及纤维直径。两面受到研光处理的过滤介质有最低的孔隙率。过滤介质经过表面处理或采用不同孔隙率的层状叠加结构是为了改进滤饼过滤的操作性能及卸除滤饼。一般来说，在其他因素不变的情况下，特定粒径的过滤效率与纤维的直径成反比。

4. 流体流过过滤介质的数学模型

编织机把基本的纱线编织成各种不同的形式：平纹、斜纹、缎纹等。这些几何特征决定流过清洁过滤介质的流体的流速。在织造滤布中，纱线既可以是单一的单丝，也可以是多丝（它可以进一步划分为连续的或者是人造短纤维结构，这主要取决于所用丝的类型）。有时，过滤介质的表面可以进行处理以提高它的卸饼性能。非纺织的过滤介质是纤维的随机分布，这些纤维有许多种形式：均匀的纤维、混合的和合成的填充物等。这些过滤介质同编织过滤介质一样可以进行表面处理。

因为整体的生产能力与系统的（V,t）或（$\Delta p,t$）特性有关，所以要了解过滤介质的结构如何影响滤液流动（例如堵塞）。

当流体通过清洁的过滤介质时，其通量可以用压差 Δp、流速（$\mathrm{d}V/\mathrm{d}t$）、过滤面积 A 表示为以下形式：

$$\left(\frac{1}{A}\right)\frac{(\mathrm{d}V/\mathrm{d}t)}{\mathrm{d}t}=v=\frac{\Delta p}{\mu R_{\mathrm{m}}} \tag{5-13}$$

式中，v 表示滤液通量。

清洁介质的渗透性是一个非常重要的性质，它可以决定过滤所需的功率的大小，例如在气体过滤机站中风机的尺寸。另外，它还可以决定经过过滤介质的液体的初始通量。初始通量影响过滤介质表面附近由颗粒沉积而形成的滤饼的结构，并且在向上流动过滤系统中也影响沉积颗粒的尺寸。

一个成功的滤饼过滤过程，一般情况下，过滤介质阻力占平均滤饼阻力的百分比（$<10\%$）很小。

操作性能的最重要的评价指标也许就是所用过滤介质的渗透性。在经过初始沉积后，若不能成功地卸除滤饼，同样也会产生严重的经济后果，除了特意使用一次性的过滤元件的场合。这些场合主要是处理那些含固体颗粒非常少的流体，这些固体颗粒被深层截留，但是并不考虑清洗那些过滤元件。这些过滤元件的一个非常重要的特性就是它对固体颗粒的纳污能力。

决定过滤是否成功的最重要的因素是过滤介质截留颗粒的能力。在文献中有许多关于过滤介质等效孔径方面的描述，而等效孔径又与那些沉积的颗粒的粒径有关系。在采用稀的颗粒悬浮液做的过滤介质效率的实验中，可以测量流体经过过滤介质前后的颗粒的浓度，但要注意取样技术和颗粒粒径的分布。后者是非常重要的，因为流体中的颗粒浓度可以显著影响过滤介质孔上的架桥能力和形成一个筛分过滤机制。如上所述，如果筛分机制失效的话，过滤过程会出现很多问题，因此详细说明过滤介质的孔径是至关重要的。颗粒粒径以及浓度对在某个孔径上形成架桥可能性的影响将在下面介绍。

过滤介质上孔的尺寸和形状将会决定是否能完成筛分，特别是对于过滤介质为缝隙状、开有孔的板、简单的金属丝或单丝形式的过滤器。采用随机布置的纤维烧结的或多孔的过滤元件，或是人造短纤维滤布的场合，过滤介质的孔径没有意义或几乎不用于预测过滤介质的行为。在简单的织造滤布中，可以通过数出网眼数量与丝的直径来直接计算正方形开孔的投影尺寸，并且根据这些数据可以算出截留在网眼上的最小球形颗粒的尺寸。这种用显微镜计数的方法非常吸引人，因为它非常简便并且已经与用更复杂的技术测出的孔径作了比较，例如泡点实验法和渗透性实验法。在泡点实验法中，一个过滤介质试样浸没在液体中，测得促使空气通过它所必需的压力值。对于圆形孔的鼓泡孔径可以从下式算出：

$$r_{\mathrm{bp}}=\frac{\gamma\cos\theta}{2\Delta p} \tag{5-14}$$

式中，r_{bp} 是鼓泡的半径；γ 是流体的表面张力；Δp 是所用的气体压力；θ 是接触角。

第一个气泡出现时测量到的压差对应于一个等效的孔径。因为存在一系列的孔径，可以继续升高压差 Δp，用气孔计来测量增加的气体流量。自动分析设备可以画出孔径和其所占百分数的柱状图，这种实验一直持续到干空气通过过滤介质为止。在测定新的和循环使用的过滤介质的最大和平均孔径时，广泛采用泡点实验法。同时，通过检测过滤介质的磨损和破裂情况可以证实过滤是否完全。

孔隙的半径也可以通过渗透性实验和方程式(5-15) 得出：

$$r=\left(\frac{K_0 B}{\varepsilon}\right)^{\frac{1}{2}} \tag{5-15}$$

式中，K_0 为 Kozeny 常数；ε 为过滤介质孔隙率。

对于织造单丝滤布，通过实验测定 r，r_{bp} 和 r_e（用显微镜计数法得到的孔隙半径）的值有如下简单关系：

$$r_e=1.26r$$

$$r_{bp}=1.58r$$

六、渗滤技术

所谓渗滤技术，就是将原有的织物过滤的过滤速度由原来的1m/min 下降到 0.01～0.05 的量级，支撑这个速度的参数不是简单的过滤面积增加及体积的增加，甚至是在保证原体积不变或缩小的前提下进行的。

1. 表面积与比表面积

在过滤领域中织物过滤面积是一个很重要的参数，在常规的过滤设备内所能布置的过滤面积是接近一个常数的，要提高过滤的效率和速度等指标就受到极限的限制，因此提出了一个比表面积的概念，即在原有条件下，通过设计布置能得到比原面积提高 10～100 倍的过滤面积，使过滤速度大为下降，称之为渗滤。

在传统的过滤领域不论是气相还是液相，其袋式滤料均为圆筒形结构，其功能或过滤能力取决于滤料的过滤面积，当过滤速度决定以后，其面积的大小与其处理介质的能力成正比，因此，在有限的空间最大限度地布置过滤介质是提高处理量的有效手段。

研究者发现处理量或处理效率与过滤介质的表面积相关，而与其表面形状或结构是非必要相关，因此，滤布形状决定滤布的处理效率和处理量。在此我们提出一个比表面积的概念，即常规布置的表面积与异形布置的表面积的比值。

$$\alpha=\frac{S_c}{S_b}$$

式中　α——比值；

S_c——常规表面积；

S_b——异形表面积。

2. 常规结构与旋拧结构

① 常规型表面积或比表面积最小，$\alpha=1$，制作工艺简单。

② 规整型：所谓规整就是符合标准化，整齐划一，它的断面为折叠形式，比表面积大小可达到 5 以上，制作工艺比较复杂。如图 5-1 所示。

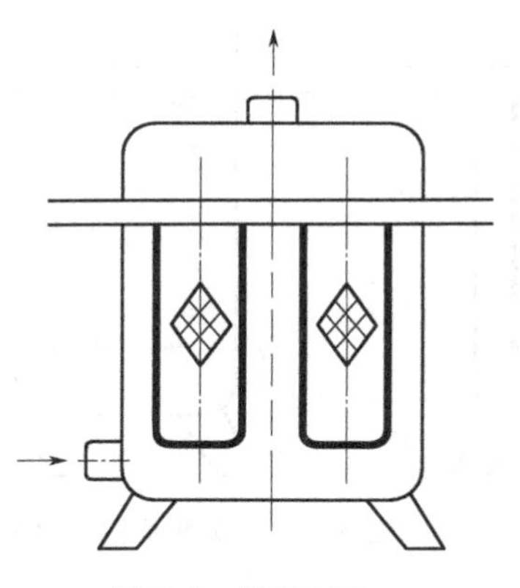

图 5-1　规整结构

③ 旋拧型：旋拧的形式是将滤袋旋转成螺旋形状，比表面积与规整型差不多，也可以制作成内滤与外滤结合的内外滤结构。如图 5-2 所示。

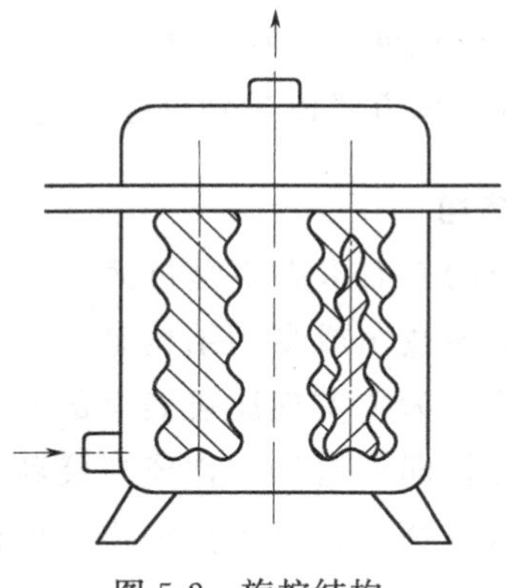

图 5-2　旋拧结构

分析结构形状与使用效果的关系有两个方面的因素，一个是过滤效率，另一个是滤饼剥离脱落。只要比表面积足够大，过滤速度足够小，就能得到好的过滤效果。

实践和实验证明，规整结构的过滤效果和轴向、径向多褶皱的过滤效率是一样的，因此比表面积越大的设计，整体过滤效果越好。旋拧型的设计理念来源于在规整型的结构（图 5-3 左）基础上加上多褶皱的设计，从而从轴向（图 5-3 中）和径相（图 5-3 右）两个方向整体增加过滤器的比表面积。

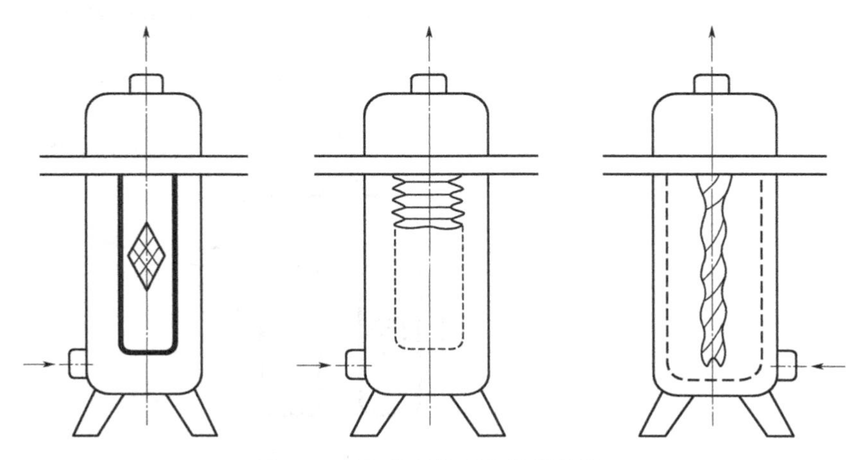

图 5-3　从规整结构到多褶皱结构

影响过滤器使用效果的另一个因素是滤饼剥离脱落。滤饼的剥离系脱落，滤袋在使用一段时间后，流体阻力会增加，因此就要进行清理，清理的手段是反洗，即使流体反向流动，使滤饼的滤袋丧失黏附性，滤饼即可脱落或分离。当过滤速率很小时，即本书所说的渗滤，滤饼的势能达到能克服黏附性时，滤饼会自行脱落或停止几分钟滤饼的黏附性也会自动丧失，因此也就无须特意增加反洗功能。此外，还可以设计内外双层过滤的旋拧结构方式以达到更好的过滤效果。

3. 内外滤结构

滤料或滤袋的表面形态不是过滤器重要指标要求，只要有足够大的表面积就好，多棱角或多褶结构是一个发展方向，所以，滤袋表面是否规整不重要。为了实现滤袋表面的面积最大化，采用旋拧结构是一个很好的选择，即将滤袋制作成口袋状后，将它捏合成多褶状，然后旋拧成麻绳状，这样就可大大缩小它的流通截面，丝毫不影响它的使用效果。

旋拧结构不但能减小单位空面的占用问题，同时还解决了由于粉尘层增厚和振动造成固体脱离滤料表面的问题，由于滤料本身的材料强度的提高再加上旋拧结构的结构强度体现，这样均可省去笼骨架结构，这是一举多得的效果。

在传统的袋式过滤器的应用中有内滤和外滤两种形式，内滤（图 5-4 右）是气相从滤袋内为颗粒物截留区到滤袋外区域的过程，而外滤则相反（图 5-4 左），不管是内滤还是外滤，其使用效果是不变的。类似的，结合旋拧的滤袋结构，设计者又制作了内外滤相结合的结构，同时使用旋拧结构用于渗滤器（图 5-5）。内外滤旋拧式滤袋的制作是将一个较长的滤袋的长度方向的一半外翻，然后内外反方向旋拧，这样就做成了两层结构的滤袋，内层是内滤，外层是外滤，这个优化的结构方式，不但能使过滤面积成倍增加，还能增强整体结构的强度，即内层内滤袋为外层外滤袋骨架，而外层外滤袋又是内层内滤袋的内架，这种互为骨架的结构方式经多年的使用验证是完全可行的。

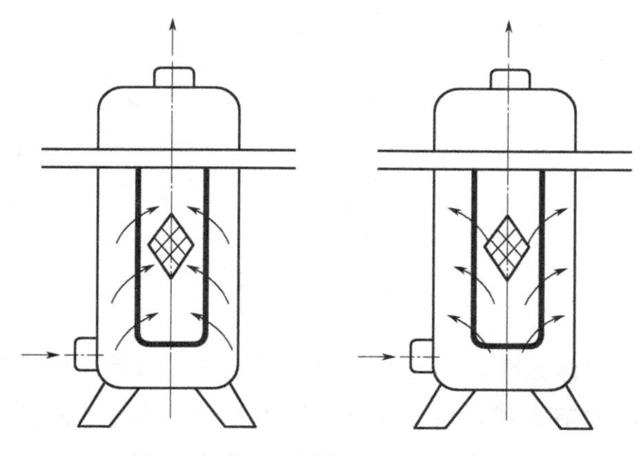

图 5-4 外过滤结构和内过滤结构

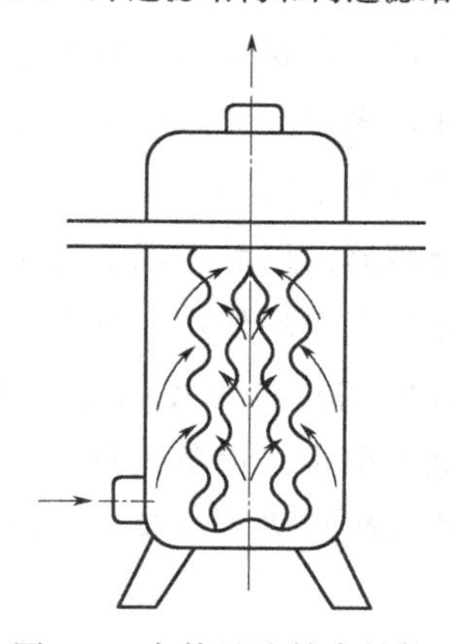

图 5-5 内外过滤结合结构

4. 刘氏渗滤器的结构和工作原理

刘氏渗滤器的结构和工作原理如图 5-6 所示。其结构由三大部分组成：一是钢制筒体；二是花板吊架；三是过滤介质。

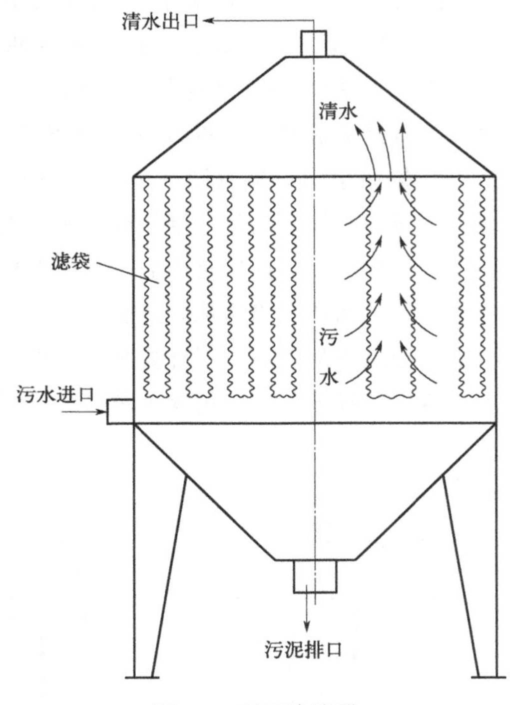

图 5-6 刘氏渗滤器

当液体无酸碱性时可采用碳钢制作，当有腐蚀性液体时，可采用不锈钢或碳钢防腐处理。花板吊架主要用于滤袋的悬挂。过滤材料可选用编织滤布，也可选非编织针刺毡等，滤袋的结构为旋拧式内外滤结合的制作形式，因此其过滤面积要比常规的过滤器大 5 倍以上，由于充分利用液体的物理特性，采用无骨架结构，使滤袋的布置更加紧凑，最大限度利用了渗滤器的内部空间。

当污水进入分离器内以后，经过若干个涤纶滤袋，污泥被过滤在袋外，清水穿过过滤袋后循环使用，由于滤袋特殊的制作工艺，其过滤比表面积很大，所以它的过滤速度很小，为 0.01～0.02m/min。由于比表面积大的设备阻力很小，设备体积也很小，因此很适于与洗气机配套使用，这样就与洗气机组成一个整体，从而也省去大面积沉淀池，简化了系统。

过滤机的进料口与渗滤器下部的排料口相接。物料进入过滤机的内腔，在液相的压力下，液体经过滤进入外腔，并由排液管进入渗滤器排出管汇合为下游使用。积聚在滤料内表面的固相物质在保持一定厚度的情况下，多余的部分被旋转刮片刮下，在重力的作用下到过滤机下部累积聚集，固相物质沉淀后，在液相的压力作用下，经排料口排出（图 5-7）。

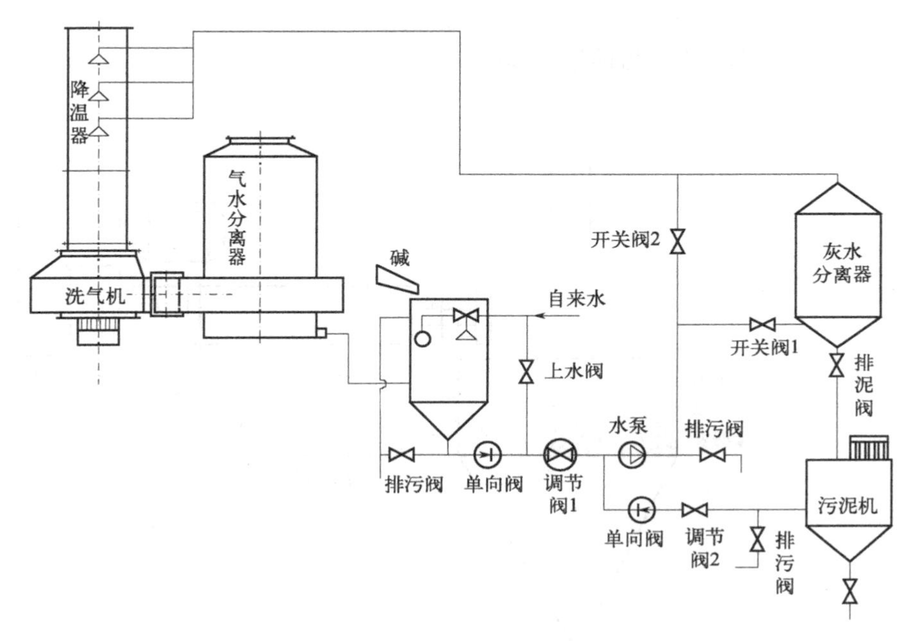

图 5-7　洗气机水系统

刘氏渗滤器具备反洗功能。当设备工作一段时间后将要停止时，可先将主要管线停止或关闭，使配套设备的清水泵及排泥泵缓停一定的时间，一般为半小时至一小时。如果工作周期短，工作时配套清水泵及排泥泵可在关闭状态，工作停止时启动清水泵和排泥泵进行排污。

综上所述，刘氏渗滤器有以下三个特点：

① 采用特殊工艺制作的滤袋，过滤精度高，纳污量大。

② 自动反洗，滤袋长时期使用不用更换、寿命长。

③ 适用范围广，适应工况能力强，可并联多台使用。

七、上排污真空渗滤技术

在工业、矿业及建材领域，不论是产品工艺需要还是环境要求的需要，对以液相为载体的液固混合体需要进行液相与固相的分离，目前应用的技术有常压过滤、加压过滤及真空过滤等。这些技术均是以过滤介质的面积大小来评定其处理能力，为了在单位时间及空间内提高设备的处理能力，在此介绍一项新型的液固分离技术——上排污真空渗滤技术。

1. 真空渗滤器结构及工作原理

（1）结构

真空渗滤器的结构如图 5-8 所示。

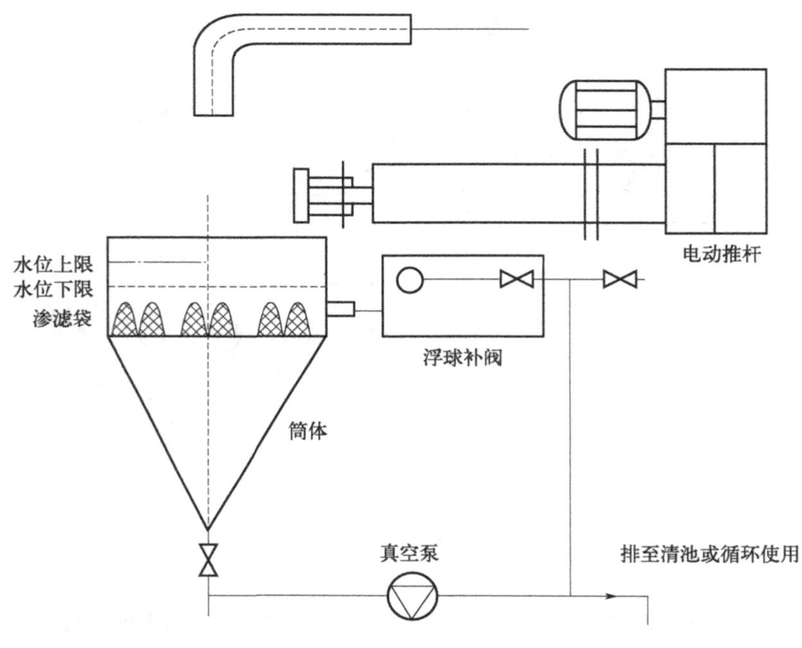

图 5-8　真空渗滤器的结构

（2）结构说明

① 采用旋拧结构的形式，增大了其过滤的表面积；

② 筒体可为圆形或矩形；

③ 筒体下部装有真空水泵；

④ 浮球自动补水；

⑤ 电动推杆定期或连续排污。

（3）工作原理

① 液固混合体经水管进入真空渗滤器上方；

② 当水位达到水位上限时，真空泵起动工作，筒体内的液相经渗滤袋进入筒体下部，真空泵的流量应略大于污水进水量；

③ 浮球阀自动补水的水位与水位上限平齐，水位低于上限时应补水；

④ 当污泥累积到一定高度时，电动推杆起动将脱水污泥排出。

2. 上排污真空渗滤技术特点

① 可以小型化，方便安装，使用灵活；

② 结构简单，操作方便，便于管理；

③ 效率、精度高，可以自动化控制。

第六章 袋式分离技术

Phase Separation Technology and Application

前面已经介绍过固液分离相关理论和计算，接下来将在第六章、第七章和第八章介绍气固分离中的三种重要分离技术，本章先来讨论袋式分离技术。袋式分离技术是气固分离技术的重要分支之一，着重应用于除尘领域。所谓袋式分离，即用纤维织物为过滤介质进行过滤而达到气固分离的目的，这是一个古老、简单、实用的气固分离技术，在气固分离领域中有着举足轻重的作用和地位，有很高的物料收集或除尘效率，达到99%以上。除此之外，还具有性能稳定可靠、操作简单的特性，因而得到广泛应用。随着材料技术的发展，它能适应不同工况条件的滤料的应用，使这一分离技术的工况适应性也得到了很大的提升，随着时代的进步结构形式也多种多样，使这一古老技术得到越来越广泛的应用。本章主要介绍袋式分离技术的主要技术特点、技术设备，以及依据传统袋式技术缺陷改进的几种新型袋式技术。

一、袋式气固分离器的基本原理

简单的袋式气固分离器也叫袋式除尘器，含尘气流从下部进入圆筒形滤袋，在通过滤料的孔隙时，粉尘被滤料阻留下来，透过滤料的清洁气流由排出口排出。沉积于滤料上的粉尘层在机械振动的作用下从滤料表面脱落下来，落入灰斗中。

袋式除尘器的滤尘机制包括筛分、惯性碰撞、拦截、扩散和静电吸引等作用。筛分作用是袋式除尘器的主要滤尘机制之一。当粉尘粒径大于滤料中纤维间孔隙或滤料上沉积的尘粒间的孔隙时，粉尘即被筛滤下来。通常的织物滤布，由于纤维间的孔隙远大于粉尘粒径，所以刚开始过滤时，筛分作用很小，主要是惯性碰撞、拦截、扩散和静电作用。但是当滤布上逐渐形成一层粉尘黏附层后，则碰撞、扩散等作用变得很小，而主要是靠筛分作用。

一般粉尘或滤料可能带有电荷，当两者带有异性电荷时，则静电吸引作用显现出来，使滤尘效率提高，但却使清灰变得困难。近年来，不断有人试验使滤布或粉尘带电的方法，强化静电作用，以便提高对微粒的滤尘效率。

二、滤料结构和特点

按照结构的不同可将滤料分成织布、针刺毡、表面过滤材料和非织物滤料等。

（1）织布

织布是将经纱和纬纱按一定的规则呈直角连续交错制成的织物。其基本结构有平纹、斜纹、缎纹三种。为了改善织布滤料的性能，往往采用纬二重或双层结构。

织布在很长的时期里，几乎是唯一的滤料结构。针刺毡的出现改变了这种局面，使其逐渐退居次要地位。

（2）针刺毡

针刺毡是在底布两面辅以纤维，或完全采用纤维以针刺法成型，再经后处理而制成的滤料。它不经纺织工序，因而也称无纺布或不织布。

针刺滤料的后处理主要有热定型、烧毛、热熔压光等，根据需要，有的还要进行消静电、疏水、耐酸、憎油、树脂覆盖等处理工艺。

针刺毡的孔隙是在单根纤维之间形成的，因而在厚度方向上有多层孔隙，孔隙率可达70%～80%，而且孔隙分布均匀。与之不同的是，织布滤料的孔隙是在纱线之间形成的，在厚度方向上没有层次，孔隙率为30%～40%，只有针刺毡的1/2左右。因此在过滤速度相同时，针刺毡的压力损失低于织布，针刺毡的除尘效率高于织布。这是由于其具有深层过滤作用。这一特性的问题是增加了清灰的难度，因而发展了各种表面处理技术。

针刺毡主要用于脉冲喷吹类袋式除尘器，随着制作技术的进步，现已广泛用于各种反吹清灰类的袋式除尘器。

（3）表面过滤材料

表面过滤材料系指包括微细尘粒在内的粉尘几乎全部阻留在其表面而不能透入其内部的滤料。

美国戈尔（Gore）公司生产的戈尔-特克斯（Gore-TEX）薄膜滤料是这种表面过滤材料的典型。它是一种复合滤料，其表面有一层由聚四氟乙烯经膨化处理而形成的薄膜，为了增加强度，又将该薄膜复合在常规滤料（称为底布）上。

聚四氟乙烯薄膜布满微细的孔隙，其孔径都小于0.5μm。从过滤角度来看，薄膜可以看作在工厂预制的质量可控而稳定的一次粉尘层，因而可获得比一般滤料高得多的过滤效率。对于粒径0.1μm的粉尘，也能获得99.9%以上的分级效率。薄膜滤料的过滤作用完全依赖于这层薄膜，而与底布无关。

聚四氟乙烯薄膜表面非常光滑，没有纤维毛绒，并有憎水性，因而清灰容易。薄膜滤料的透气率较一般滤料低，在滤尘的初期，压力损失增加较快。进入正常使用期后，薄膜滤料的压力损失则趋于恒定，而不像一般滤料那样以缓慢的速度增加。

薄膜滤料的底布有20种，其材质可以是聚酯、聚丙烯、玻璃纤维、聚四氟乙烯等，结构可以是织布，也可以是针刺毡，因而适用于各种不同的烟气和粉尘。

薄膜滤料的使用可以降低过滤能耗（或增加处理风量）和清灰能耗，减少粉尘的排放量，延长滤袋的使用寿命。在某些场合还有助于提高产量。薄膜滤料的缺点是价格昂贵，成为其推广应用的主要障碍。

（4）非织物滤料

非织物滤料是将颗粒状的塑料、陶瓷、金属等材料烧结成具有一定几何形状和微小孔隙的过滤材料，或将硅酸盐纤维黏结成的过滤材料。

20世纪70年代我国曾进行过微孔钛管的滤尘试验，滤尘效果及脉冲喷吹清灰效果皆令人满意。但粉尘进入深层不易清出的问题未能完全解决。现在出现的塑烧板过滤材料，在表面涂覆多孔的薄层，从而防止粉尘进入滤料深层。不锈钢等金属材料除可加工成纤维制作织物滤料外，也可加工成颗粒状烧制成非织物滤料。硅酸盐纤维滤料在20世纪80年代末期在国外已经商品化，因其纺织性能差，所以只能制成筒形或板形等具有固定形状的过滤元件。

三、几种典型传统袋式气固分离器

1. 简易清灰袋式分离器

简易清灰袋式分离器又叫简易清灰袋式除尘器，包括各种简易清灰方法，有靠滤料表面沉积粉层自重自行脱落的，有人工拍打的，有设手工摇动机构的，也有利用空气振动的。简易清灰袋式除尘器有两种形式，一种是上进气，另一种是下进气。

简易清灰袋式除尘器的过滤风速比其他形式都低，一般采用0.15～0.6m/min，当用机织布滤料时取0.15～0.3mm/min，采用针刺毡滤料时取0.3～0.6m/min。压力损失控制在600～1000Pa以下，设计、使用得好，除尘效率可达99%。滤袋直径一般取100～400mm，长度取2～6m，滤袋间距取40～80mm，各滤袋组之间留有宽度不小于800mm的检修通道。

简易清灰袋式除尘器的特点是结构简单、安装操作方便、投资少、对滤料要求不高（用棉布或玻璃丝布均可）、维修量小、滤袋寿命长。主要缺点是由于过滤风速小，使得除尘器体积庞大，占地面积大。正压下运行时，人工清灰的工作环境差。

2. 机械振动清灰袋式分离器

这种气固分离器是利用机械传动使滤袋振动，致使沉积在滤袋上的粉尘层落入灰斗中。

机械振动袋式分离器有三种不同的振动方式，一是滤袋沿垂直方向振动的方式，既可采用定期提升滤袋的吊挂框架的办法，也可利用偏心轮振打框架的方式；二是滤袋沿水平方向振动的方式，可分为上部摆动和腰部摆动两种；三是扭转一定的角度，使滤袋上的粉尘层破碎而落入灰斗中。

利用偏心轮垂直振动清灰的袋式除尘器具有构造简单、清灰效果好、清灰耗电小等特点，它适用于含尘浓度不大、间歇性尘源的除尘。当采用多室结构，设阀门控制气路开闭时，也可用于连续性尘源的除尘。

机械振动清灰袋式分离器的过滤风速一般取 0.6～1.6m/min，压力损失约为 800～1200Pa。

3. 脉冲喷吹类袋式除尘器

(1) MC 型脉冲喷吹袋式除尘器

MC 型脉冲喷吹袋式除尘器的工作原理是，含尘气体由箱体下部(或上部)进入，粉尘阻留在滤袋外表面，透过滤袋进入袋内的净气由上箱体排出。清灰时，脉冲阀受控制仪的指令开启，稳压气包中的压缩空气经喷吹管上的喷孔喷出，并借助位于袋口的文氏管引射器诱导数倍的气体一同进入滤袋，使滤袋受到向外的冲力和加速度，从而清落粉尘。每次喷吹时间为 0.1～0.2s，各脉冲阀依次喷吹。清灰时不需隔断含尘气流，可以连续过滤。

清灰控制方式有机械控制、电气控制和气动控制三种，现在多用电控方式。

主要特点：

① 过滤风速高，一般为 2～4m/min，因而设备紧凑，造价低；

② 除尘器压损较低，过滤能耗较小；

③ 除尘器内活动部件少，维修工作量少；

④ 喷吹用压缩空气压力高，需 0.5～0.6MPa，清灰能耗较高；

⑤ 滤袋尺寸较小，直径为 120mm，长为 2～2.6m，因而处理气体流量大时，失去了占地面积小的优点，不宜采用；

⑥ 脉冲阀数量多(一只脉冲阀只喷吹六条滤袋)，因而在膜片质量欠佳时，维修频繁；

⑦ 早期的产品需人进入箱体内更换滤袋，操作环境很差。现在改为上揭盖结构，但仍未完全解决换袋工人受粉尘危害的问题。

目前生产的 MC24-120-Ⅰ型脉冲袋式除尘器，过滤面积为 18～90m^2，处理气体量为 2000～20000m^3/h。

（2）环隙喷吹脉冲袋式除尘器

环隙喷吹脉冲袋式除尘器以其采用环隙引射器而命名，脉冲阀为双膜片形式，当电磁阀开启时，通过控制膜片的启动而带动主膜片。与传统直角式脉冲阀不同之处在于其直通式结构，省去了原有的阀体，因而结构大为简化，喷吹压力得以降低，过滤速度也可提高。

环隙引射器内壁有一圈缝隙，压缩空气由此喷出，比中心喷吹具有更好的引射效果。各引射器之间由插接管相连接。

滤袋靠缝在袋口的钢圈悬吊在花板上，不用绑扎。滤袋框架同环隙引射器连接，当滤袋在花板上就位后，将框架插入，引射器的翼缘便压住袋口，并以压条、螺栓压紧。换袋操作都是开启顶盖后在花板上进行。含尘滤袋不向上抽出，而是由袋孔投入灰斗，再集中取出。上盖没有压紧装置，靠负压和自重压紧保持密封，开启方便。

清灰采用定压差控制方式，比传统的定时控制合理。根据具体情况，也可方便地换用定时控制。主要特点：

① 直通式脉冲阀简化了传统脉冲阀的结构，使喷吹压力由 0.6MPa 降至 0.33MPa。

② 环隙式引射器引射效果好，加大清灰效果；且喉口面积大，阻力小；连同脉冲阀的改进，使过滤风速提高至 5.8m/min。

③ 定压差清灰控制方式避免了无效喷吹造成的能源浪费，降低了易损件的消耗。

④ 换袋时人与污袋接触少，操作条件好。

⑤ 采用单元组合式结构，便于组织生产。

现有型号为 HD-Ⅱ和 HZ-Ⅱ型，后者为组合系列。HD-Ⅱ型主要有三种规格，过滤面积分别为 11.3m^2、24.1m^2、39.6m^2，处理气体量为 2300～13000m^3/h，过滤风速为 3.4～5.5m/min，压力损失控制在 1200Pa 以下。

（3）DSM 型低压喷吹脉冲袋式除尘器

DSM 型低压喷吹脉冲袋式除尘器的主要结构与 MC 型脉冲喷吹除尘器相同。其主要特点在于采用单膜片直通式脉冲阀，增大了喷吹管直径，以喷嘴取代传统的喷孔，从而降低了喷吹压力。

滤袋与花板之间用软质垫料保持密封，并用楔销压紧。顶盖也用楔销压紧，可以方便地揭开。喷吹管与稳压气包之间有软连接，换袋时可将其竖起，将滤袋连同引射器和框架向上抽出，在除尘器外面拆换。

采用上进风方式，含尘气体由中箱体上部进入，靠挡板引向滤袋顶部，再流向滤袋。

这种除尘器的主要特点：

① 喷吹压力低，为 0.2～0.3MPa，为高压喷吹的 1/2～1/3。

② 含尘气流在箱体内的流动方向与粉尘沉降方向一致，减少了再次附着现象，因而压力损失低。

③ 拆换滤袋较为方便。

DSM-Ⅰ型低压喷吹脉冲袋式除尘器共有 10 种规格，过滤面积为 18～90m^2，处理气体量为 2000～20000m^3/h，过滤风速为 2～4m/min，压力损失为 800～1200Pa。

4. 长袋低压大型脉冲袋式除尘器

长袋低压大型脉冲袋式除尘器是为克服 MC 型传统产品的各项缺点而推出的新型脉冲袋式除尘器，含尘气体由中箱体下部引入，被挡板导向中箱体上部进入滤袋，净气由上箱体排出。

清灰装置采用口径 80mm 的直通式脉冲阀，具有设计合理的节流通道和卸压通道，因而具有快速启闭的性能。脉冲阀与喷吹管的连接采取插接方式。喷吹管上设有孔径不同的喷嘴，对准每条滤袋中心。按标准设计，每 15 条滤袋（过滤面积 34m^2）共用一个脉冲阀，袋口不设引射器，称为“直接脉冲”。

为消除脉冲喷吹后存在的粉尘再次黏附现象，现在又出现了一种停风清灰的长袋低压大型脉冲袋式除尘器。它将上箱体分隔成若干小室，各设有停风阀。当某室的脉冲阀喷吹时，关闭该室停风阀，中断含尘气流，从而增强清灰效果。每次喷吹时间为 65～85ms，较传统脉冲清灰方式短 50%，能产生更强的清灰效果。清灰控制采用定压差控制方式，也可采用定时控制方式。

滤袋直径为 120mm，长度为 6m，依靠缝于袋口的弹性胀圈将滤袋嵌压在花板上。换袋时压扁袋口成弯月形，并将尘袋由袋孔压入灰斗中，再由检查门集中取出。滤袋框架直接支承于花板上。干净滤袋就位固定后，再将框架插入，装好喷吹管，关闭上盖，换袋即可完成。

长袋低压大型脉冲袋式除尘器具有以下特点：

（1）喷吹装置自身阻力小，脉冲启闭迅速，因而吹压低至0.15～0.2MPa，喷吹时间短；

（2）滤袋长度6m，还可增至8m，占地面积小；

（3）除尘器压力损失低，且清灰能耗大幅度下降，因而运行能耗低于反吹清灰袋式除尘器；

（4）滤袋拆换方便，人与尘袋接触短暂，操作条件好；

（5）同等条件下，脉冲阀数量只有传统脉冲清灰的1/7，维修工作量小；

（6）配套的BMC型电脑控制仪工作可靠，功能齐全，调节方便。

长袋低压大型脉冲袋式除尘器共有10种规格，过滤面积为339～3393m^2，处理气体流量为（4～55）×$10^4m^3/h$，过滤风速为2～2.7m/min，压力损失控制在1250Pa以下。

四、势能旋袋式气固分离器

势能旋袋式气固分离器，也叫势能旋袋式除尘器。这种分离器目前最常用的清灰结构是袋形结构，此结构是圆筒形内衬钢骨架结构，由高压气源、脉冲阀、三通阀、喷吹口（文氏管）及脉冲控制仪等组成。

1. 势能旋袋式分离器的原理特征

（1）原理特征

a. 内外滤的袋式结构。

b. 靠重力或压力和波动的风压形成弹性的过滤表面。

c. 当过滤表面的灰尘积累达到一定极限时，灰团可以自动剥落。

d. 灰团下落时引起周边的空气场扰动变化，形成连锁反应或称雪崩效应。

（2）特点分析

a. 超大比表面积，阻力很小且恒定。

b. 无任何人为清灰机构，滤袋寿命较传统袋式分离器长2～3倍。

c. 模块化的安装方式，使能耗大幅度下降。

d. 效率高达99.99%以上，排放可小于10mg/m^3。

e. 管理工作量及管理维修费用小，设备稳定性好。

f. 适应性强，大、中、小型均可同样使用。

（3）工作原理

当含尘气流进入除尘器后，粉尘被拦截并附着于布袋表面，当粉尘积累达一定程度时自然脱落至灰斗，然后经排灰装置排出。

在有火花易燃的工况时，将下部灰斗内制造成旋风多管除尘器，可有效地消除火花，防止布袋燃烧，同时减少大粒径粉尘对布袋的磨损。

2. 旋袋结构的设计优点

势能利用：通过位置位形的变化储存能量。

形成弹性过滤表面：依靠重力或压力及波动的风压。

自动剥落：固相颗粒积累到一定极限时，颗粒层自动剥落。

雪崩效应：颗粒层下落引起空气场变化扰动，形成连锁反应。

超大比表面积：阻力小且稳定。

无需清灰机构：降低投资和运行成本。

超高分离效率：实现高效气固分离。

3. 旋拧结构研发技术路线

旋拧结构的研发技术路线是对传统袋式分离器的改进，旨在提高比表面积，利用重力势能代替反吹清灰，其过滤机理基于滤袋表面的颗粒层，当颗粒层的重力势能达到临界状态时，固体颗粒自动从布袋表面剥离。该结构保持了圆直筒形或多角形的规则形状，在此基础上，设计了一种双层过滤模式的旋拧结构，内层为内过滤，外层为外过滤，两者相向旋转形成旋拧，提高了过滤效率并具有一定的力学强度，同时省去了传统袋式分离器的骨架结构，从而节约了成本。

旋拧结构属于内外滤结合的一种结构，将内袋与外袋做相对旋拧，旋拧后袋外形尺寸可大幅减小。此时过滤介质的实际表面积要比整体外形的表面大许多。旋拧结构的设计使布袋表面形成褶皱，这种结构可使过滤速度大幅下降。

旋拧结构除上述作用外，还可以将原有的钢骨架去掉，由于内外袋均是螺旋结构，由螺旋结构形成突起和螺旋沟槽，内外袋之间形成微小的气相通道。因此，并不因无骨架而消除气相通道，因为气相的主通道是内外袋之间的空隙，因此不会影响过滤分离正常工作状态。

旋拧结构可以不用脉冲系统来进行表面清理（灰），因为比表面积很大，所以颗粒物在过滤介质表面附着力很小，当吸附的固相颗粒物的重力达到与吸附力平衡的时候，颗粒物在势能的作用下就会自动脱落达到自动清理（灰）的作用，我们称之为势能清理（灰）。

五、高效除尘脱硫技术

上一节已经介绍过新型势能旋袋式分离器的结构和设计，将新型袋式分离器应用于一套新系统中，可以达到高效的除尘脱硫效果。此系统包含气固和气气两种相分离过程，既保持非常好的除尘效率（气固分离），又有高效的脱硫效果（气气分离）。本节介绍这种新型高效除尘脱硫技术。

目前，燃烧电厂及工业用煤领域均有袋式除尘及湿法脱硫用以保护大气环境，这两项技术装备均在一个系统中得以应用，一般是袋式除尘在前，湿法脱硫在后的串联形式，即先除尘后脱硫（如图 6-1）。

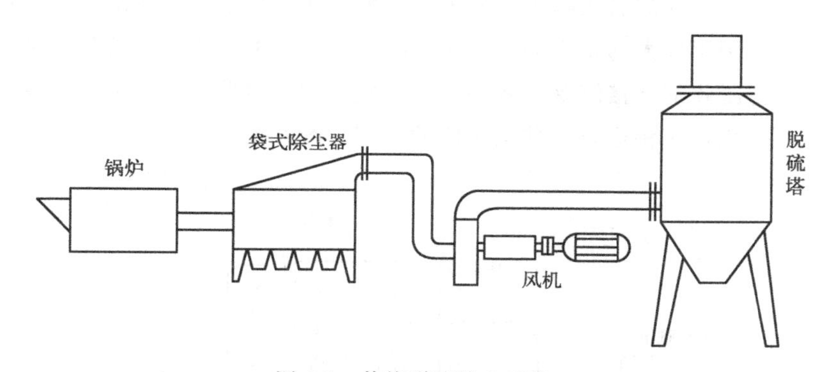

图 6-1　传统脱硫除尘系统

随着国家的产业政策和环保标准的提升，目前这种技术使用方式很难满足政策要求，因为要达到超洁净 5～10mg/m^3 的排放，因此在现有的基础上进行技术升级，研发新技术、新工艺的前景是无限的。

传统脱硫除尘技术主要存在以下几个问题：

① 袋式除尘阻力大，效率达不到 5～10mg/m^3；

② 湿法脱硫用水量大，同时向大气排放大量的水蒸气，俗称“白烟”；

③ 湿法脱硫热能损失大，使烟气排放温度低，造成热抬升能力下降，需另加风机；

④ 系统工艺复杂，运营管理费用高；

⑤ 副产品处理难度大；

⑥ 系统能耗大。

基于上述问题，对脱硫除尘系统进行改造。利用当前普遍使用的袋式除尘器将其进行改造，使其降低阻力，提高除尘效率。同时采用活性钙粉作为脱硫剂，采用干法，使除尘脱硫同时完成。

① 常规袋式除尘器改造。

a. 圆筒形的袋笼改造成锥形旋拧结构笼；

b. 滤袋直径加大一倍，长度增加 0.5 倍；

c. 在安装滤袋时，将滤袋做成旋拧形状，并将其固定。

② 滤袋改造后的效果。

a. 改造后滤袋过滤面积增加了 2～3 倍，降低了过滤速度，提高了过滤精度或过滤效率；

b. 利于气流的向上运动，扩大了运动空间。

③ 改变袋式除尘器的进风位置。

常规的袋式除尘器的进风位置多在下部接近灰斗的位置，这种方式有利于较大的粉尘颗粒直接沉降于灰斗，但用于干法脱硫这种方式也使得脱硫剂直接沉落于灰斗中，造成较大的浪费。为了更好地高效利用脱硫剂，应将进风口移至箱体的上部（图 6-2）。

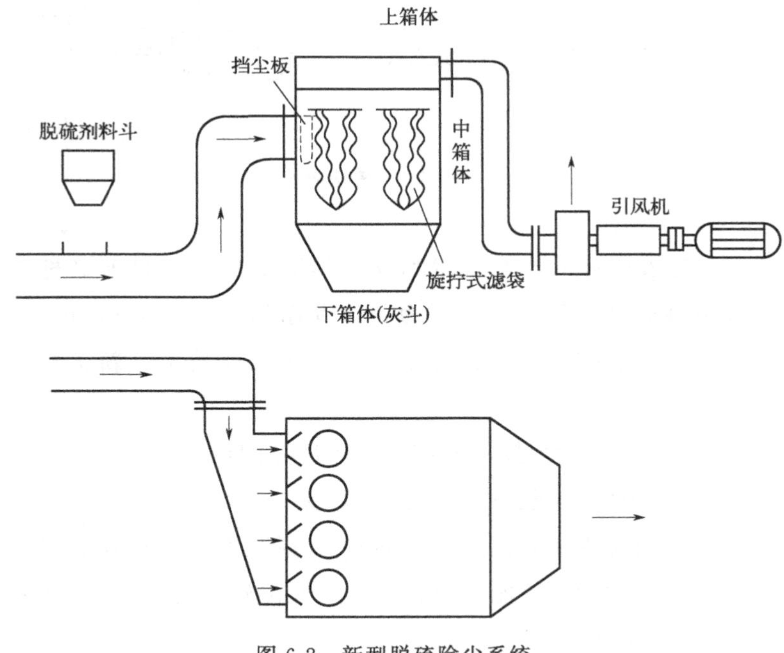

图 6-2 新型脱硫除尘系统

在正常工作状态下，系统呈负压状工作；进风口在上部，风速入箱体后便自上而下运动，在负压的作用下，气固混合体在滤袋表面汇集，气相穿过滤袋再向上运动经上箱体排出，固相颗粒（粉尘）及脱硫剂颗粒则黏附在滤袋表面；烟气中的二氧化硫在烟道内与活性钙接触并反应生成硫酸钙（$CaSO_4$），未反应的二氧化硫穿过滤袋，与滤袋表面的活性钙继续反应生成硫酸钙，与粉尘聚集在滤袋表面，当滤袋表面的粉尘层累积到一定的厚度，或负压加大，此时自动控制的反吹清灰系统启动，进行反吹，反吹时间一般0.1～0.2s；当滤袋表面的颗粒层（粉尘+脱硫剂）瞬间被吹开并脱离滤袋表面，此时受重力的作用及周边滤袋的负压的影响，吹开的颗粒层呈分散状态向下移动，同时向周边的滤袋表面运动形成二次吸附并重新组成颗粒层，并继续吸收二氧化硫；完成反吹后，滤袋重新吸附，烟气中的粉尘及脱硫剂重新组成新的颗粒后再次进行脱硫工作；在不断工作及反吹的作用下，粉尘及脱硫剂自上而下经过数次的反吹-吸附运动使脱硫剂达到不断更新的目的，实现高效脱硫，当脱硫剂到达下箱体或灰斗时，已得到多次使用，不但提高了效率，同时也避免了浪费。

第七章 旋风式分离技术

实现旋风式分离技术的主要设备是旋风气固分离器，也叫旋风除尘器。旋风除尘器和袋式除尘器一样，都是气固分离技术中重要的设备之一。旋风除尘器应用较早，但是缺点明显，如占地面积大、能耗大、除尘效率低等。这些都是设备本身设计存在的一些客观缺陷导致的，这些一直以来都是科技工作者重点攻克的难题。本章主要介绍传统旋风除尘器的设备和工作原理，对传统设备内部流场分析提出新观点、新设计，并详细介绍改进后的新型旋风除尘器的技术特点和优势，以及相关应用实例。

一、旋风气固分离器

旋风气固分离器于 1885 年开始使用，已发展成多种形式。按气流进入方式，可分为切向进入式和轴向进入式两类。在相同压力损失下，后者能处理的气体约为前者的 3 倍，且气流分布均匀。

旋风分离器（除尘器）由进气管、排气管、圆筒体、圆锥体和灰斗组成。旋风除尘器结构简单，易于制造、安装和维护管理，设备投资和操作费用都较低，已广泛用于从气流中分离固体和液体粒子，或从液体中分离固体粒子。在普通操作条件下，作用于粒子上的离心力是重力的 5～2500 倍，所以旋风除尘器的效率显著高于重力沉降室。利用这一原理成功研究出了一款除尘效率为 90%以上的旋风除尘装置。在机械式除尘器中，旋风式除尘器是效率最高的一种。它适用于非黏性及非纤维性粉尘的去除，大多用来去除 5μm 以上的粒子，并联的多管旋风除尘器装置对 3μm 的粒子也具有 80%～85%的除尘效率。选用耐高温、耐磨和耐腐蚀的特种金属或陶瓷材料构造的旋风除尘器，可在温度高达 1000℃、压力达 500×10^5 Pa 的条件下操作。从技术、经济诸方面考虑，旋风除尘器压力损失控制范围一般为 500～2000Pa。因此，它属于中效除尘器，且可用于高温烟气的净化，是应用广泛的一种除尘器，多应用于锅炉烟气除尘、多级除尘及预除尘。它的主要缺点是对细小尘粒（<5μm）的去除效率较低，且能耗大，占地面积大。

二、旋风分离器的工作原理

旋风分离器是一种高效的空气净化和除尘设备，其工作原理主要依赖于强大的离心力。通过旋转含有固体颗粒的气流，旋风分离器能够实现颗粒物与气流的有效分离和捕集。具体的工作流程如下。

首先，含有粉尘的气流被离心风机吸入旋风分离器的内部。当气流进入分离器后，它会沿着分离器的内壁自上而下进行旋转。在这个旋转过程中，由于离心力的作用，粉尘颗粒会从气流中被分离出来。这些分离出来的粉尘颗粒在重力的作用下，会沿着分离器的壁面逐渐下落，最终落入灰斗中进行收集。与此同时，经过处理的清洁气体则继续沿着排出管旋转上升，最终从排出管排出，从而完成整个除尘过程。

三、旋风分离器的结构型式

1. 入口型式

旋风分离器的型式很多，按气流进入方式不同，可大致分为切向进入式和轴向进入式两类，切向进入式又分为直入式和蜗壳式等型式。直入式入口是入口管外壁与筒体相切，蜗壳式入口是入口管内壁与筒体相切，外壁采用渐开线形式，渐开角有180°、270°及360°三种。蜗壳式入口型式增大进口面积较容易，进口处有一个环状空间，可以减少进气流与内涡旋之间的相互干扰，减小进口压力损失；进气流距筒壁更近些，缩短了尘粒向器壁的沉降距离，有利于尘粒的分离与沉降。所以一般认为蜗壳式入口型式对降低除尘器压损和提高除尘效率皆有利，并多采用180°蜗壳式入口。但是，设计得较好的直入式入口型式也可获得良好的性能。

轴向进入式是靠导流叶片促使气流旋转的，因此也叫导流叶片旋转式。与切向进入式相比，在同一压力损失下，能处理约为3倍的气体量，而且气流分配容易均匀，所以主要用其组合成多管旋风除尘器，用在处理气体量大的场合。逆流式的压力损失一般为800～1000Pa，除尘效率与切向进入式比较没有显著差别。直流式的压力损失一般为400～500Pa，除尘效率较低。用其组成多管旋风除尘器时，在烟道中容易配置，安装面积小，在烟气除尘中作为第一级粗净化，用得比较多。

2. 旋风分离器各部分尺寸比例

据实验，旋风分离器各部分尺寸的比例有一定的合适范围，现介绍几种主要尺寸。

① 筒体直径D。旋风分离器筒体直径愈小，愈能分离细小尘粒。但过小时易引起粉尘的堵塞，所以筒径一般不小于150mm。为保证除尘效率不致降低太大，筒径一般不大于1000mm。如果处理气体量大，则采用并联组合型式的旋风除尘器。旋风分离器规格的命名及各部分尺

寸比例多以筒径 D 为基准。

② 入口尺寸。旋风除尘器入口断面形状多为矩形，入口的高宽比 a/b 一般为 1～4，$b \leqslant (D-d)/2$，避免压损过大。

③ 排气管直径 d。排气管直径愈小，除尘效率愈高，压力损失也愈大，一般 $d=(0.4 \sim 0.66)D$。

④ 筒体高度 h。一般对分离效果影响不大，通常取 $h=(0.8 \sim 2)D$ 为宜。

⑤ 锥体高度（H）与圆锥角。锥体高度增大，对降低阻力和提高除尘效率皆有利。但要和筒体高度一起综合考虑，当 $h \leqslant 1.5D$，$H=4D$ 左右时，可以获得满意的除尘效率，若 H 继续增高，效率增加就不明显了。常用旋风除尘器锥体高度 $H-h=(1 \sim 3)D$，多为 $2D$ 左右。

圆锥角 ε 增大时，气流旋转半径很快变小，切向速度增加很快，圆锥内壁磨损较快，因此圆锥角不宜过大。过小时又使除尘器高度增加，所以一般为 20°～30°。

⑥ 排气管插入深度 S。与除尘器的结构型式有关，一般型式的排气管插至筒体下端，或插至入口下端，使 $S \geqslant a$，以防进口含尘气流短流至排气管中。

⑦ 排尘口直径 B。排尘口直径 B 一般为（0.7～1）d。B 过小会影响粉尘沉降，再次被上升气流带走，同时易被粉尘堵塞，特别是黏性粉尘，最小应该使 $B \geqslant 70\text{mm}$。

以上介绍的旋风除尘器各部分尺寸比例，仅是指一般常见的结构型式而言，对于少数结构特殊的旋风除尘器，有的尺寸往往差别很大。

四、常用旋风分离器的结构和性能

旋风分离器的结构型式很多，新的型式仍在不断出现。这里仅对部分国内常用的旋风分离器，从分离机理、结构型式和性能等主要特点方面作一简要介绍。

一般旋风分离器的命名多根据其结构特点用文字表示，如 XLP 型旋风除尘器，X 代表旋风除尘器，L 代表立式布置，P 代表旁路式。除尘器规格以圆筒直径 D 的分米数表示，如 XLP-4.2 型，表示圆筒直径 $D=4.2\text{dm}$。根据除尘器在除尘系统中的安装位置不同，分为两种：X 型为吸入式（即除尘器安装在通风机之前），Y 型为压入式（即除尘器安装在通风机之后）。为了使用中连接上的方便，X 型和 Y 型中各设有 S 型和 N 型两种，S 型的进入气流按顺时针方向旋转，N 型的进入气流按逆时针方向旋转（旋转方向均按俯视位置判断），如 XLT/A-5.0XN 型，代表 XLT/A 型旋风除尘器网筒直径 $D=500$mm，吸入式逆时针旋转。

1. XLT/A 型旋风除尘器

XLT/A 型旋风除尘器的结构特点是有螺旋下倾顶盖的直入式进口，螺旋下倾角为 15°，筒体和锥体皆较长。下倾螺旋进口不但减小了进口阻力，而且有助于消除上涡旋的带灰问题，加之筒体和锥体皆较长，因此，该除尘器的压力损失较低，除尘效率较高。

入口速度选用范围一般为 12～18m/s，压损系数：X 型（带有出口蜗壳）$\zeta=6.5$，Y 型 $\zeta=5.5$，适用于干的非纤维性粉尘和烟尘等的净化，除尘效率一般为 80%～90%。

2. XLP 型旋风除尘器

XLP 型旋风除尘器的结构特点是进气管上缘距顶盖有一定的距离，180°蜗壳式入口，筒体上带有螺旋线形粉尘旁路分离室，排出管插入深度在距进口上缘 1/3 处。

由于结构上的特点，使含尘气流进入后以排出管底口为分界面形成上、下两股旋转气流，下涡旋旋转向下，最后仍由锥顶转变成内涡旋上升排走。而上涡旋则旋转向上，并在顶盖下面形成一个强烈旋转的浓缩了的粉尘环，气流随后沿排出管旋转下降至底缘，随上升的内涡旋排走。而粉尘环则由筒体壁面上的分离孔口进入旁室，沿螺旋形旁室下降，并返回器体内沿锥体内壁下降至排灰斗中。这样，便提高了分离细尘的能力，有助于消除上涡旋带尘的影响。除尘效率比 XLT/A 型略高。压损系数 ζ，X 型（出口带蜗壳）为 5.8，Y 型为 4.8，据一些单位实验 $\zeta=7.8$（不带出口蜗壳）。规格尺寸共有 XLP-3.0～XLP-10.6 型七种，入口速度选用范围为 12～17m/s。

五、旋风分离器内部流场分析

旋风分离器的结构如图 7-1 所示。本节主要介绍文献中被广泛认可的一种传统理论对旋风分离器内部流场的分析。对旋风分离器内的气流运动进行测定后发现，实际的气流运动是很复杂的，除了切向和轴向的运动外，还有径向的运动。图 7-2 是旋风分离器内气流运动的示意图。不同的测定者对不同的旋风分离器测出的切向速度分布基本上是相同的，但是径向的速度分布却很不相同。特·林顿（T. Linden）在测定中发现，外涡旋的径向速度是向心的，内涡旋的径向速度是向外的，速度分布呈对称型。中国科学院力学研究所在测定中发现，径向速度分布在中心轴的两侧是不对称的。了解旋风除尘器内的气流运动对分析除尘器的性能和解释除尘机理都很有帮助，应进一步深入研究。

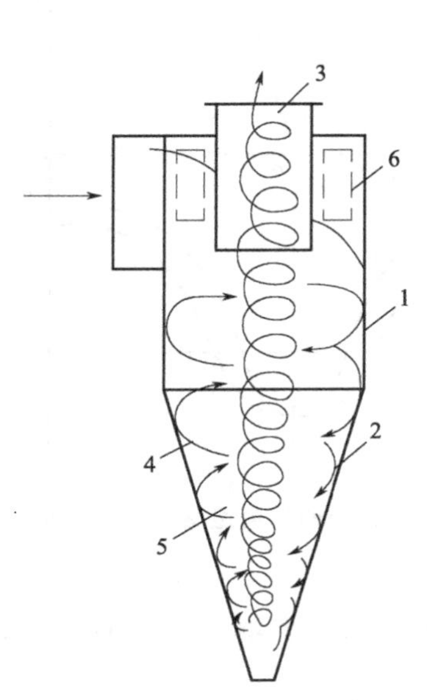

图 7-1　普通的旋风分离器

1—筒体；2—锥体；3—排出管；4—外涡旋；5—内涡旋；6—上涡旋

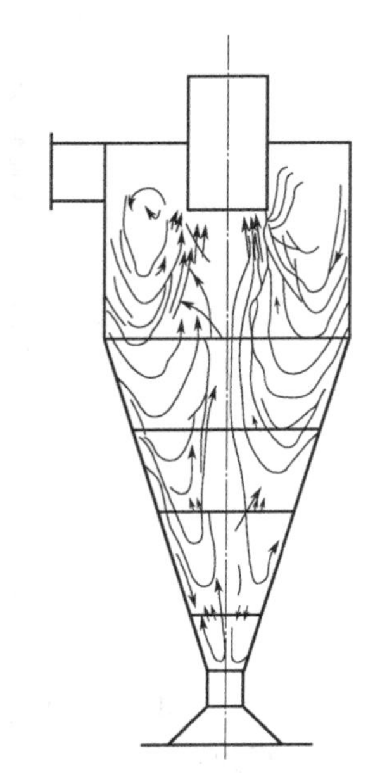

图 7-2　旋风分离器内的气流运动

1. 切向速度

旋风分离器内气流的切向速度分布如图 7-3 所示，从该图可以看出，外涡旋的切向速度 v 是随半径 r 的减小而增加的，在内、外涡旋的交界面上 v 达到最大。可以近似认为，内、外涡旋交界面的半径 $r_0 \approx (0.6\sim0.65)r_p$（$r_p$ 为排出管半径）。内涡旋的切向速度是随 r 的减小而减小的，类似于刚体的旋转运动。旋风除尘器内某一断面上的切向速度分布规律可用下式表示：

外涡旋　$$v_t^{\frac{1}{n}} r = c \tag{7-1}$$

内涡旋　$$v_t / r = c' \tag{7-2}$$

式中　v_t——切向速度；

r——距轴心的距离；

c'、c、n——常数，通过实测确定。

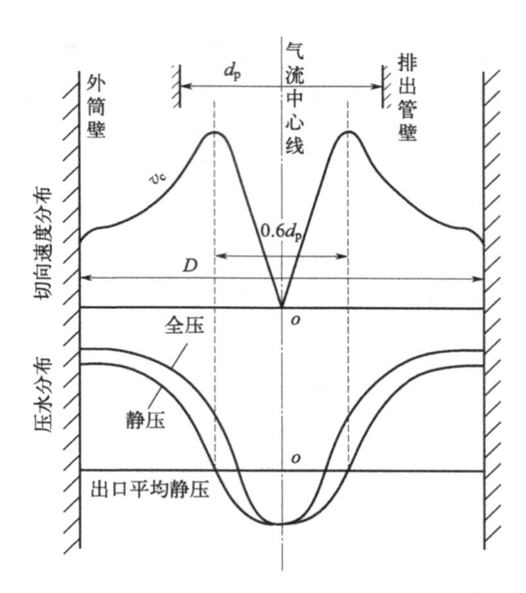

图 7-3 旋风分离器内的切向速度和压力分布

一般 $n=0.5\sim0.8$，如果近似地取 $n=0.5$，公式(7-1) 可以改写为：

$$v_t^2 r=c \tag{7-3}$$

2. 径向速度

如果假设内、外涡旋的交界面是一个正圆柱面，外涡旋气流均匀地经过该圆柱面进入内涡旋。那么，如图 7-4 所示，可以近似地认为，气流通过这个圆柱面时的平均速度就是外涡旋气流的平均径向速度 v_{qi}。实际上径向速度沿高度的分布是不均匀的，上部大，下部小。

$$v_{qi}=L/F \tag{7-4}$$

式中 v_{qi}——外涡旋的平均径向速度，m/s；

L——旋风分离器的处理风量，m/s；

F——假想圆柱面的表面积，m^2。

$$F=2\pi r_0 l \tag{7-5}$$

式中 r_0——内、外涡旋交界面的半径，$r_0\approx0.6r_p$，m；

l——假想圆柱面的高度，m；

r_p——排出管的半径，m。

外涡旋气流的向心运动对尘粒的分离是不利的，有些细小的尘粒会在向心气流的带动下进入内涡旋，然后从排出管排出。

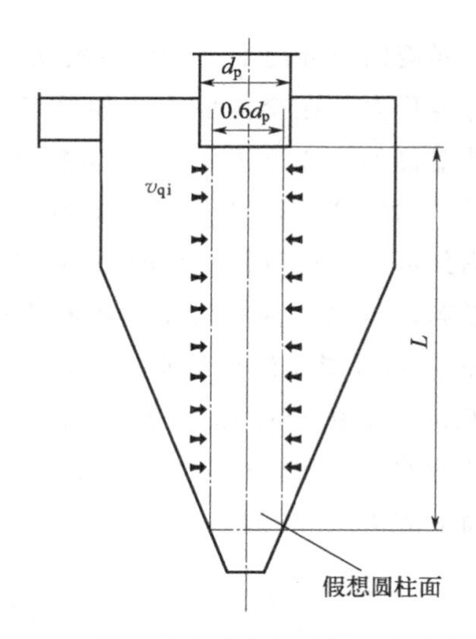

图 7-4　旋风除尘器内气流的径向速度

3. 旋风分离器内部流场运动

几十年来，许多学者都致力于旋风分离器的研究，通过各种假设，提出了许多不同的计算方法。由于旋风分离器内实际的气、尘两相流动非常复杂，因此根据某些假设条件得出的理论公式目前还不能进行较精确的计算。旋风分离器的性能一般通过实测确定。为了说明旋风分离器的除尘机理和影响除尘器效率的因素，下面介绍一个计算方法，这个方法概念比较明确，容易理解。

外涡旋内的尘粒在径向受到的力：

$$F=F_{ti}+P \tag{7-6}$$

式中　F_{ti}——惯性离心力，N；

P——向心运动的气流上尘粒的作用力，N。

$$F_{ti}=m\cdot\frac{v_t^2}{r}=\frac{\pi}{6}d_c^3\rho_c\frac{v_t^2}{r} \tag{7-7}$$

式中　m——尘粒的质量，kg；

v_t——尘粒的切向速度，可以近似认为等于该点气流的切向速度，m/s；

r——旋转半径，m。

当 $Re\leqslant 1$ 时，

$$P=3\pi\mu v_{qi}d_c \tag{7-8}$$

惯性离心力的方向是向外的，气流的径向运动是向心的，两者方向相反。因此：

$$F=F_{ti}-P=\frac{\pi}{6}d_c^3\rho_c\frac{v_t^2}{r}-3\pi\mu v_{qi}d_c \tag{7-9}$$

在内、外涡旋的交界面上，外涡旋的切向速度最大，作用在尘粒上的惯性离心力也最大。在交界面上，如果 $F_{ti}>P$，尘粒在惯性离心力的推动下向外壁移动；如果 $P>F_{ti}$，尘粒在向心气流的推动下进入内涡旋，最后排出除尘器；如果 $F_{ti}=P$，作用在尘粒上的外力之和等于零，根据理论分析，尘粒应在交界面上不停地旋转。实际上，由于各种随机因素的影响，可以认为，处于这种状态的尘粒有50%的可能进入内涡旋，有50%的可能向外壁移动，它的除尘效率是50%。除尘器的分级效率等于50%时的粒径称为分割粒径，用 d_{c50} 表示。d_{c50} 是反映除尘器除尘性能的一个重要指标，d_{c50} 愈小，说明除尘器效率愈高。

当交界面上的 $F_{ti}=P$ 时，

$$\frac{\pi}{6}d_{c50}^{3}\rho_{c}\frac{v_{0t}^{2}}{r^{0}}=3\pi\mu v_{qi}d_{c50} \tag{7-10}$$

$$d_{c50}=\left(\frac{18\mu v_{qi}r_{0}}{\rho_{c}v_{0t}^{2}}\right)^{\frac{1}{2}} \tag{7-11}$$

式中　v_{0t}——交界面上气流的切向速度，m/s。

从上式可以看出，d_{c50} 是随 v_{0t} 和 ρ_c 的增加而减小的，是随 v_{qi} 和 v_0 的减小而减小的。这就是说，旋风除尘器效率是随切向速度 v_t 和尘粒密度 ρ_c 的增加、径向速度和排出管直径的减小而增加的，在其中起主要作用的是切向速度。

设计或选用旋风除尘器时，v_{0t} 是未知的，而进口速度 u 是已知的。因此，先要求得 u 和 v_{0t} 之间的关系，才能运用公式(7-11) 进行计算。

根据公式(7-10)，$v_{1t}^{2}r_{1}=v_{0t}^{2}r_{0}$

$$\frac{v_{0t}}{v_{1t}}=\left(\frac{r_{1}}{r_{0}}\right)^{\frac{1}{2}} \tag{7-12}$$

式中　v_{1t}——进口中心线圆周上气流的切向速度，m/s；

r_1——进口中心线至轴心的距离；m。

$$r_{1}=r_{w}-\frac{b}{2}$$

式中　r_w——旋风除尘器外筒半径，m；

b——进口宽度，m。

经过理论推导，v_{1t} 与 u 之间的关系按下式计算：

$$\frac{v_{1t}}{u}=\frac{-\left(\frac{r_{0}}{r_{1}}\right)^{\frac{1}{2}}+\left[\frac{r_{0}}{r_{1}}+4C_{DS}\frac{F_{s}}{F_{1}}\right]^{\frac{1}{2}}}{2C_{DS}\frac{F_{s}}{F_{1}}} \tag{7-13}$$

式中 C_{DS}——系数，$C_{DS}\approx\frac{1}{200}$；

F_s——旋风除尘器外筒的内表面积和排出管的外表面积之和，m^2；

F_1——进口的断面积，m^2。

外涡旋气流在锥体底部旋转向上时，会带走部分已分离的尘粒，这种现象称为返混。上述情况在理论计算中是没有包括的，因此理论计算的结果和实际情况差别较大。目前旋风分离器的效率都是通过实测求得的。

旋风分离器的阻力按下式计算：

$$\Delta P_a=\xi\frac{u^2}{2}\rho \tag{7-14}$$

式中 ξ——局部阻力系数，通过实测求得；

u——进口速度，m/s；

ρ——气体的密度，kg/m^3。

4. 影响旋风分离器性能的因素

（1）进口速度 u

旋风分离器的分割粒径 d_{c50} 是随进口速度 u 的增加而减小的，d_{c50} 愈小，说明除尘效率愈高。但是进口速度 u 也不宜过大，u 值过大，旋风除尘器内的气流运动过于强烈，会把有些已分离的尘粒重新带走，造成除尘效率下降。另外从公式(7-14) 可以看出，阻力 ΔP 是与进口速度的平方成比例的，u 值过大，旋风除尘器的阻力会急剧上升。因此，一般控制在 1220m/s 之间。这个范围并不是绝对的，它与除尘器的结构形式、几何尺寸等因素有关。

（2）筒体直径 D 和排出管直径 d

从公式(7-11) 可以看出，在同样的切线速度下，筒体直径愈小，尘粒受到的惯性离心力愈大，除尘效率愈高。目前常用的旋风分离器直径一般不超过 800mm，风量较大时可用几台除尘器并联运行。

一般认为，内、外涡旋交界面的直径 $d_0\approx0.6d_p$，内涡旋的范围随 d_p 的减小而减小，减小内涡旋有利于提高除尘效率。但是 d_p 不能取得过小，以免阻力过大，一般取 $d_p=(0.5\sim0.6)D$。

（3）旋风分离器的筒体和锥体高度

增加旋风分离器的筒体和锥体高度，从直观上看，好像增加了气流在分离器内的旋转圈数，有利于尘粒的分离。实际上由于外涡旋有向心的径向运动，当外涡旋由上向下旋转时，气流会不断流入内涡旋。因此筒体和锥体的总高度过大没有什么实际意义。实践经验表明，一般以不大于五倍筒体直径为宜。在锥体部分，由于断面不断减小，尘粒到达外壁的距离也逐渐减小，气流的切向速度不断增大，这对尘粒的分离都是有利的。现代的高效旋风除尘器大都是长锥体，就是这个原因。目前国内的高效旋风除尘器如 CZT、CX 也都采用长锥体，锥体长度 $l_{zh}=(2.8\sim2.85)D$。

六、旋风分离器内部流场分析新观点

根据流体力学的观点，在形状固定，流量、速度、压力恒定并无外界干扰的条件下，流体的质点轨迹也是固定不变的，因此，可以根据流体力学的相关知识，标注流场内部的关键点或特殊点，方便分析。

1. 关键点法或特殊点法（九宫格法）

在旋风分离器的设计制造中，分离器气流进口形状多为矩形，气流出口形状为圆形，如图 7-5 所示。

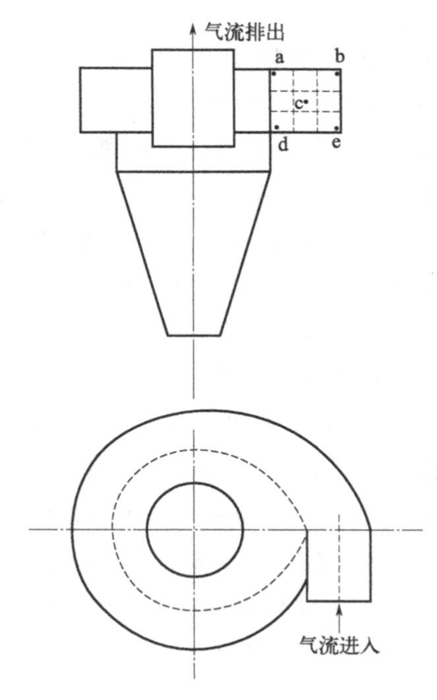

图 7-5 分离器进口气流

在图 7-5 中根据流体运动方式设 a、b、c、d、e 为 5 个特征点，a 点为距离顶部排出口最近点，b 点为距离顶部排出口最远点，c 点为气流进口的中心点，d 点为气流进口在底部距排出口最高点，e 点为距离气流进口底部最低点。

旋风分离器内的气相运动非常复杂，随着信息时代的到来，对于旋风分离器内的气相运动的分解，有望有一个突破性的进展，为了多角度全方位进行这一工作，研究人员对流线的描述建立九宫格分析法（图 7-6），具体如下。

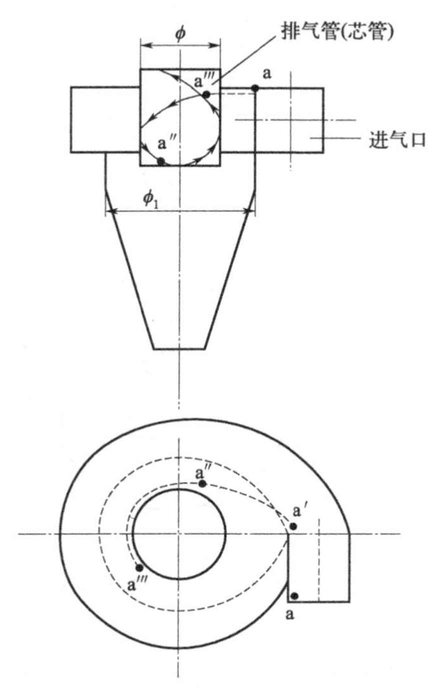

图 7-6　九宫格分析法（1）

在单一流线中，处在 a 特征点的流体运动不同时刻位置分别用 a、a′、a″、a‴表示。

当 a—a′时，气相为直线运动。自 a′点开始，由于螺旋壳的形状决定自 a′点开始做平旋运动。

当 a′—a″时，即贴近排气芯管外壁时，所用的时间和距离可用公式算出质点到达 a″点后，沿外管壁呈螺旋状向下旋转，当旋转下降到 H 高度，即排气管的进气口边缘时，到 a‴点，此点的位置可用公式得出。

到达 a‴后受到压力的作用，开始进入芯管内壁，然后沿芯管内部呈螺旋状的旋流态排出，此时质点 a 就完成了自进气管到排气管的运动。

处在 b 特征点的流体运动不同时刻的位置用 b、b′、b″表示。

当 b—b′时气相为直线运动，自 b′点开始，同样由于螺旋壳的形状决定，自 b′点开始做平旋运动，但是会沿顶部螺线旋 360°到达 b″（图 7-7）。

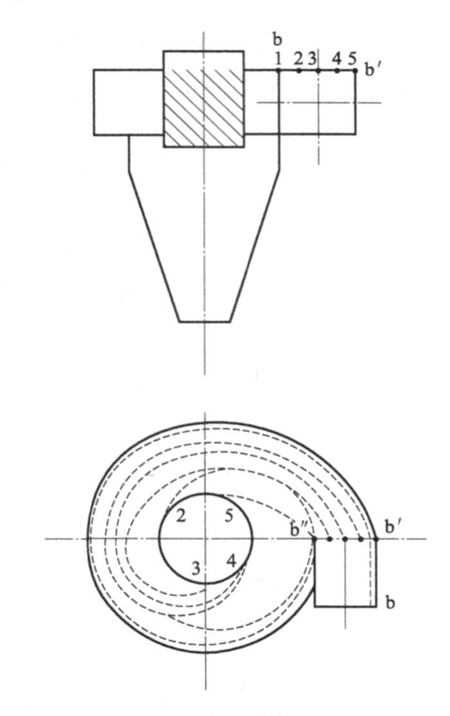

图 7-7 九宫格分析法（2）

当质点 b′到达 b″点时，有可能与 a″重合，若 b 质点 b″等于零时，按 a″＝b″的轨迹去理解就可以了。当得到 b″点的位置后，就可以推导出 a′点—b′点这条线的运动轨迹，如果把质点 a′—b′分成 n 等行，就在 a″的周线得到 n 个点的位置，b 点轨迹除了上述流体运动的规律外，还有一点要附合流体的附壁效应。

c 就是九宫图中的中心点，它也属于特征点。

当顶点 c 在平旋区移动至 c′时，完成了平旋过程，而进入下旋区，在下旋区 c 点有三个自由度方向的运动，即切线方向、轴向方向和经向方向，当运动至下旋区与上旋区的交界处，即折返线 c″时质点开始进入上旋区，成为旋流至出口（图 7-8）。

d 点是距离排气口最近的点，虽然静态距离最近，但动态距离并非最近，因为在进入旋转场时，就离开了蜗壳的内表面，因而就推动了附壁效应，因此它在旋转的同时受到 a 方向气流向下的挤压，进入下旋区并贴着下旋区的筒壁，螺旋进行，此时和下旋筒壁产生了附壁效应，由于附壁效应的存在，质点 d 可以沿筒壁一直螺旋运动到筒体下端排灰

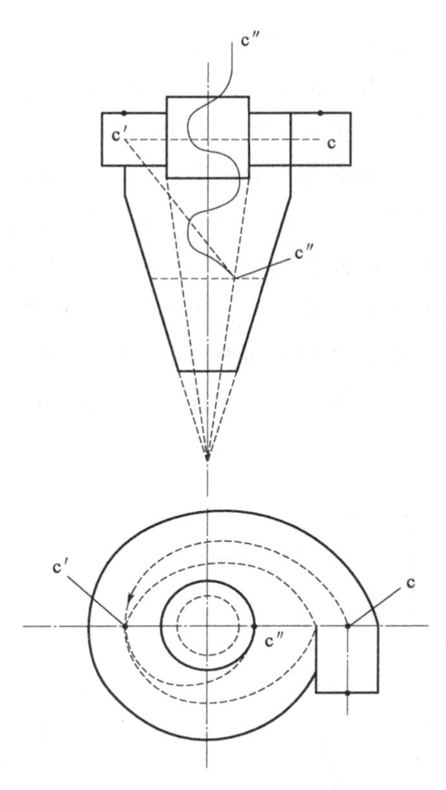

图 7-8　九宫格分析法（3）

口，甚至到集灰斗的中心处，经过折返线进入中心区，并以接近直线的运动在上旋区的中心直线上升。

e 点位于进气口的下平面最近点，由于附壁效应的作用，它运动时沿蜗壳螺线，做平旋运动一直到与 d 点重合，然后沿 d 点的轨迹运动。

2. 旋风分离器固相流线流场分析

在气固混合体中，固相是以气相为载体运动的，它们物理特征的差别是很大的，气相是以分子态存在的，固相颗粒尺寸大多是微米级，且不同物质其质量、密度等物理参数相差较大。因此，将它们分离也是利用这些差别来进行的。在旋风气固分离器内，由于人为制造了一种以气相为主的旋转流场，从而达到了气固分离的目的。

在旋转流场中，由于固相的质量密度的因素，得到了气相运动产生的很大的离心力，所以在分析固相运动流线或流场时，就应以力学为主进行分析。

固相在气相中是均态分布在旋转物中的，同时得到离心力，$F=\frac{mv^2}{r}$，如图 7-9 所示，固相粒子在产生旋转场的蜗形壳体中得到了强大的离心力后，从a位置在蜗形壳体的垂直于旋转场的壁面汇集，在旋转360°后到达a′，由于此点与分离器筒体是公共点或是相切点，同时也是气相下旋区的一个进入位置点，因此汇集的固相颗粒在气流的推动下运动至下旋区，并在离心力的作用下汇集于筒壁内侧，由于下旋区的上部为锥形，所以还会有一新代粒子，随平旋气流前行或再次进入蜗形壳进行第二次运行。因此实验发现，在蜗形壳顶部始终有一粒子环运动，进入下旋区的粒子在下旋气流的作用下向下排料口旋转移动，此时紧贴筒壁运动的气流起输送粒子的作用，而粒子本身的质量在此不起决定作用。试验表明，即使分离器倒置，分离效率也不受影响。

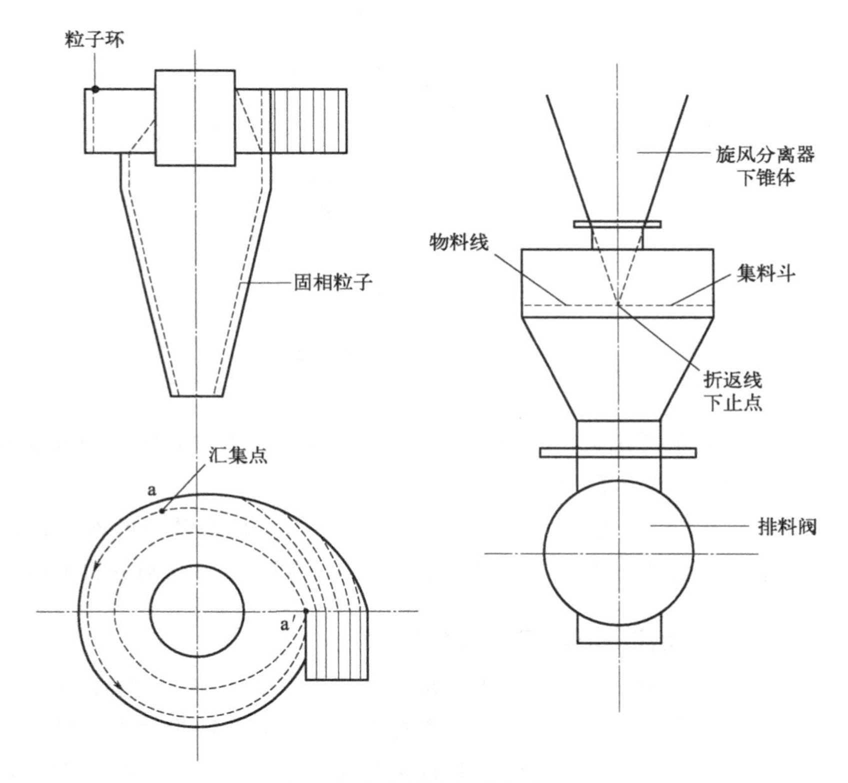

图 7-9　分离器内部流场分析

3. 旋风除尘器内部流场流体阻力分析

在气固分离过程中，分离效率是非常重要的指标，因此也是评定其性能的重要参数，在影响效率的因素中，有一个重要因素还没有得到充分的论述，就是气相流体对固相颗粒的拖曳力。

旋风式分离器的主要原理是利用旋转而产生强大的离心力进行气固

分离，固相颗粒就是依靠离心力向外壁移动，从而得到分离的机会。但是得到离心力的粒子在向外壁移动过程中，要克服气相流体的阻力才能完成移动过程，当离心力大于气相流体力的阻力时，向外壁移动可以进行，当离心力小于气相阻力时，向外壁移动的过程无法完成。因此，能否完成向外壁移动取决于粒子质量（m）、速度（v）、旋转半径（r），当速度（v）、旋转半径（r）为标量时，粒子质量就是一个重要因素。实验证明，大颗粒或粒子质量较大的粒子会有很高的分离效率，但粒径较小、质量较小的粒子，则仍以气相为载体不能完成分离过程。

在以上的分析中，只考虑了粒子的质量（m），其实除此之外还有两个因素不容忽视，一个是气相流体的向心运动速率对分离效率的影响，另一个是粒子实际的形状或形态对分离效率的影响。

在旋风气固分离装置中，由于产生离心力的需要，分离器中的各个质点存在着气相流体向中心移动的过程，除了上述气相阻力之外，固相粒子还受到气相流体向心运动的拖曳力。因此，离心力（F）要大于气相阻力和气相流体的拖曳力之和，即 $F>P_2+P_T$（P_2 为阻力，P_T 为拖曳力）。因此，在工程实践中，气固分离装置中的拖曳力也是不能忽视的。拖曳力的本质是气流对固体颗粒的阻力，其大小可以按固体颗粒受气流流体阻力计算。第四章已经介绍过，做稳定运动的颗粒必然受到流体阻力的作用。阻力的大小决定于颗粒的形状、粒径、表面特性、运动速度及流体的种类和性质。阻力的方向总是与速度向量的方向相反，其大小可按如下标量方程计算：

$$F_D=C_DA_p\frac{\rho\mu^2}{2} \tag{7-15}$$

颗粒运动处于层流时，C_D 与 Re_p 呈直线关系，由理论和实验得到：

$$C_D=\frac{24}{Re_p} \tag{7-16}$$

这一关系式通称为斯托克斯（Stokes）阻力定律。对于球形颗粒，有 $Re_p=d_p\mu\rho/\mu$，$A_p=\pi d_p^2/4$，代入式(7-15）中，得到斯托克斯阻力公式：

$$F_D=3\pi d_p\mu^2 \tag{7-17}$$

固体颗粒受流体的阻力与颗粒运动速率成正比，在旋风除尘器内部一点，固体颗粒受重力和离心力两种作用，其运动速率是重力和离心力共同作用的结果，而离心力和重力与固体颗粒的质量成正比，加上在设备中受风量等影响，导致固体颗粒运动速度较低，越靠近设备中心的位置，颗粒离心力越小，运动速度越小，颗粒所有流体阻力越大。因此受拖曳力越大。

在气固分离过程中我们对固相颗粒的认知运用是以粒子的理想圆直径为起点的，在实际的工程实践中是不存在理想圆直径的颗粒物的，因此在研究或设计工作中，结合实际情况对颗粒物直径进行修正，在此我们引进一个比表面积的概念，在其他的文献中对比表面积的定义是以质量为参照系的，在此定义比表面积为理想圆直径的面积和实际表面积之比，即$\frac{m_s}{m_\phi}$，（m_ϕ为理想圆直径的面积，m_s为实际表面积）。当固相颗粒物在流体中运动时，表面积越小，其悬浮能力越强，同流体对其作用力也就越大。因此，可以得出，比表面积越小，在旋风分离装置中向外壁移动的阻力越大，受流体的拖曳力也就越大，这与公式(7-17）给出的结果相吻合，比表面积越小，d_p越大，F_D越大。由此可见，固相颗粒物的比表面积大小与气固分离的效率同样密切相关。

综上所述，可以看出，旋风除尘器内部固体颗粒受其运动速率和比表面积两个因素的限制是，导致颗粒所受流体拖曳力大，也正因拖曳力的存在，影响旋风除尘器的气固分离效率，这也是导致旋风除尘器除尘效率低的主要原因之一。

4. 旋风分离器下排料口的气固场分析

旋风分离器排料口是下筒体的一个渐缩口，是将汇集的物料经此排出，由于此处是折返线的下端，又是粒子（物料）汇集区，所以此处处理不好，就会使捕集效率大幅下降，所以充分了解此处的气固运行状态即可收到事半功倍的效果。在以往的文献中没有对此处的状态有专门的描述，除了众所周知的不能漏风外，其他的就不甚了解了。

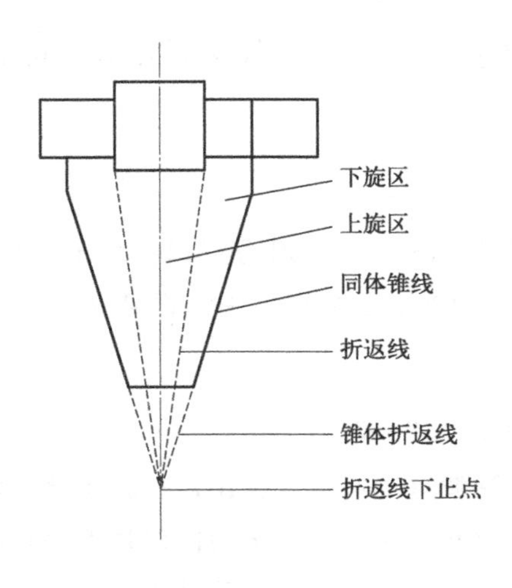

图 7-10　下旋筒体气流分析

在本文中我们引入了一个折返线的概念，在常规的旋风分离器中，折返线上起点是排气芯管的下缘，其下止点的位置至关重要。根据流体力学及附壁效应和流线流物分析，折返线的下止点应位于下旋筒体的斜锥部分延长线的交点处（图 7-10）。

由图 7-10 分析得知，对于排料口及排料接收装置的设计使用不能简单处置，现有的排料及接收装置有接灰斗、星型排料阀及锁气器等装置，不论设何种装置，均应在折返线的下止点的下方有足够的空间，否则物料或颗粒物均可被二次卷起，造成吸集效率大幅下降。

5. 旋风分离器性能磨损问题分析

旋风分离器（除尘器）的磨损问题是一个长期存在的问题，人们都知道是由于气流的高速旋转所致，但对其处理的详细分析不多。

旋风分离器工作原理是 20～30m/s 的高速气流在一个锥形筒内旋转，利用离心力将颗粒物甩至筒壁，然后颗粒物沿筒壁螺旋下行至排灰口，由于锥形筒体是由上至下逐渐缩小的，因此，颗粒物所受到的离心力则是逐渐增加的，当离心力（下）与颗粒物的重力及下旋气流的拖曳力达到平衡时，颗粒物就会在锥体的某一位置做平旋运动，因此在此处磨损是十分严重。

6. 旋风分离器对大风量的适应性分析

不论在理论上还是在实践中，旋风分离器都不满足大风量的效率要求，理论上的论据之一是旋转筒直径越大，对旋转气流给予颗粒物的离心力就越小，因此分离的效果就差，实际上这只是一个方面，所以大多数人认为，旋风分离器只能小型化，也因此设计出了多管式分离器，即由若干数量的小型旋风分离器组合成一个群并联运行，这只是表面上解决了大风量的应用问题，根本问题并没有得到解决。

通过研究和实践，旋风分离不能适应大风量，除了以上的分析之外还有一个根本的问题是颗粒物总量的增加，使颗粒物汇集的颗粒物浓度梯度增大，即在筒壁形成的颗粒物环的厚度增加，在越接近排料口时，由于上旋气流强度增加导致颗粒被气相带走，从而沉降效率下降，分离难度增加，如图 7-11 所示。

众所周知，小型旋风分离器和大型旋风分离器的排料口的尺寸相差无几，但在单位时间和单位空间所要处理的总量是不一样的，再加上排料口的尺寸是远小于假想分离界面的，所以低效率是必然的。

七、传统旋风分离器存在的问题

通过对旋风分离器内部各部分流场的系统分析不难看出，导致旋风分离器除尘效率受限的问题主要有以下几点。

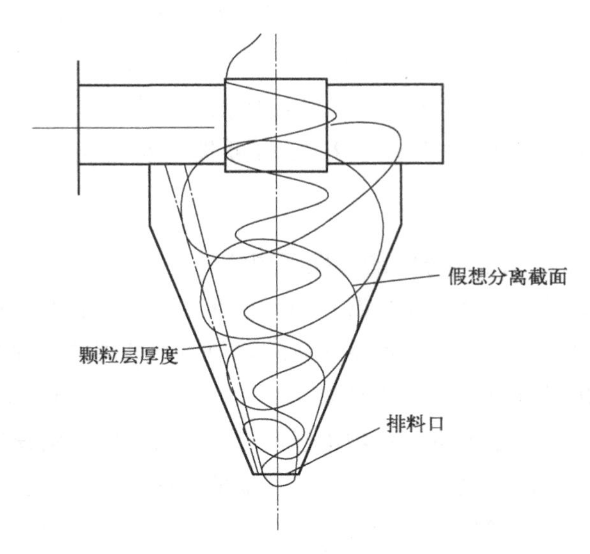

图 7-11　分离器内部流场

① 旋风分离器内部流体流速慢，固体颗粒受流体阻力大。

② 由于流场内部没有明显的气固分界线，所以无法实现彻底的气固分离。

③ 下降气流与上升气流交汇，由于下降气流与上升气流内部固体颗粒的相互运动，导致固相颗粒从下降气流向上升气流迁出（成为固相短路），从而造成出风口固体颗粒浓度高的现象。

④ 芯管进气口也存在上述固相短路现象，导致除尘效率低。

⑤ 固相颗粒在筒中高速运动导致筒壁磨损严重，设备使用寿命下降。

⑥ 由于固相分离靠离心力完成，当处理量增大，筒体大时，离心力下降，固相颗粒被二次流带出逃逸，导致除尘效率低。

⑦ 固相进入集尘斗时，浓度极高，细小颗粒不容易进入灰斗被收集，重新被气流带回筒体最终从出风口排出，影响除尘效率。

八、新型旋风分离器的设计

基于对传统旋风分离器内部流场的系统分析，总结出了导致旋风分离器除尘效率低、运行能耗高、占地面积大等诸多缺点的原因，笔者通过数十年的研究和改进，研究出来一套新型旋风分离器，目前该设备已经应用于某些大型除尘工业项目中，并取得良好效果。

1. 新型旋风除尘器的结构

根据前文对传统袋式除尘器除尘效率低的原因的分析，对除尘器进行重新设计，得到新型旋风除尘器，如图 7-12 所示。

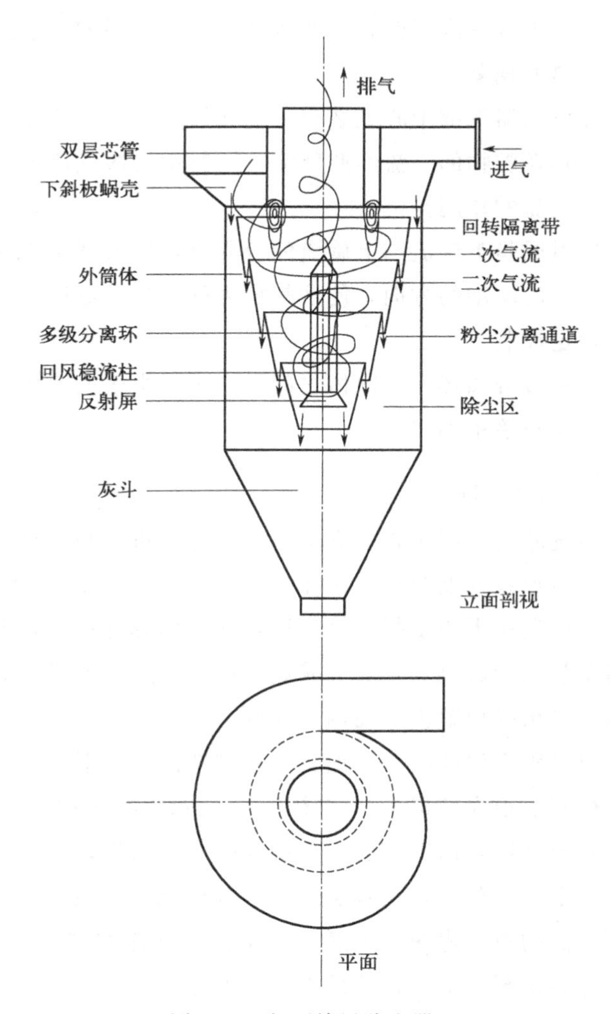

图 7-12 新型旋风除尘器

2. 新型旋风除尘器的工作原理

含尘气流或气固混合体沿下斜板蜗壳进入蜗壳并产生旋转，下斜板的作用是使固相或粉尘能在筒体上端均匀地向下运动。

芯筒为双芯管结构，双芯管有一个隔离带的设置，防止下旋气流和上旋气流交互造成能量损失，同时回转隔离带相当于芯管向下延伸，可提高效率。

固相或粉尘在离心力的作用下在外筒体上口汇集，在气流的拖动（携带）下，进入一级粉尘分离通道，并进入外筒体与多级分离环之间的降尘区。

气固进行第一次分离后，向下继续旋转运动，并进行多次同样的分离使下旋流或一次气流含尘浓度逐步降低，这样避免了下部浊度极高，不易分离的现象。

在分离器下部中心处装有一套回风稳流柱，其作用是将各级分离环携带固相颗粒物的气流经此回流，同时使二次气流上旋时不能摆动，起到稳定气流的作用。

反射屏是下旋流与上旋流的分界点，反射屏结构的设计使得人为能够确定气流流动的方向，使洗气机内气流运动更稳定，从而使除尘效率得到稳定控制。

在多级分离环与外筒体之间有一个降尘区或固相汇集区，多级分离环的作用与筛子相当。

3. 芯管设计

传统芯为单层芯管，它的缺点经过分析得知一是在芯管的进气口边缘即是折返线的上起点，由于此点的压力很高，所以气流很容易短路，在气流的裹挟下粒子很容易逃逸，使效率降低；二是上顶板的平旋气流受附壁效应的影响而形成上涡旋梯度，使效率下降。因此，设计成双层芯管就可很好地解决上述两个问题。

双芯管不但解决了上涡旋，还制造出一个下涡旋，下涡旋的产生使效率得到了很大的提升。如图 7-13 所示，在单层芯管中形成的折返线是一条公共线，即下旋区与上旋区的共用边界，而双层芯管下缘则将下旋区和上旋区分开，在双层芯的下方形成一个涡区，这个涡区一是阻止了下旋流的粒子逃逸、短路，二是将上旋流携带的粒子再次进行分离，接收并转送至下旋区，使效率得到保障。

4. 蜗壳设计

蜗形壳的主要功能是制造气流旋转，从而得到离心力。在以往的蜗壳设计中，有上下双平板结构，有上平板下斜板结构，有上平板下螺旋板结构。总之，不论形式如何，上平板是一个不变的结构，在本设计中，采用了上下斜板结构（图 7-14）。

上斜板结构的目的是清除上平板的平旋流场带来的缺陷，即消除上涡旋及粒子环的产生，由于进气口是矩形结构，当气流进入旋转区域时，由于截面扩大导致气流流速下降，气固相中的固相颗粒，由于其质

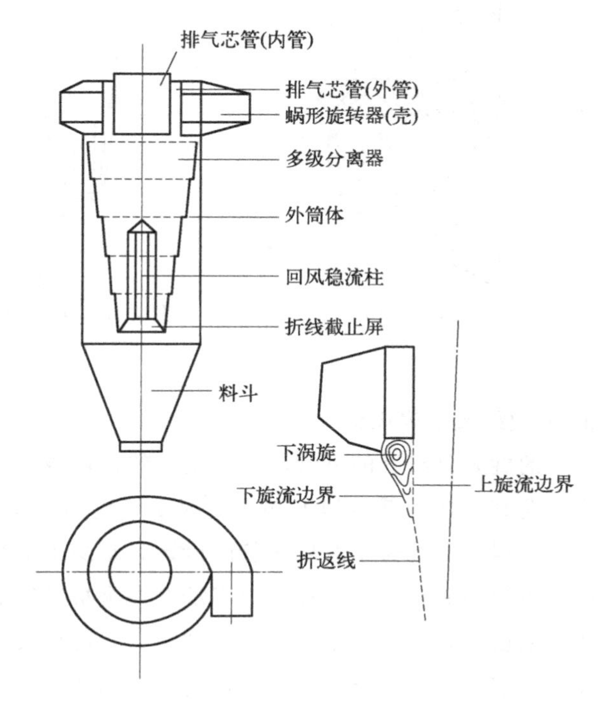

图 7-13 芯管

量大小不同，运动速度不同，同时与气流形成速度差，由于气流运动方向的改变，使质量较大的固相颗粒集中沉积到矩形进气口的左侧中间区域，其余质量小的颗粒随气相运动进入下旋区。下斜板的作用：其一是避免颗粒物过度集中，不易分离；其二是减小气流运动阻力（压降）；其三是加长了芯管的长度，相当于加大了分离筛的面积，有利于固体颗粒的分离。蜗壳型结构的截面加大，气流的旋转呈减速过程，同样有利于气固分离。

5. 筒体设计

传统的旋风分离器是一个简单的锥形体结构，它有助于颗粒物汇集并接收处理，但与此同时也有许多的弊端。针对这些弊端及下旋区的气流和颗粒物运动的特征，研究开发了一种双层筒结构，外层为封闭圆筒结构，内层为多级分离套筒，在每个套筒之间有一个颗粒物分离环，在环底部开有颗粒物分离孔，套筒分离环内的旋转气流将颗粒物从分离孔带出进入多级套筒与外筒体之间的区域沉降并形成一个沉降的集区（图 7-15），多级分离套筒将分离器下旋区与沉降收集区隔离，并避免了粒子二次返回的现象，多级分离可使收集效率有一个根本的保障。

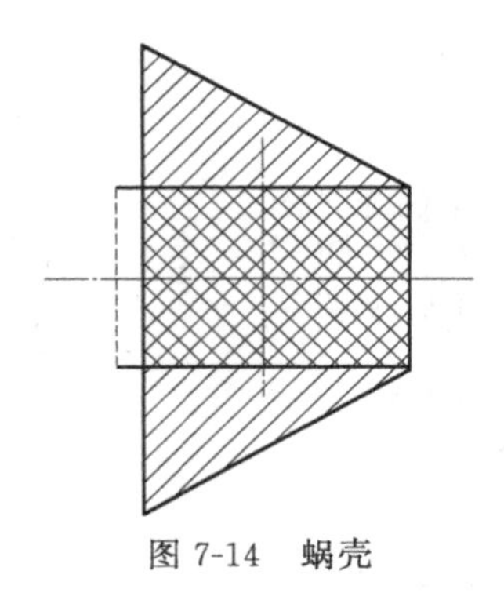
图 7-14 蜗壳

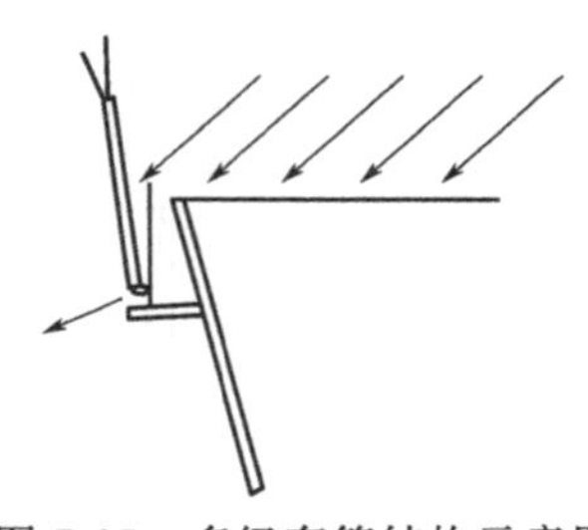
图 7-15 多级套筒结构示意图

6. 折返线截止屏设计

传统的旋风分离器的下旋区与上旋区的折返线（过渡线）没有明显的界线，尤其是在折返线的下端，受湍动气流的影响，效率损失较大，我们在折返线的上端做了双层芯管的设计，解决了上端的分界问题，在下端设计折返线截止屏，这样使得下端有一个折返线的终止点，不但保障了效率的稳定，同时可使总体高度减小，并可加大料斗的存储量，彻底解决了上旋流二次卷走颗粒物的可能性，如图 7-16 所示。

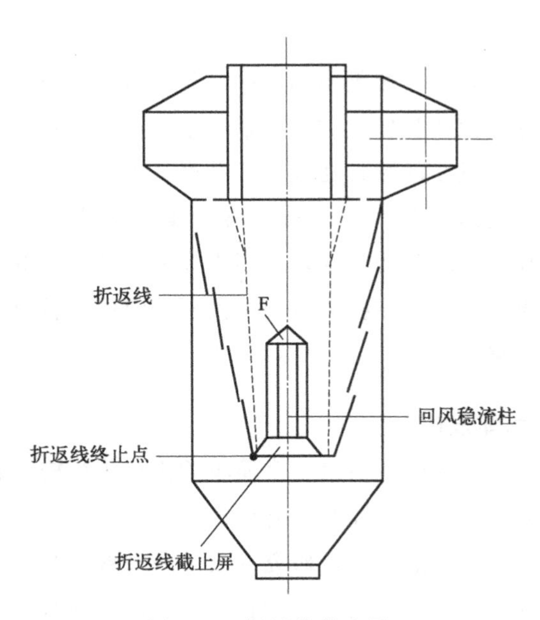

图 7-16 折返线截止屏

折返线截止屏为圆台形，在下边缘和多层分离套筒相连接，在连接点处有排料孔，由于大量的颗粒物在到达此处前已经多次分离，所以在此处的颗粒物浓度很低。因此，不会造成气流混乱而影响效率的稳定。

有了折返线截止屏后，就可在料斗排料口直接安装排料器。

7. 回风稳流柱设计

空间成为颗粒物的沉降及吸集区，在多级分离套筒将颗粒面分离的同时会有大量的气流进入此区域，因此，如果这些气流没有一个回路就会影响分离效果，所以为了使这些气流有一个合理的回路，就在折返线截止屏的上方设计了一个回风柱。由于上旋区的中心位置是一个较大的负压区，因此能够给多处分离套筒进入的气流一个很好的回路。

除此之外，回风柱还有一个功能，回风柱在上旋区的中心位置，因此除了能起到回风作用之外，还可起到上旋气流的稳定作用。上旋气流在向上旋转流动时有晃动摇摆的现象，这一现象使下旋流和上旋流均受到影响，有了回风柱后就改变了这一现象，因此，回风柱就起到了稳流的作用，称之为回风稳流柱。

九、新型旋风分离器的应用实例优点与应用前景

常规的旋风分离器常用于气固分离，也就是分离粉尘，而粉尘的物理形态与液相的物理形态的区别是非常大的。

① 分散态与连续态；

② 可凝性与非凝性；

③ 质量（真比重与假比重）；

④ 黏附性与非黏附性（浸润性、非浸润性）。

粉尘是固态颗粒，而物理特征是表面不规则，粒径大小没有变化，颗粒之间没有关联，当工况（温度、压力、速度）发生变化时，粉尘则基本上不发生变化。由于其表面的不规则性，它的质量存在方式是以假比重的方式存在，所以其流动性是很强的；由于是分散态，所以对设备表面没有黏附性，容易发生二次气固混合。

液态颗粒的物理特征自始至终是变化的，它是由大团颗粒经分离器粉碎而变成小颗粒、微颗粒甚至被气化，它是受工况（温度、压力、速度）影响而变化的，当液相与气相发生混合并完成传质过程时，液相包裹固相凝聚，随着凝聚程度的增加，液固相形成独立运动的紊流体（连续性）。此外，液相存在浸润性，使得液固混合相可以和气相二次混合，液相重复捕集气流中的颗粒，提高捕集效率。

与传统旋风分离器相比，新型旋风分离器通过独特的设计有效解决

了传统旋风除尘器效率低、能耗大等问题。双芯管可在阻力不增加的条件下保障效率不损失。多级分离环使气流含尘浓度逐步降低，避免设备磨损。反射屏的作用是人为制造上旋气流与下旋气流的分界点，使洗气机内气流运动更稳定。回风稳流柱解决了上旋流的摆动问题，有助于粉尘再分离。可省去集尘斗，有助于工程设计，可实现大风量运行，降低设备磨损。

另外，新型旋风分离器的应用提升价值大，尤其是应用在大风量工况下的工业生产领域的除尘净化方面。新型旋风分离器的应用实例将在第十三章介绍。

第八章 湿法分离技术

湿法分离技术同样是气固分离的主要分支之一，所谓湿法分离，就是通过不同的方式，使一定量的液体与气固混合相接触，通过液相对固相颗粒物的浸润、撞击、拦截、包裹等过程，使之从气相中分离出来的过程。常用的设备有孔板塔、填料塔、喷淋塔等传统的塔形装置，另外还有洗气机和超重力分离设备等新型设备。湿法分离技术可广泛应用于电力、能源、国防、冶金、化工、医药、矿业等诸多领域，除了能够从气相中回收有价值的固相产品外，还可以防止固体颗粒废物的排出对大气造成的污染。本章主要介绍传统的湿法分离技术，包括塔形装置和文丘里洗涤器以及洗涤器的分离等相关基本概念。对于新型高效的湿法分离技术如洗气机技术和超重力分离技术，将在第十一章和第十二章介绍。

一、洗涤器的分类

可以从总体上将湿式气体洗涤器分为低能和高能两类。低能洗涤器的压力损失为0.25～1.5kPa，包括喷雾塔和旋风洗涤器等。一般运行条件下的耗水量（液气比）为0.4～0.8L/m^3，对大于10μm的粉尘的净化效率可达90%～95%。低能洗涤器常用于焚烧炉、化肥制造、石灰窑及铸造车间化铁炉的除尘上，但一般不能满足这些工业废气的直接排放要求。高能洗涤器，如文丘里洗涤器，净化效率达99.5%以上，压力损失范围为2.5～9.0kPa，常用于炼铁、炼钢、造纸及化铁炉烟气除尘上，它们的排烟中的尘粒可能小到低于0.25μm。

根据湿式气体洗涤器的净化机制，可将其大致分为七类：①重力喷雾洗涤器；②旋风洗涤器；③自激喷雾洗涤器；④泡沫洗涤器（板式塔）；⑤填料床洗涤器（填料塔）；⑥文丘里洗涤器；⑦机械诱导喷雾洗涤器。

二、洗涤器的性能和净化效率

对湿式气体洗涤器性能的主要要求是，从能量方面考虑使加入的液体获得有效利用，要求的通过率为2%，如果采用诸如填料塔、筛板塔或文丘里洗涤器之类的洗涤器，查得空气动力学分割粒径$d_{a50}=10\mu m$，$\rho_p=3g/cm^3$和$\sigma_g=3$，$d_{ac}=0.09d_{a50}=0.9\mu m$，相应的实际分割粒径$d_c=0.45\mu m$（在空气中肯宁汉修正系数$C=1.35$）。

三、洗涤器的净化机制

为了脱除气态污染物，使气体与对该污染物溶解度较高或能发生化学反应的液体接触，即所谓气体吸收作用。对于在水中具有较高溶解度的气态污染物，如氟化氢、氯化氢等气体，可采用水吸收。对其他难溶于水的气体，可采用酸、碱和盐的溶液进行化学吸收。

任一种湿式气体洗涤器的捕集效率，一般是上述各种机制综合作用的结果。任一种机制的作用皆决定于尘粒和液滴的尺寸以及气流与液滴之间的相对运动速度。

四、洗涤器的选择

大气污染控制用的洗涤器选择的依据如下。

(1) 分级效率曲线

分级效率曲线是一项重要的性能指标，但要注意，分级效率曲线仅适用于一定状态下的气体流量和特定的污染物，气体的状态对捕集效率也有直接影响。

(2) 操作弹性

任一操作设备，都要考虑到它的负荷。对洗涤器来说，重要的是知道气体流量超过或低于设计值时对捕集效率的影响如何。同样，也要知道含尘浓度不稳定或连续地高于设计值时将如何进行操作。

(3) 泥浆处理

应当力求减少水污染的危害程度，但耗水量低的装置，往往泥浆处理较难。

(4) 运行和维护容易

一般应避免在洗涤器内部有运动或转动部件，注意管道断面过小时会引起堵塞。

(5) 费用

应考虑运行费和设备费等。运行费包括：①相应于气体压力损失的电费；②相应于水的压力损失的电费；③水费；④维护费。洗涤器的运行费一般皆高于其他类型除尘器，特别是文丘里洗涤器的运行费是除尘器中最高的一种。

五、重力喷雾洗涤器

重力喷雾洗涤器是湿式洗涤器中最简单的一种，也称喷雾塔或洗涤塔。它是一种空塔，当含尘气体通过喷淋液体所形成的液滴空间时，因尘粒和液滴之间的碰撞、拦截和凝聚等作用，使较大较重的尘粒靠重力作用沉降下来，与洗涤液一起从塔底部排走。为保证塔内气流分布均匀，常用孔板型分布板或填料床。若断面气流速度较高，则需在塔顶部设除雾器。

喷雾塔的压力损失小，一般小于 250Pa，对小于 10μm 尘粒的捕集效率较低，工业上常用于净化大于 50μm 的尘粒，而很少用于脱除气态污染物。喷雾塔最常与高效洗涤器联用，起预净化和降温、加湿等作用。喷雾塔的特点是结构简单、压损小、操作稳定方便。但设备庞大，效率低，耗水量及占地面积均较大。

喷雾塔的捕集效率取决于水滴直径及其与气流之间的相对运动状况，这与拦截和惯性碰撞理论是一致的。最佳水滴直径的发生情况可作如下分析：在喷水量一定时，喷雾愈细，下降水滴布满塔断面的比例愈大，靠拦截捕集尘粒的概率愈大。但细水滴的沉降速度较小，则与气体之间的相对运动速度要比粗水滴小，因而靠惯性碰撞捕集尘粒的概率随水滴直径的减小而减小。综合这两种对立的机制，便可得到一最佳水滴直径。如果水滴再细一些，则要考虑水滴在塔中的降落时间及被气流带走的限制，这取决于水滴直径（或沉降速度）和空塔气速 v_0。在实际中，v_0 值大致取为水滴沉降速度 u_{SD} 的 50%。这样，水滴直径为 500μm 时，u_{SD} 为 1.8m/s，则 v_0 取 0.9m/s 较合适。与大多数其他类型洗涤器一样，严格控制喷雾的组成，保证液滴大小均匀，对有效的操作是很必要的。

对于立式逆流喷雾塔，卡尔弗特给出的惯性碰撞分级效率计算式为：

$$\eta_i = 1-\exp\left[-\frac{3Q_L(u_{SD}-u_{Si})H\eta_{Ti}}{2Q_G D(u_{SD}-v_0)}\right] = 1-\exp\left[-0.25\frac{A_L(u_{SD}-u_{Si})\eta_{Ti}}{Q_G}\right] \tag{8-1}$$

式中 D——水滴直径，m；

v_0——空塔气速，m/s；

u_{SD}——直径为 D 的水滴的重力沉降速度，m/s；

u_{Si}——直径为 d_{pi} 的尘粒的重力沉降速度，m/s；

H——喷雾塔高度，m；

η_{Ti}——单个水滴的分级除尘效率；

A_L——塔中所有水滴的总表面积，m^2。

$$A_L=\frac{6Q_LH}{D(u_{SD}-v_0)} \tag{8-2}$$

在水滴直径 D 不完全相同时，习惯上采用沙特平均直径（即体积-表面积平均直径）$\overline{D}_{1.2}$ 来计算水滴的总表面积 A_L，或简单地取 D 作为沙特平均直径。知道操作条件下由喷雾喷嘴产生的水滴尺寸分布很重要。严格的计算应当将水滴尺寸分成用 D_j 表示的若干间隔，对每一对 d_{pi} 和 D_j 的综合计算得出效率 η_{Tij}，再代入方程式(8-1) 求出每一对分级效率 η_{ij}，则总分级效率为每一对分级效率之和。

水滴直径对分级效率 η_i 的影响可以部分地通过其对 η_{Ti} 的影响来考察，在重力喷雾塔的一般操作范围内，已发现惯性碰撞是占优势的捕集机制，可以采用卡尔弗特（Calvert）推荐的关系式：

$$\eta_{Ti}=\left(\frac{St_i}{St_i+0.7}\right)^2 \tag{8-3}$$

及

$$St_i=\frac{\rho_p d_{pi}^2(u_{SD}-u_{Si})}{9\mu D}\approx\frac{2\tau_i u_{SD}}{D} \tag{8-4}$$

则

$$\eta_{Ti}=\left(\frac{\tau_i u_{SD}}{\tau_i u_{SD}+0.35d}\right)^2 \tag{8-5}$$

水滴沉降速度 u_{SD} 受水滴雷诺数 Re_D 的影响。对于小水滴，在斯托克斯定律范围内，$u_{SD}\infty D^2$，则 η_{Ti} 随 D 增大而增大；在中间尺寸范围，$u_{SD}\infty D$，则 η_{Ti} 不随 D 而改变；对于牛顿运动范围，$u_{SD}\infty D^{1/2}$，则 η_{Ti} 随 D 增大而减小。

水滴直径 D 对分级效率 η_i 的总影响包含 u_{SD}、η_{Ti} 和 D 之间的相互影响，正如它们在方程式(8-1) 中所显示的那样。由于 D 在整个 $u_{SD}\infty D$ 的中间范围中 η_{Ti} 相对不变，所以在这一范围的低 D 端，即在 300～400μm 附近，对因素 u_{SD}、η_{Ti}、$(u_{SD}-v_0)D$ 的净影响是使 η_i 达到最大值。

在错流喷雾塔中，水从塔顶喷出，气流水平通过塔，则惯性碰撞分级效率为：

$$\eta_i=1-\exp\left[-\frac{3Q_LH\eta_{Ti}}{2Q_GD}\right]=1-\exp\left[-\frac{0.25A_Lu_{SD}\eta_{Ti}}{Q_G}\right] \tag{8-6}$$

式中所有水滴的总表面积 $A_L=6Q_LH/(Du_{SD})$。单个水滴总效率的计算仍采用方程（8-3），但惯性参数 St_i 按空塔气速 v_0 值计算，即 $St_i=2\tau_iv_0/D$。

在喷雾塔用于气体的降温和除尘时，空塔容积 V 常按传热方程式估算：

$$V=\frac{q}{K_v\Delta t_m} \tag{8-7}$$

式中 q——气液间的换热量，W；

Δt_m——对数平均温差，℃；

K_v——容积传热系数，W/(m³·℃)。

K_v 值与气液接触面积、气体流速、气液温度及其流动状况等有关，一般由实验求得。如硫铁矿制酸冷却用的喷雾塔，K_v 为 190～230W/(m³·℃)；炼钢转炉烟气降温时，K_v 取 290W/(m³·℃)。

六、文丘里洗涤器

1. 文丘里洗涤器的结构和工作原理

文丘里洗涤器是一种高效湿式洗涤器，常用在高温烟气降温和除尘上，也可用于气体吸收上。早期设计的一种 PA 型文丘里洗涤器由文丘里管（简称文氏管）和除雾器组成。

在文丘里洗涤器中所进行的除尘过程可分为雾化、凝聚和除雾三个过程，前两个过程在文氏管内进行，后一过程在除雾器内完成。在收缩管和喉管中气液两相间的相对流速很大，从喷嘴喷射出来的液滴，在高速气流冲击下，进一步雾化成为更细的雾滴。同时，气体完全被水所饱和，尘粒表面附着的气膜被冲破，使尘粒被水润湿。因此在尘粒与液滴或尘粒之间发生着激烈的碰撞、凝聚。在扩散管中，气流速度的减小和压力的回升，使这种以尘粒为凝结核的凝聚作用发生得更快。凝聚成较大粒径的含尘液滴，便很容易被其他低能洗涤器或除雾器捕集下来。

文氏管的结构型式有多种。从断面形状上分，有圆形和矩形两类。圆形断面不能过大（如喉管直径大于 0.3m），否则使横断面上液滴分布均匀较困难。矩形断面可以采用较大的长宽比，喷雾液体从喉管长边导入，可以获得良好的液滴分布。从喉管结构上分，有喉管部分无调节装置的定径文氏管及喉管部分装有调节装置的调径文氏管。调径文氏管的使用需要根据气量变化调节喉径尺寸。喉径的调节方式，圆形文氏管一般采用重砣式，通过重砣的上下移动来调节喉口开度；矩形文氏管采用能两侧翻转的翼板式，或能左右移动的滑块式，或能旋转的米粒式。从液体雾化方式上分，有预雾化和不预雾化两类。预雾化方式是用高压水通过喷淋将液体喷成雾滴；不预雾化方式则借助于高速气流的冲击使液体雾化，因而气流的能量消耗大。按供水方式分，有径向内喷、径向外喷、轴向顺喷和溢流供水四类。径向内喷一般是在喉管壁上开孔作为喷嘴，向中心喷雾；径向外喷则是在收缩管中心装喷嘴，向外喷雾；轴向顺喷是在收缩管中心装喷嘴沿轴向喷雾；溢流供水是在收缩管顶部设溢流水箱，使溢流水沿收缩管内壁流下而形成均匀的水膜，可以消除干湿交界面上粘灰问题。各种供水方式皆以利于雾化并使雾滴布满整个喉管断面为基本原则。

文氏管的几何尺寸的确定，应以保证净化效率和减小流体阻力为基本原则，主要包括收缩管、喉管和扩散管的直径和长度及收缩管和扩散管的张开角等。文氏管的进口直径 D_0 一般按与之相联的管道直径确定，在除尘中，进口管道中流速一般为 16～22m/s；文氏管出口管直径 D_4 一般按出口管后面的除雾器要求的进气速度确定，文丘里除雾器中一般选 18～22m/s。因为扩散管后面的直管道还有捕集尘粒和压力恢复的作用，故最好设 1～2m 的直管，再接除雾器。文氏管的喉管尺寸对效率和阻力的影响较大，喉管直径 D_T 按喉管内气流速度 v_T 确定。在除尘中，一般取 $v_T=40\sim120$m/s，净化亚微米的粉尘可取 90～120m/s，甚至高达 150m/s；净化较粗粉尘，可取 60～90m/s，有些情况取 35m/s 也可满足要求；在气体吸收中，一般取 20～23m/s。喉管的长度 L_T，一般根据 $L_T/D_T=0.8\sim1.5$ 确定。

2. 文丘里管的凝聚效率

文丘里洗涤器的除尘效率取决于文氏管的凝聚效率和除雾器的除雾效率。文氏管的凝聚效率表示为因惯性碰撞、拦截和凝聚等作用尘粒被液滴捕获的百分率。因此，文氏管的凝聚效率不仅取决于随气流一起运动的尘粒的粒径和运动速度，而且也决定于喷雾液滴的直径和运动速度。

文氏管中液滴的导入方式和导入位置影响液滴的加速进程，也影响液滴的尺寸和尺寸分布。

考察一个单个液滴，以某一轴向初速度导入气流中（有时可能为零），其加速运动应遵循牛顿定律，惯性力与气流阻力相平衡：

$$\frac{\pi D^3}{6}\rho_D\frac{\mathrm{d}v_D}{\mathrm{d}t}=C_{DA}\frac{\pi D^2}{4}\frac{\rho_G(v_G-v_D)^2}{2} \tag{8-8}$$

$$\frac{\mathrm{d}v_D}{\mathrm{d}t}=\frac{3}{4}C_{DA}\frac{\rho_G(v_G-v_D)^2}{\rho_D D} \tag{8-9}$$

式中 v_D——液滴的运动速度，m/s；

D——液滴直径，m；

ρ_D——液滴密度，kg/m^3；

C_{DA}——作用在加速度液滴上的阻力系数。

代换 $\mathrm{d}v_D/\mathrm{d}t=(\mathrm{d}v_D/\mathrm{d}x)\times(\mathrm{d}x/\mathrm{d}t)=v_D\cdot\mathrm{d}v_D/\mathrm{d}x$，则 v_D 对加速距离 x（离开 Z_1 的下游距离）的微分方程变成：

$$\frac{\mathrm{d}v_D}{\mathrm{d}x}=\frac{3}{4}C_{DA}\frac{\rho_G}{\rho_D}\frac{(v_G-v_D)^2}{v_D D} \tag{8-10}$$

方程（8-10）的解取决于 C_{DA} 的近似表达式的选取。在一般情况下，C_{DA} 不等于粒子做稳态运动时的阻力系数 C_D。

对于最简单的情况，液滴在喉管开始处径向导入并在喉管内加速，即 $Z_1=Z_2$，$x=0$ 处 $v_D=0$；在喉管末端 $x=L_T$，$v_D=v_T=Q_G/A_T$，方程（8-10）的积分结果以无量纲形式给出：

$$u=\frac{v_D}{v_T}=2(1-X^2+X\sqrt{X^2-1}) \tag{8-11}$$

其中

$$X=\frac{3xC_D\rho_G}{16D\rho_L}+1 \tag{8-12}$$

在喉管末端液滴的加速达到最高限，可以由 $x=L_T$，代入方程（8-10）求出 X_T，再代入方程（8-11）求出 u_T 值。

（1）气体雾化喷雾

气体雾化是利用高速气流的粉碎冲击作用来使液体雾化的，形成的液滴直径由韦伯（Weber）数 We 的临界值控制：

$$We=\frac{\rho_G v_T^2 D}{\sigma} \tag{8-13}$$

式中 σ——液体的表面张力，N/m。

韦伯数 We 表示由气体产生的惯性力与抵抗变形的液体表面张力之比。关于韦伯数的临界值 We_C，当缓慢加速时，对各种液体在 6～11 范围内。根据鲍尔（R. H. Boll）的实验，D 采用沙特平均直径 $\overline{D}_{1.2}$，在喷雾文丘里条件下：液气比为 1.4～2.7L/m^3，$v_T=40$～90m/s，$We_C=5$。

鲍尔测量了液滴的沙特平均直径，实验条件是：矩形断面喷雾文丘里管的一段，喷嘴在喉管前 0.3m 处，喉管半高为 0.178m，宽为 0.3m，长为0.3m，收缩角为25°，扩张角为7°，液气比为0.6～2.4L/m³，v_T=30～90m/s，v_{G1}=0.725v_T。实验结果按下式关联：

$$\overline{D}_{1.2}=\left[42187+5768\left(\frac{Q_L\times10^3}{Q_G}\right)^{1.932}\right]\frac{1}{v_{G1}^{1.602}} \quad (8\text{-}14)$$

式中　$\overline{D}_{1.2}$——沙特平均直径，μm

$Q_L\times10^3/Q_G$——液气比，L/m³；

v_{G1}——Z_1处的气流速度，m/s。

（2）预雾化喷雾

预雾化喷雾系指液滴是由雾化喷嘴产生的，在喉管前随着气流导入。这类喷嘴有压力喷嘴和气动喷嘴两类。压力喷嘴是液体在高压下通过喷嘴而被粉碎成液滴的装置，其结构型式和雾化原理多种多样，所雾化的液滴直径及其分布可由有关产品性能说明中查出。

气动喷嘴是靠高速气流使液体雾化的喷嘴，因此也称双向流喷嘴。气动喷嘴的性能不但决定于喷嘴的形状和尺寸，还决定于在喷嘴中气体对液体的相对运动速度及气液的质量流量比。气动喷嘴的性能多采用S. Nukiyama和Y. Tanasawa的经典研究结果来描述，他们给出的液滴沙特平均直径的表达式为：

$$\overline{D}_{1.2}=\frac{585\times10^3}{v_r}\left(\frac{\sigma}{\rho_L}\right)^{1/2}+1682\left[\frac{\mu_L}{\sqrt{\sigma\rho_L}}\right]^{0.45}\left(\frac{Q_L\times10^3}{Q_G}\right)^{1.5} \quad (8\text{-}15)$$

式中　v_r——气体和液体之间的相对运动速度，m/s；

ρ_L——液体的密度，kg/m³；

μ_L——液体的黏度，Pa·s。

这一研究结果的适应范围是：喷嘴直径，对液体为0.2～1.0mm，对空气为1～5mm；气液间相对运动速度从79m/s到声速，液气比为0.11～2.0L/m³。实验液体是汽油、水、酒精和重油。

对于空气-水系统，在20℃和常压下，ρ_L=998.2kg/m³，μ_L=1.002×10⁻³Pa·s，σ=72.7×10⁻³N/m，则式(8-15)简化为：

$$\overline{D}_{1.2}=\frac{500}{v_r}+29\left(\frac{Q_L\times10^3}{Q_G}\right)^{1.5} \quad (8\text{-}16)$$

开姆（K. Y. Kim）和马歇尔（W. R. Marshall）的实验研究应用了一种改进的技术来测量液滴直径，对单个的空气喷嘴得到如下关系式：

$$D_m = 168.4\frac{\sigma^{0.41}\mu_L^{0.32}}{(v_r^2\rho_G)^{0.57}A^{0.36}\rho_L^{0.16}} + 13084\times\frac{\mu_L^2}{(\rho_L\sigma)^{0.17}}\left(\frac{M_G}{M_L}\right)^n\frac{1}{v_r^{0.54}} \tag{8-17}$$

式中 D_m——液滴的质量中位直径，μm；

A——空气流的横断面积，m^2；

M_G——雾化空气的质量流量，kg/s；

M_L——液体的质量流量，kg/s；

n——指数，当 $M_G/M_L<3$ 时 $n=-1$，$M_G/M_L>3$ 时 $n=-0.5$。

实验条件是：喷嘴直径，对液体为 1.83～2.54mm，对空气为 3.05～6.9mm；相对速度变化范围，从 76m/s 到声速；液气比为 0.1～10L/m^3。液体限定为熔融的蜡和蜡-聚乙烯混合物。

加速的液滴流捕集尘粒的分级效率模型，根据在重力喷雾塔中所采用的同样方法进行推导。假定液滴直径 D 皆相同，液滴和尘粒在文氏管中任一横断面上分布是均匀的，每个液滴捕集尘粒是独立的，彼此互不影响。我们考察液滴导入点下游任一位置长为 dx 的控制容积 $A\mathrm{d}x$ 内尘粒的平衡关系，单位时间靠液滴碰撞捕集的尘粒质量为：

$$-v_G A\mathrm{d}C_i = \eta_{Ti}\frac{\pi D^2}{4}(v_G - v_D)C_i n_D A\mathrm{d}x \tag{8-18}$$

式中 C_i——粒径为 d_{pi} 的尘粒的浓度，g/m^3；

n_D——直径为 D 的液滴的浓度，个/m^3；

η_{Ti}——单个液滴的惯性碰撞效率。

进一步假定，液滴既没有互相合并，也没有达到管壁的壁流损失，则液滴的浓度为：

$$n_D = \frac{6v_G Q_L}{\pi v_D Q_G D^3} \tag{8-19}$$

将 n_D 代入式(8-18) 中得到：

$$-\frac{\mathrm{d}C_i}{C_i} = \frac{3}{2}\frac{\eta_{Ti}}{D}\frac{Q_L}{Q_G}\frac{(v_G - v_D)}{v_D}\mathrm{d}x \tag{8-20}$$

为确定直径为 D 的液滴捕集粒径为 d_{pi} 的尘粒的分级效率，应沿着文氏管轴线对上式积分。这一积分取决于以式(8-10) 为依据的 v_G、v_D 和 x 之间的关系，如前面所讨论的那样。其实际结果将依液滴导入和文氏管几何尺寸等的条件而不同。全面的解还没有求出来，但某些特定条件下的解可能是有用的。

当只考虑在喉管内液滴的惯性碰撞效率，液滴在径向导入，液滴直径采用沙特平均直径 $\overline{D}_{1,2}$，而不考虑其直径分布的最简单情况下，

式(8-10) 中的阻力系数 C_{DA} 采用殷继保 (Ingebo) 的近似表达式:

$$C_{DA}=\frac{55}{Re_D}=\frac{55\mu_G}{D(v_G-v_D)\rho_G} \tag{8-21}$$

得到

$$dv_D=\frac{165\mu_G}{4\rho_L D^2}\frac{(v_G-v_D)}{v_D}dx \tag{8-22}$$

代入 (8-20), 变成:

$$-\frac{dC_i}{C_i}=\frac{2\eta_{Ti}Q_L\rho_L D}{55Q_G\mu_G}dv_D \tag{8-23}$$

对于液滴在喉管开始处径向导入, 并在喉管内加速的情况, 在 $x=0$ 处, $v_D=0$, $v_G=v_T$, $x\leqslant L_T$, 可以对方程 (8-21) 和方程 (8-22) 进行积分。方程 (8-22) 的积分结果为:

$$\ln\frac{1}{(1-u)}-u=\frac{165\mu Gx}{3\rho_L D^2 v_T} \tag{8-24}$$

式中 $u=v_D/v_T$, 与式(8-11) 相同。若假定单个液滴的分级碰撞效率 η_{Ti} 沿喉管全长不变 (这不是一个很好的假定), 则方程 (8-23) 的积分结果为:

$$\eta_i=1-\exp\left(\frac{2\eta_{T_i}Q_L\rho_L Dv_T u}{55Q_G\mu_G}\right) \tag{8-25}$$

在 $x=L_T$ 时, 将喉管长度 L_T 和分级效率 η_i 由方程 (8-24) 和方程 (8-25) 关联起来。

考虑到 η_{Ti} 沿喉管长度方向的变化, 会得到更实际的结果。$\eta_{Ti}=\left(\frac{St_i}{St_i+0.7}\right)^2$ 的计算与在重力喷雾塔中所采用的关系式相同, 即

$$\eta_{Ti}=\left(\frac{St_i}{St_i+0.7}\right)^2 \tag{8-26}$$

其中

$$St_i=\frac{C_i\rho_p d_{pi}^2(v_T-v_D)}{9\mu_G D}=\frac{C_i\rho_p d_{pi}^2 v_T(1-u)}{9\mu_G D}=K_i(1-u)$$

将这些关系式代入方程 (8-23) 后, 得到:

$$-\frac{dC_i}{C_i}=\frac{2Q_L\rho_L Dv_T K_i^2}{55Q_G\mu_G}\times\frac{(1-u)^2}{[K_i(1-u)+0.7]^2}du \tag{8-27}$$

再加上条件 $Z_1=Z_2$ 或 $u=0$ 其他限制条件, 则可求出上式的积分。

卡尔弗特已导出方程 (8-27) 的一种积分变形, 考虑到与用分级效率表示的实际性能一致, 他假定在液滴达到某一相对速度 $v_T-v_{D1}=fv_T=(1-u_1)v_T$ 以后, 尘粒的捕集才开始。这就固定了方程 (8-27)

的积分下限为$u_1=1-f$。还进一步假定在喉管末端完成了液滴的加速，即$u=1$为积分上限。按f的积分结果表示成如下形式：

$$\eta_i=1-\exp\left(\frac{2Q_{L}\rho_{L}Dv_T}{55Q_{G}\mu_{G}}\cdot F(St_{Ti},f)\right) \tag{8-28}$$

其中

$$St_{Ti}=\frac{C_i\rho_p d_{pi}^2 v_T}{9\mu_G D}=\frac{d_{ai}^2 v_T}{9\mu_G D} \tag{8-29}$$

$$F(St_{Ti},f)=\frac{1}{St_{Ti}}\left[-0.7-St_{Ti}f+1.4\ln\left(\frac{St_{Ti}f+0.7}{0.7}\right)+\left(\frac{0.49}{0.7+St_{Ti}f}\right)\right] \tag{8-30}$$

关于经验因子f，它综合了没有明确包含在式(8-28)中的各种参数的影响。这些参数包括：除了惯性碰撞以外的其他机制的捕集作用；由于冷凝或其他影响使尘粒增大；除了预算的D以外的其他液滴直径；液体流到文氏管壁上的损失；液滴分散不好及其他影响等。为使设计稳妥些，对于疏水性粉尘，推荐取$f=0.25$，这大约相当于可用数据的中等值；对于亲水性粉尘，如可溶性化合物、酸类及含有SO_2和SO_3的飞灰等，f值显著增大，一般取$f=0.4\sim0.5$；大型洗涤器的试验表明，$f=0.5$；在液气比低于$0.2L/m^3$以下，f值逐渐增大。从严格的数学观点来看，应按u值来理解f值，所以若$f=0.25$，则$u_1=0.75$，表示尘粒捕集发生在液滴速度从$0.75v_T$加速到v_T的阶段。

在应用式(8-28)～式(8-30)时，液滴直径D按式(8-15)计算，其中Q_L/Q_G作为一个整体，相对速度v_r取Z_2处的值，即$v_r=v_T-v_{D2}$。

卡尔弗特对空气-水系统给出一组曲线图，对于不同的液气比Q_L/Q_G和喉管气速v_T给出分级通过率P_i与空气动力学直径d_a的关系(图8-1和图8-2)。

从上述凝聚效率推算公式可以看到，文氏管的凝聚效率与喉管内气速v_T、粉尘特性d_a、液滴直径D及液气比Q_L/Q_G等因素有关。v_T愈高，液滴被雾化得愈细（D愈小）、愈多，尘粒的惯性力也愈大，则尘粒与液滴的碰撞、拦截的概率愈大，凝聚效率η_i愈高。要达到同样的凝聚效率η_i，对d_a和ρ_p较大的粉尘，v_T可取小些；反之则要取较大的v_T值。因此，在气流量波动较大时，为了保持η_i基本不变，应采用调径文氏管，以便随着气量变化调节喉径，保持喉口内气速v_T基本稳定。

增大液气比可以提高净化效率，但如果喉管内气速过低，液气比增大会导致液滴增大，这对凝聚是不利的。所以液气比增大必须与喉管内

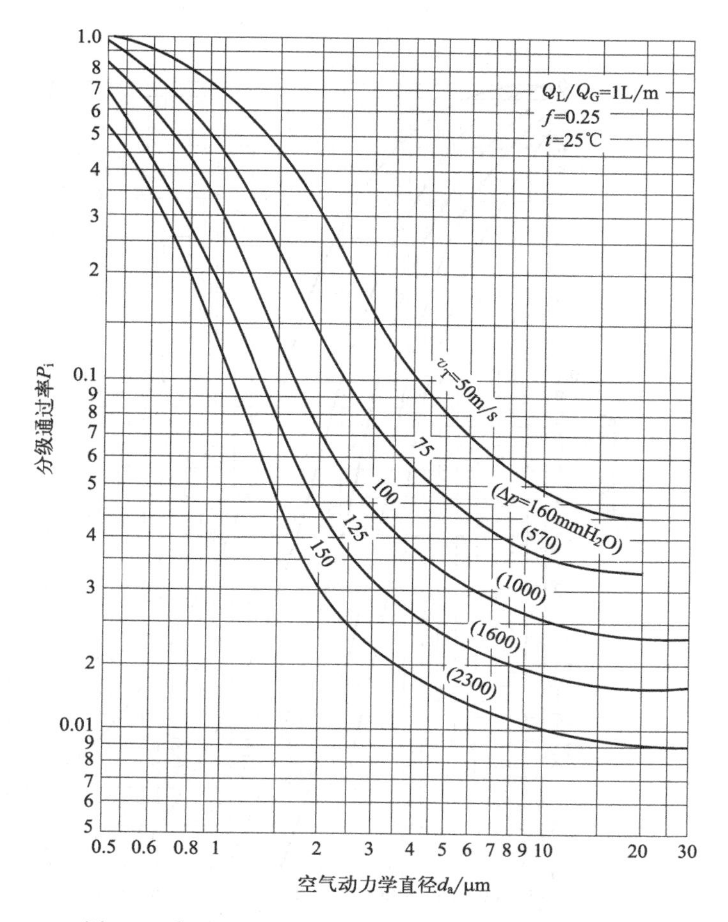

图 8-1　分级通过率 P_i 与空气动力学直径 d_a 的关系

气速相适应才能获得高效率。应用文氏管洗涤器除尘时，液气比取值范围一般是 0.3～1.5L/m^3，以选用 0.7～1.0L/m^3 的为多。

3. 文丘里管的压力损失

文丘里管的压力损失是一个很重要的性能参数。对于已使用的文氏管，很容易测定出它在某一操作状态下的压力损失；但在设计时要想准确推算文氏管的压力损失，往往是困难的。这是因为影响文氏管压力损失的因素很多，如结构尺寸，特别是喉管尺寸、喷雾方式和喷水压力、液气比、气体流动状况等。

气体通过文丘里管的压力损失，产生于气体和液体对洗涤器壁面的摩擦损失及液滴被加速引起的压力损失。在文丘里洗涤中，液滴加速的压力损失往往占主导地位，不太受文氏管几何条件的影响，在大多数情况下是可以按理论模型预估的。气液对壁面的摩擦损失往往占很次要的

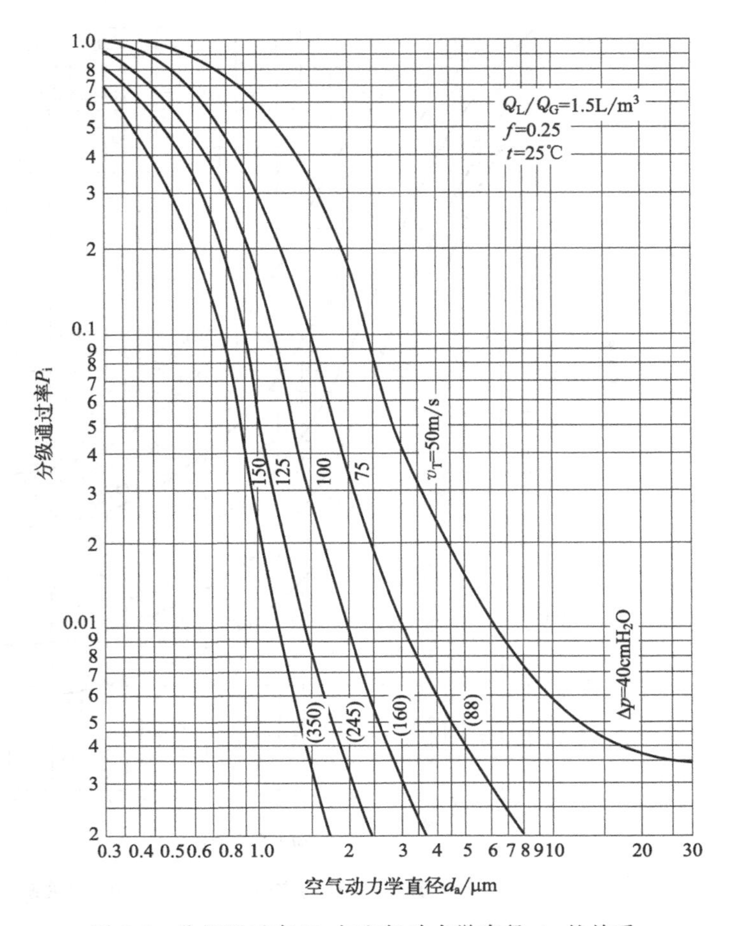

图 8-2 分级通过率 P_i 与空气动力学直径 d_a 的关系

地位，计算中可以忽略，且在一定程度上可以由扩散管中气体压力的回升得到补偿。

文氏管洗涤器的最高除尘效率取决于液滴粒径、喉管气速以及液气比，而压力损失也决定于喉管气速和液气比等。因此对一定粉尘的总除尘效率和压力损失，皆与喉管气速、液气比等有关。

由于文氏管洗涤器对细粉尘具有很高的除尘效率，且对高温气体的降温效果也不错，所以广泛应用于高温烟气的除尘和降温上，如炼铁高炉煤气、氧气顶吹转炉烟气、炼钢电炉烟气以及有色冶炼和化工生产中各种炉窑烟气净化。当文氏管洗涤器用于高温烟气净化时，在进行结构设计、除尘效率和压力损失计算前，还需先进行降温计算，根据热平衡方程式来确定进出口温度和水量等参数。

七、板式塔的结构和特点

板式塔的基本结构可以筛板塔为例来说明。塔板上开有很多直径约几毫米的筛孔。操作时，液体进入塔顶的第一层板，沿板面从一侧流到另一侧，越过出口堰的上沿，落进降液管而进入第二层板，如此逐层下流。塔板出口的溢流堰使板上维持一定的液层高度。气体从塔底段到达最底一层板下方，经由板上的筛孔逐板上升。由于板上液层的存在，气体通过每一层板上的筛孔时，分散成很多气泡，气体负荷一般都大到足以使气泡紧密接触，不断合并和破裂，使液面上形成泡沫层（液相连续）；为两相的接触提供大的相界面积，并造成一定程度的湍动，这都有利于传质速率的提高。

上述操作方式中，气、液两相在每层塔板上成错流流动，但对整个塔来说，则气上液下成逆流流动。

板式塔类型的不同，在于其中塔板的结构不同，现将几种重要类型的板式塔分述如下。

1. 泡罩塔

泡罩塔是19世纪初随工业蒸馏的建立而发展起来的，属于最早流行的结构。塔板上的主要部件是泡罩（见图8-3）。它是一个钟形的罩，支在塔板上，其下沿有长条形或椭圆形小孔，或做成齿缝状，与板面保持一定距离。罩内覆盖着一段很短的升气管，升气管的上口高于罩下沿的小孔或齿缝。塔板下方的气体经升气管进入罩内之后，折向下到达罩与管之间的环形空隙，然后从罩下沿的小孔或齿缝分散成气泡而进入板上的液层。

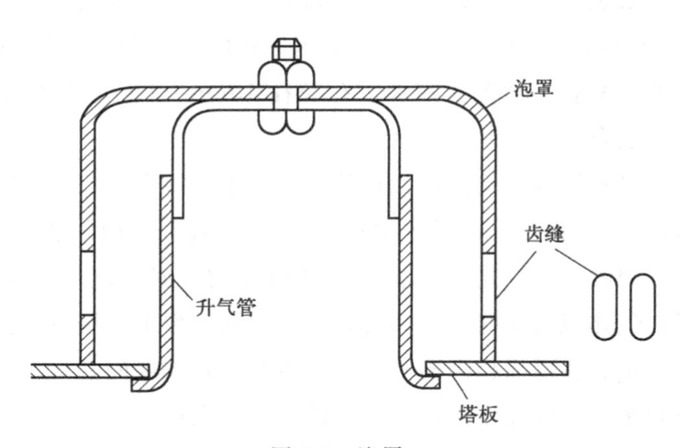

图8-3　泡罩

泡罩的制造材料有碳钢、不锈钢、合金钢、铜、铝等，特殊情况下亦可采用陶瓷以便防腐蚀。泡罩的直径通常为 80～150mm（随塔径增大而增大），在板上按正三角形排列，中心距为罩直径的 1.25～1.5 倍。

泡罩塔板上的升气管出口伸到板面以上，故上升气流即使暂时中断，板上液体亦不会流尽；气体流量减少对其操作的影响亦小。有此特点，泡罩塔可以在气、液负荷变化较大的范围内正常操作，并保持一定的板效率。为了便于在停工以后能放净板上所积存的液体，每层板上都开有少数排液孔，称为泪孔，直径 5～10mm，面积 1～3cm^2，位于板面上靠近溢流堰入口一侧。

泡罩塔操作稳定，操作弹性——能正常操作的最大负荷与最小负荷之比达 4～5，但是，由于它的构造比较复杂，造价高，阻力（表现为气体通过每层板的压降）亦大，而气、液通量和板效率却比其他类型板式塔为低，已逐渐被其他型式的塔所取代。然而，由于它的使用历史长，对它研究得比较充分，设计数据也积累得较为丰富，故在要求可靠性高的场合中仍在使用。

2. 筛板塔

筛板塔的出现仅迟于泡罩塔 20 年左右，因长期被认为操作不易稳定，在 20 世纪 50 年代以前，它的使用远不如泡罩塔普遍，之后积极寻找一种简单而廉价的塔型，对其性能的研究不断深入，已能做出有足够操作弹性的设计，使得筛板塔成为应用最广的类型之一。

筛板与泡罩板的差别在于取消了泡罩与升气管，而直接在板上开有很多小直径的筛孔。操作时气体通过小孔上升，液体则通过降液管流到下一层板。分散成泡的气体使板上液层形成强烈湍动的泡沫层。

筛板多用不锈钢板或合金钢板制成，使用碳钢的比较少。孔的直径约 3～8mm，以 4～5mm 较常用，板的厚度约为孔径的 0.4～0.8 倍。此外，又有一种大孔筛板，孔径在 10mm 以上，用于有悬浮颗粒与脏污的场合。

筛板塔的结构简单，造价低，其生产能力（以气体通量计）较泡罩塔高 10%～15%，板效率约高 10%～15%，而每板压降则低 30%左右。曾经认为，这种塔板在气体流量增大时，液体易大量冲到上一层板；气体流量小时，液体又大量经筛孔漏到下一层板，故板效率不易保持稳定。实际操作经验表明，筛板在一定程度的漏液状况下操作时，其板效率并无明显下降；其操作的负荷范围虽然较泡罩塔为窄，但设计良好的塔，其操作弹性仍可达 2～3。

3. 浮阀塔

浮阀塔是近 60 多年发展起来的，现已和筛板塔一样，成为使用最广泛的塔型之一，其原因是浮阀塔在一定程度上兼有前述两种塔的长处。

浮阀塔板上开有按正三角形排列的阀孔，每个孔上安置一个阀片。图 8-4 所示为广为应用的一种浮阀型式（我国标准 F-1 型）。阀片为圆形（直径 48mm），下有三条带脚钩的垂直腿，插入阀孔（直径 39mm）中。达到一定气速时，阀片被推起，但受脚钩的限制，推到最高也不能脱离阀孔。气速减小则阀片落到板上，依靠阀片底部三处突出物支撑住，仍与板面保持约 2.5mm 的距离。塔板上阀孔开启的数目按气体流量的大小而有所改变。因此，气体从浮阀送出的线速度变化不大，鼓泡性能可以保持均衡一致，使得浮阀塔具有较大的操作弹性，一般为 3～4，最高可达 6，浮阀的标准重量有两种，轻阀约 25g，重阀约 33g。一般情况下采用重阀，轻阀则用于真空操作或液面落差较大的液体进板部位。

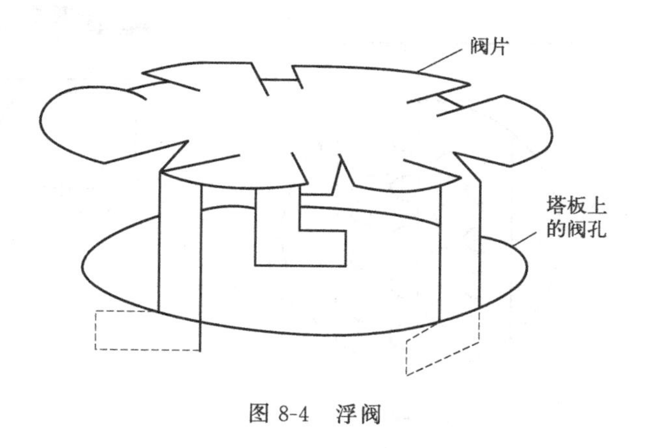

图 8-4　浮阀

浮阀的直径较泡罩小，在塔板上可排列得更紧凑，从而可增大塔板的开孔面积，同时气体以水平方向进入液层，使带出的液沫减少而气液接触时间延长，故可增大气体流速而提高生产能力（较泡罩塔提高约 20%），板效率亦有所增加，压降又比泡罩塔小。结构上它比泡罩塔简单但比筛板塔复杂。上述设计的缺点是因阀片活动，在使用过程中有可能松脱或被卡住，造成该阀孔处的气、液通过状况失常，为避免阀片生锈后与塔板粘连，以致盖住阀孔而不能浮动，浮阀及塔板都用不锈钢制成。此外，胶黏性液体易将阀片粘住；液体中固体颗粒较多较大，会使阀片被架起，故不宜采用。

4. 舌片板塔与浮舌板塔

前面三种型式的塔板，气体是以鼓泡方式通过液层的。此外，穿孔气速大时也可将液体喷射成液滴而形成气液接触面积，舌片板与浮舌板即属于这种喷射操作方式塔板的代表。

舌片板也是近 60 年才发展起来的，但使用不如筛板、浮阀板广泛。这种塔板是在平板上冲压出许多向上翻的舌形小片而制成，如图 8-5 所示。塔板上冲出舌片后，所留下的孔也是舌的形状。舌半圆形部分的半径为 R，其余部分的长度为 A，宽度为 $2R$，舌片对板的倾角 α 为 18°、20°或 25°（以 20°最为常用），舌孔规格（以 mm 计）$A\times R$ 有 25×25 与 50×50 两种。

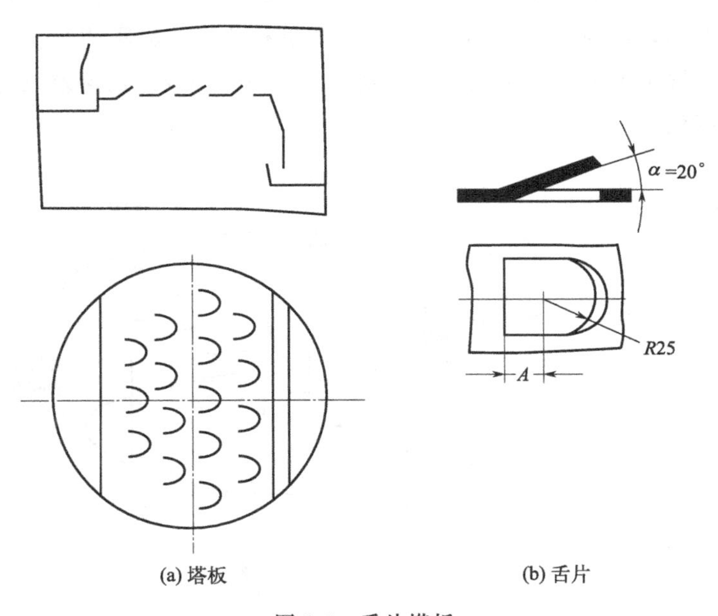

图 8-5 舌片塔板

舌片板上设有降液管，但管的上口没有溢流堰。由降液管流下的液体淹没板上的舌片，从各舌片的根部向尖端流动；同时，自下层板上升的气体则在舌与孔之间几乎成水平地喷射出来，速度可达 20～30m/s，冲向液层，将液体分散成细滴。这种喷射作用强化两相的接触而提高传质效果。由于气体喷出的方向与液流方向大体上一致，前者对后者起推动作用，使液面落差很小。又因为板上的液层薄，使塔板的压降减小，液沫夹带也少一些。

舌片塔板的气、液通量较泡罩塔、筛板塔都大；但因气液接触时间比较短，效率并不很高；又因气速小了便不能维持喷射方式，其操作弹性比较小，只有在较小的负荷范围内才能取得较好的效果。

浮舌板上的主要构件——浮舌的构型如图 8-6 所示。易于看出这种构造是舌片与浮阀的结合：既可令气体以喷射方式进入液层，又可在负荷改变时，令舌阀的开度随之改变而使喷射速度大致维持不变。因此，这种塔板与固定舌片板相比，操作较为稳定，弹性比较大，效率高一些，压降也小一些。但它也有上述浮阀板的缺点。

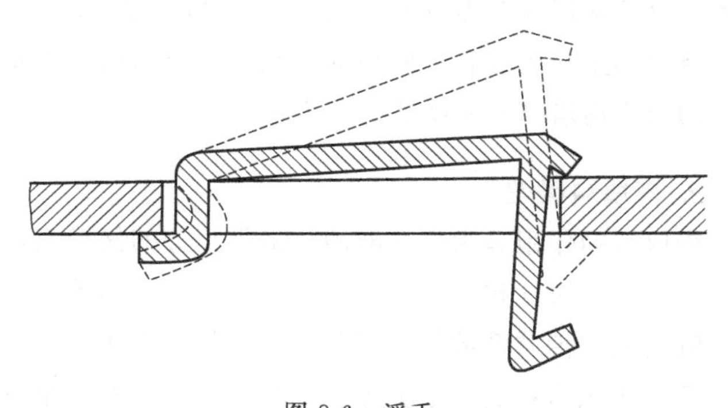

图 8-6　浮舌

5. 穿流板塔

前述各种塔板上，气、液两相为错流流动。另有一类不设降液管，气、液两相成逆流方向的塔板，称穿流塔板或无溢流塔板。板上开小孔的为穿流筛板，板上开条形狭缝的为穿流栅板。在操作时，塔板上的液面是波动的，造成随机的液层阻力不匀；波峰处对板面的静压大，产生漏液；波谷处则静压小而通气；使塔板能正常操作。

穿流塔板节省了溢流管所占的面积，于是按整个塔截面设计的通量可增加，使生产能力提高；同时结构也简单，造价低廉。

各型板式塔的差别主要在于塔板结构。除上述几种以外，还有一些使用得较少的结构型式。而且，新的型式还在不断出现，现有的还可以出现各种变体。例如，泡罩可以做成长条形（条形泡罩），筛板上的孔可以是倾斜的（斜孔筛板），浮舌可以改为贯通板面的浮片，像百叶窗的叶片（浮动喷射板）。不论是全新型或是改进型，一般都是为了克服现有塔板某方面的弱点而开发的，其中有些已在特定的领域内使用，取得了良好的效果。

八、填料塔与塔填料

1. 填料塔的结构与操作

填料塔为一直立式圆筒，内有填料乱堆或整砌在靠近筒底部的支承板上，气体从底部通入，液体在塔顶经分布器淋洒到填料层表面上，分散成薄膜，经填料间的缝隙下流，亦可能成液滴落下。填料层的润湿表面就成为气、液接触的传质表面。液体在填料层中有倾向沿塔壁下流的趋势，故填料层高时需分成数段，两段之间设液体再分布器。填料层内气、液两相呈逆流接触。两相的组成是沿塔高连续改变的，这一点与板式塔的组成沿塔高做阶跃式变化有别。

2. 塔填料类型

塔填料的作用是为气、液两相提供充分的接触面，并为提高其湍动程度（主要是对气相）创造条件，以利于传质及传热。它们应能使气、液接触面大，传质系数高，同时通量大且阻力小，所以要求填料层空隙率（单位体积填料层的空隙体积）高，比表面积（单位体积填料层的表面积）大，表面润湿性能好，并且在结构上还要有利于两相密切接触，促进湍动。制造材料又要对所处理的物料具有耐腐蚀性，并具有一定的机械强度，使填料层底部不致因受压而碎裂、变形。

常用的填料可分为两大类：散装填料与规整填料。

（1）散装填料

散装填料又称颗粒填料，有中空的环形填料、表面敞开的鞍形填料等。常用的制造材料包括陶瓷、金属、塑料、玻璃、石墨等。下面介绍几种主要的填料。

① 拉西环（Raschig ring）。拉西环［见图 8-7(a)］为高与直径相等的圆环，常用的直径为 25～75mm（亦有小至 6mm，大至 150mm 的，但较少采用），陶瓷环壁厚 2.5～9.5mm，金属环壁厚 0.8～1.6mm，填料多乱堆在塔内，直径大的亦可整砌，以降低阻力及减小液体流向塔壁的趋势。拉西环构造简单，但与其他填料相比，气体通过能力低，阻力也大；液体到达环内部比较困难，因而润湿不易充分，使传质效果差，故近年来使用渐少。但此种填料在 20 世纪初就已出现，研究较充分，性能数据累积较丰富，故常用来作为其他填料性能的比较标准。

于拉西环内部空间的直径位置上加一隔板，即成为列辛（Lessing）

环；环内加螺旋形隔板则成为螺旋环，隔板有提高填料抗压能力与增大表面的作用。

② 弧鞍。弧鞍又称贝尔鞍（Berl saddle），是出现较早的鞍形填料，形如马鞍［见图 8-7(b)］，大小为 25～50mm 的较为常用。弧鞍的表面不分内外，全部敞开，液体在两侧表面分布同样均匀。它的另一特点是堆放在塔内时，对塔壁侧压力较环形填料小。但由于两侧表面构型相同，堆放时填料容易叠合，因而减少了暴露的表面，最近已逐渐被构型改善的矩鞍填料所代替。

③ 矩鞍（intalox saddle）。矩鞍［见图 8-7(c)］两侧表面不能叠合，且较耐压力，构型简单，加工较弧鞍方便，多用陶瓷制造。在以陶瓷为材料的填料中，此种填料的水力性能与传质性能都较优越。

以上各种散装填料的壁上不开孔或槽，多用陶瓷制成。此外，又有于壁上开孔或槽的，多用金属或塑料制成。后者的性能较前者提高很多，因此被称为“高效”填料。

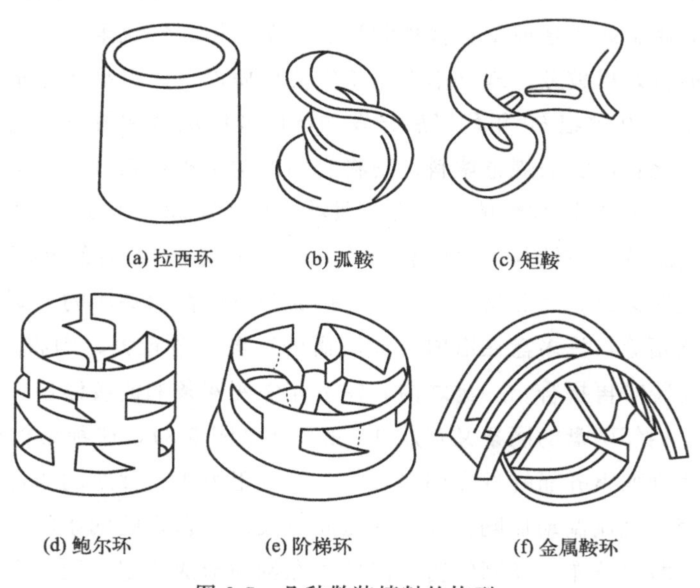

图 8-7　几种散装填料的构型

④ 鲍尔环（Pall ring）。鲍尔环［见图 8-7(d)］的构造，相当于在金属质拉西环的壁面上开一排或两排正方形或长方形孔，开孔时只断开四条边中的三条边，另一边保留，使原来的金属材料片呈舌状弯入环内，这些舌片在环中心几乎对接起来。填料的空隙率与比表面积并未因此增加，但堆成层后气、液流动通畅，有利于气、液进入环内。因此，

鲍尔环较之拉西环，其气体通过能力与体积传质系数都有显著提高，阻力也减小了。鲍尔环还可用塑料制造。

⑤ 阶梯环（cascade miniring）。阶梯环［见图 8-7(e)］是一端有喇叭口的开孔环形填料，环高与直径之比为 0.3～0.5，环内有筋，起加固与增大接触面的作用。喇叭口能防止填料并列靠紧，使空隙率增大，并使表面更易暴露。制造材料多为金属或塑料。据报道，其水力与传质性能较鲍尔环又有提高。

⑥ 金属鞍环（metal intalox saddle）。用金属制作的矩鞍，并在鞍的背部冲出两条狭带，弯成环形筋，筋上又冲出四个小爪弯入环内［见图 8-7(f)］。它在构型上是鞍与环的结合，又兼有鞍形填料液体分布均匀和开孔环形填料气体通量大、阻力小的优点，故又称鞍环为环矩鞍。类似的复合结构的填料最近又有不少发展。

（2）规整填料

规整填料不同于散装填料之处，在于它具有成块的规整结构，可在塔内逐层叠放。最早出现的规整填料是由木板条排列成的栅板，后来也有用金属板条或塑料板条制作的。栅板填料气流阻力小，但传质面积小而且效果较差，现已不大用于气液传质设备，只是在凉水塔等中仍有使用。20 世纪 60 年代以后开发的丝网波纹填料和板波纹填料，是目前使用比较广泛的规整填料。现将它们的构型和特点分述如下。

① 丝网波纹填料。将金属丝网切成宽 50～100mm 的矩形条，并压出波纹，波纹与长边的斜角为 30°、45°或 60°，网条上打出小孔以利于气体穿过。然后将若干网条并排成较塔内截面略小的一圆盘，盘高与条宽相等，许多盘在塔内叠成所需的高度。塔径大，则将一盘分成几份，安装时再拼合。一盘之内，左右相邻两网条的波纹倾斜方向相反，而上下相邻两盘的网条又互成 90°交叉（见图 8-8），这种结构的优点是：各片排列整齐而峰谷之间空隙大，气流阻力小；波纹间通道的方向频繁改变，气流湍动加剧；片与片之间以及盘与盘之间网条的交错，促使液体不断再分布；丝网细密，液体可在网面形成稳定薄膜，即使液体喷淋密度较小，也易于达到完全润湿。上述特点使这种填料层的通量大，在大直径塔内使用也可避免液体分布不均及填料表面润湿不良的缺点。丝网波纹填料的缺点是：造价昂贵；装砌要求高，塔身安装的垂直度要求严格，盘与塔壁间的缝隙要堵实；填料内部通道狭窄，易被堵塞且不易清洗。然而，由于它的传质效率很高且阻力很小，在精密精馏和真空精馏中使用很合适。现已用于直径达数米的塔，使用领域也不再局限于蒸馏。

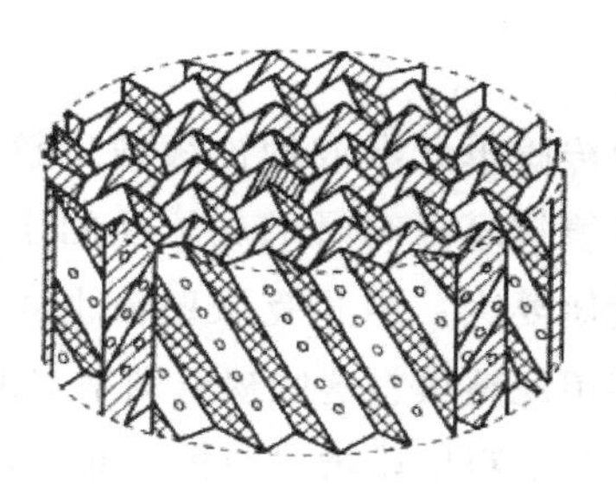

(a) 丝网波纹填料

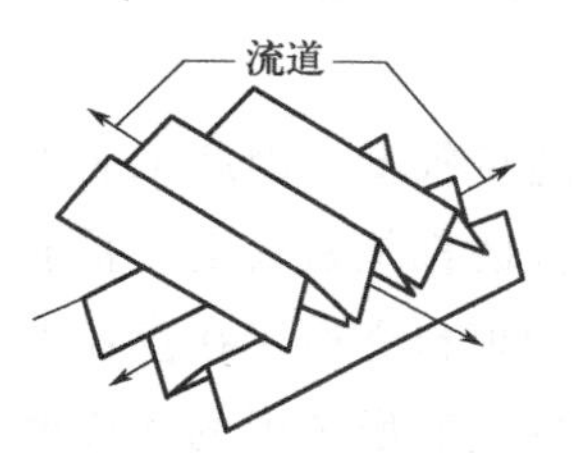

(b) 波纹板(网)叠成的流道形式

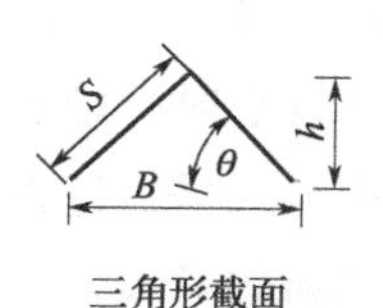

(c) 波纹形流道截面

图 8-8　波纹填料

② 板波纹填料。为了克服丝网波纹填料价格昂贵及安装要求高的缺点，将丝网条改为薄板条，填料的构型相同，制造材料除金属外，还可采用塑料。板波纹填料的传质性能稍低于丝网波纹填料，但仍属高效填料之列。

填料特性是表示填料几何性能及特征的物理量，分述如下。

① 比表面积。单位体积填料的表面积，符号为 a，单位为 m^2/m^3（或 m^{-1}）。比表面积大则能提供的相接触面积大。同一种填料，其规格愈小则比表面积愈大。

② 空隙率。单位体积填料的空隙体积，符号为 ε，单位为 m^3/m^3（无量纲）。空隙率大则气体通过时的阻力小，因而流量可以增大。

③ 填料因子。散装填料层内，流体通道由填料本身的空处与彼此间空隙连贯而成。填料因子反映这种通道的特性，符号为 ϕ。它主要取决于填料本身的几何特性，但床层的直径、高度、装填方法等也稍有影响。填料因子 ϕ 是从表示填料几何特性的 a/ε^3 改进而来的，两者的单位都是 m^{-1}，数值相差不是很大。ϕ 是计算填料层压降和液泛条件的重要参数，按不同填料由实测数据回归而得。

3. 塔型传质设备的比较与选用

板式塔与填料塔是两种主要的气液传质设备，它们对某些场合都能适用，但也各有其相对的优缺点和适宜的使用范围，大体上可总结如下。

(1) 塔高

当所需的传质单元数或理论板数比较多而塔很高时，板式塔占优势，因为普通填料层很高时塔底承受的压力和塔壁承受的侧压力都很大，塔身强度便要大；为了克服壁流也要做成多段式并进行液体再分布。然而，使用规整填料这些缺点则基本上可忽略，以至于近年某些板式塔改装成规整填料塔以增大通量。此外，也应注意，为使填料塔内液体分布均匀，塔体垂直度的安装要求比板式塔高。

(2) 塔径

塔径较小时，填料塔的造价较低，因此工业上直径在 0.5m 以下的都不采用板式塔。以前直径大的都是板式塔，目前，由于规整填料及高效散装填料的发展，许多新型填料亦适于在直径大的塔内使用，因此塔径也和塔高一样，不再成为选用时所考虑的重要因素。

(3) 液气比

液气比小的场合（多数精馏及少数吸收）以用板式塔为多，因为板上可以存液，而填料塔则会润湿不良；液气比大的场合（吸收的大多数）则以用填料塔为多。

(4) 压降

按每层理论板的压降计，填料塔比板式塔小。例如，板式塔约为 400～1000Pa，散装开孔填料约为 300Pa，规整填料只有 15～100Pa，因此，要求压降非常低的真空蒸馏，以用填料塔为宜。

(5) 物性的适应

板式塔的持液量（约为塔体积的 8%～12%）大于填料塔（约 1%～6%）。因此，蒸馏热敏性物料时，为了避免其在塔内存留时间过长，采用填料塔有优势。另外，填料塔也较易做得耐腐蚀。

适于采用板式塔的情况有：

① 需要侧线出料时，板上的存液易于放出；

② 液体流率小时，板式塔操作正常，填料塔则要将出塔液体部分循环回塔，以得到必要的喷淋密度；

③ 操作中要进行冷却时，塔板上便于安装冷却元件，亦便于将液体引出塔外冷却后再送回塔内；

④ 液体中含有固体颗粒时，颗粒在板面上易被冲走，在填料层中则会将空隙堵塞。

传质设备中，其他塔型在某些场合中也有使用。其中比较常见的有以下几种。

① 喷洒塔。基本上是空塔，用喷洒器将液体分散成液滴与进入的

气体接触。其压降很低，全塔约只相当于一层理论板，可用于快速化学吸收或气体的急冷等。

② 鼓泡塔。在直立圆筒底部设一个或多个鼓泡器将气体引入其内的液层中，使其分散成泡。它的特点是持液量大，液体的停留时间长，但压降大。这种塔有时用作慢速化学吸收设备，其内部可安装搅拌器。

③ 国内新开发的一些塔型，如旋流板塔、筛板-填料复合塔等，在某些场合的推广使用中收到明显效果，其理论研究也取得不少进展。

④ 洗气机技术在代替传统塔器进行传质的研究方面也有突破，具体内容在第十一章详细介绍。

第九章　气液分离技术

Phase Separation Technology and Application

所谓气液分离就是将气相从气液混合物中分离出来，得到单一相态的物质的过程。在工业生产和生活中，气液分离的作用主要是保障下游工艺的稳定运行，或得到有价值的气相和液相物质，提高产品品质。例如在尾气排放中能使尾气排放符合国家排放标准。

气液分离技术是从气流中分离出雾滴或液滴的技术。该技术广泛应用于石油、化工（如合成氨、硝酸、甲醇生产中原料气的净化分离及加氢装置重复使用的循环氢气脱硫），天然气的开采、储运及深加工，柴油加氢尾气回收，湿法脱硫，烟气余热利用，湿法除尘及发酵工程等工艺过程，用于分离清除有害物质或高效回收有用物质。气液分离技术的机理有重力沉降、惯性碰撞、离心分离、静电吸引、扩散等，依据这些机理已经研制出许多实用的气液分离器，如重力沉降器、惯性分离器、纤维过滤分离器、旋流分离器等。本章主要介绍气液分离相关技术设备。

一、重力沉降分离

气液重力沉降分离是利用气液两相的密度差实现两相的重力分离，即液滴所受重力大于其气体的浮力时，液滴将从气相中沉降出来，而被分离。重力沉降分离器一般有立式和卧式两类，它结构简单、制造方便、操作弹性大，需要较长的停留时间，分离器体积大、笨重，投资高，分离效果差，只能分离较大液滴，其分离液滴的极限值通常为 100μm，主要用于地面天然气开采集输。经过几十年的发展，该项技术已基本成熟。此类分离器的设计关键在于确定液滴的沉降速度，然后确定分离器的直径。

二、惯性分离

气液惯性分离是运用气流急速转向或冲向挡板后再急速转向，使液滴运动轨迹与气流不同而实现分离。此类分离器主要指波纹（折）板式除雾（沫）器，它结构简单、处理量大，气体速度一般在 15～25m/s，但阻力偏大，且在气体出口处有较大吸力造成二次夹带，对粒径小于 25μm 的液滴分离效果较差，不适于一些要求较高的场合。其除液元件是一组金属波纹板，其性能指标主要有液滴去除率、压降和最大允许气流量（不发生再夹带时），还要考虑是否易发生污垢堵塞。液滴去除的物理机理是惯性碰撞，液滴去除率主要受液滴自身惯性的影响。通常用于：①湿法烟气脱硫系统，设在烟气出口处，保证脱硫塔出口处的气流不夹带液滴；②塔设备中，去除离开精馏、吸收、解吸等塔设备的气相中的液滴，保证控制排放、溶剂回收、精制产品和保护设备。现在波纹板除雾器的分离理论和数学模型已经基本成熟，对其研究集中在结构优化及操作参数方面来提高脱液效率。国内学者杨柳等对除雾器叶片形式做了比较，发现弧形叶片与折板形叶片的除雾效率相近，弧形除雾器的压降明显小于折板形，故弧形叶片除雾器的综合性能比折板式除雾器要好。

三、介质过滤分离

通过过滤介质将气体中的液滴分离出来的分离方法即为介质过滤分离。相对于由于过滤介质普通折流分离来说，具有大得多的阻挡收集壁面积而且多次反复折流液体很容易着壁，所以其分离效率比普通的折流分离高而且结构简单，只需制作一个过滤介质架，体积比普通的折流分离器要小；但是它的分离负荷范围更窄，超过气液混合物规定流速或者液气比后分离效率会急剧下降，过滤介质分离器的阻力比普通的折流分离器大而且还具有工作不稳定、容易带液、填料易碎易堵等缺点。过滤型气液分离器具有高效、可有效分离 0.1～10μm 范围小粒子等优点，但当气速增大时，气体中液滴夹带量增加，甚至使过滤介质起不到分离作用，无法进行正常生产；另外，金属丝网存在清洗困难的问题，故其运行成本较高，现主要用于合成氨原料气净化除油、天然气净化、回收凝析油以及柴油加氢尾气处理等场合。

四、离心分离

气液离心分离主要是指气液旋流分离，是利用离心力来分离气流中的液滴，因离心力能达到重力数十倍甚至更多，故它比重力分离具有更高的效率。其主要结构类型有：①管柱式旋流气液分离器（GLCC)。GLCC 在 1995 年首次用于多相流量计环，经过 GLCC 分离后的气液两相分别用单相流量计计量，然后再合并，避免了多相流测量中的问题。GLCC 在地面和海上油气分离、井下分离、便携式试井设备、油气泵、多相流量计、天然气输送以及火炬气洗涤等方面具有巨大的潜在应用。②螺旋片导流式气液旋流分离器（CS)。螺旋片导流式气液旋流分离器，直接在井口将气液进行分离，增加了采油回收率，分离后的气体和液体用不同的管道输送各相，降低了多相流输送时易出现的断续流、堵塞和沉积等典型问题。它主要用于石油天然气开采中的油气气液分离，压缩空气的净化处理，航空宇宙中的氨气分离。尤其在海上、偏远地区油井及远距离油气输送方面具有较广泛的应用前景。③旋流板式气液分离器。其主体为一圆柱形筒体，上部和下部均有一段锥体，在筒体中部放置的锥形旋流板是除液的关键部件。旋流板由许多按一定仰角倾斜的叶片放置一圈，当气流穿过叶片间隙时就成为旋转气流，气流中夹带的液滴在惯性的作用下以一定的仰角射出而被甩向外侧，汇集流到溢流槽内，从而达到气液分离的目的。该设备一般可分离气体中5～75μm直径的液滴。其优点是压力降小，不易堵塞；其缺点是调节比小，气体流量减小时分离效率显著下降。④轴流式气液旋流分离器。轴流式气液旋流分离器与切向入口式旋流器相比其离心力是靠导向叶片产生的，使旋转流保持稳定，并有助于维持层流特性，且阻力损失较小。此分离器结构简单、过流面积大，中间流道的连接和管柱整体结构形式简单，能够与常规坐封工艺和起下作业工艺吻合，显著降低了加工制造难度和加工成本及现场操作技术难度，适宜于井下狭长空间环境的安装操作，是用于井下气液分离的理想设备。

在石油化工行业中需要进行气液分离的场合众多，气液分离的方法、设备也相当多，不同的方法、设备具有不同的优缺点，但各种方法都具有相当的局限性，应用范围比较狭窄，不具有通用性，并且大多数分离设备的分离机理并不十分清楚。因此，开发高效低阻具有普遍实用性的气液分离技术和多种分离技术的组合应用，以及研究分离机理将是今后气液分离技术的研究重点。

五、孔板式分离

气液混合体的运动速率是气液分离过程中的重要参数之一。有些是低速运动的分离，如沉降、过滤、塔型设备的分离过程等，有些则是高速分离，如离心分离、动力性分离等。

前文提到的塔型设备众多应用于气固分离过程当中，而有一种塔型结构是气固分离设备当中没有的，这就是孔板塔，也称孔板式分离。孔板式分离属于低速分离过程，按技术分离属于惯性分离。

孔板式分离装置的结构由40%左右的穿孔板、厚度0.5～1mm左右的金属板组成，折叠成“之”子形状，如图9-1所示。

当气液混合体进入由孔板组成的装置时，由于气相物质所受惯性力

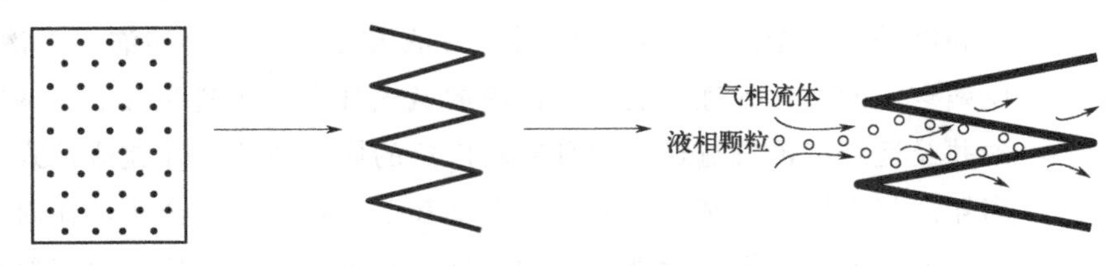

图 9-1 孔板式气液分离

较小，导致气相物质穿过微孔时，其运动方向发生偏转，而液相物质由于惯性力较大，以原有的速度做直线运动，当液相颗粒撞击到孔板非孔位置时，由于液滴的表面张力使之黏附在板上，汇集后的液相在重力的作用下流动至设计的位置或区域，完成气液分离过程。

六、刘氏环技术

在气液传质过程中，利用高速气流使液相雾化，达到高效传质的目的，在此类传质装置中，文丘里形式有很强的代表性，它虽然能高效传质，但高能耗也同样是很大的不足之处。

刘氏环技术可以使这一问题得到解决，尤其是在很大风量的情况下更是明显。在气液传质过程中，液相雾化的程度如何直接影响传质效率，除了对液相施之高压，使其雾化外，利用高速气流，直接对液相进行切割撕裂，使之雾化，是常用的传质手段，也可称之为气动雾化。

水（H_2O）是常用也是最多的液相介质，在气流的作用下，27m/s时就开始雾化，达到 45m/s 时就达到完全雾化。根据这一特征，在气液传质过程中，将气相流速提高到 45m/s 就可以了。在实际应用中，除了气流速度之外，还有一个影响传质效率的因素，就是液相进入气相的方式和形态及传质过程的空间形状，在进入方式中以文丘里为例，有中心进入、周边进入和散状进入，而空间形状就较为单一了。也正是如此，对于较大气相影响而言，也只能靠高压、高速、高能耗来保障和提高传质效率了。

刘氏环的设计主要是改变了传质过程中的空间形状，它将原来为筒形的传质空间或通道，改变为环形或多个同心环。这样气液接触时，它的表面积可数倍于单筒形的表面积，气相对液相的作用力或雾化能力大大提升数倍于筒形传质装置，与此同时也极大地缩小了下游的反应空间。除此之外，由于在雾化喉口的下游端是开放状态，有助于雾化的形成，避免了由于封闭的形态而形成的附壁效应对雾化和传质过程的影响。

由于刘氏环的作用，其占用或需用的空间变小，为了提高传质效率，还可沿气流方向多级布置。

烟气混合体进入多环通道，由于通道截面的变化，使气流产生加速度。由于洗涤液与烟气的物相不同，所以它们的加速度也存在着很大的不同，由此产生接触、碰撞、融合、传质等一系列的物理或化学作用。

经过刘氏环组到导流锥前的阶段称为反应段，此后烟气和洗涤液混合继续下行，在旋流片的作用下，烟气产生旋转，同时受到离心力作用，洗涤液与烟气分离，沿着管壁下行，在排液口汇集排出。烟气旋转后向中心移动，继续流动或排出。

刘氏环在化工、建筑、冶金、制药等领域含传质过程的工艺中得到应用。此外，在大气污染防治方面用于烟气净化效果也很好。

第十章 同相态分离过程及技术

Phase Separation Technology and Application

前面章节从固液、气固、气液分离的角度全面介绍了相关分离过程与技术设备，本章介绍一种特殊情况的相分离，也就是同相态分离。所谓同相态的分离，是对一个相态的多组分单质组成的混合物进行分离的过程。探讨同相态分离过程和方法，由于各项组分物理性能相差较小，因此首先要对各组分的化学性能和物理性能做全面的分析，再根据其特征进行有针对的分离和提纯。同相态分离过程主要有气气分离、液液分离和固固分离三类。

一、气气分离技术

气气分离是将两种或两种以上气相物质的混合体进行分离的过程。气气分离是环保和化工相关行业中常见的一种分离过程，关于其分离的机理，主要与气体的扩散、吸收、化学吸附等方面有关，相关知识这里不加赘述。

二、气气分离方法

根据分离机理，总结气气分离的常见方法主要有以下三种。

① 低温分馏：利用不同气体在液化状态下沸点的不同，先通过制冷使之液化，然后分馏，低沸点的物质先汽化，剩余为高沸点液体。该种方法可同时获得两种气体，且分离效果彻底，分离出的气体可达到极高纯度。

② 常温选择性吸附：选择对混合气体中的一种气体有吸附作用的分子筛，混合气通过时该种气体被吸附，剩下的一种气体通过后进行收集即可（也可选择有相似性能的膜替代分子筛，原理类似）。该种方法一般可获得其中一种气体。

③ 化学吸收法：选择对混合气体中的一种气体有吸收反应的化学液体，混合气通过时该种气体被吸收，剩下的一种气体通过后进行收集即可。该种方法只可获得其中一种气体。

三、气相分离设备的选择

在气相分离设备的选择过程中，首先要根据所要进行的分离介质的物理特性和化学特性进行选择。在物理特性中，要分析介质分离前后的物理状态是否有变化。在化学特征中，要知道介质溶解在溶剂中其酸碱度、溶解度、挥发性，分离物是否可水排，以及燃点、闪点等。

常见的气相分离设备有气体吸收分离设备和气体吸附分离设备两大类。所谓气体吸收就是采用吸收液对气相中不同组分进行选择性吸收以达到分离的目的。其本质是一个传质过程。传统的方法就是用塔型设备进行分离操作，详见第八章。新型的技术如洗气机技术和超重力分离技术等，这些技术在应用中同时包括物理吸收和化学吸收，相关设备和技术详见第十一章和第十二章。

在气体吸附分离设备的选择中，较多的是采用活性炭作为吸附剂，通常是采用箱体结构，另外利用分子筛进行气体分离在近些年的研究中也多有文献报道。下面主要介绍吸附法和吸收法进行气气分离的技术。

四、吸附法净化流程

按照吸附操作过程中吸附剂的运动状态，可将吸附器分为固定床吸附器、沸腾床吸附器和流动床吸附器。含有少量污染物的气流通过吸附剂层时，其中的污染物被吸附剂吸附而留在床层内，净化后的气体高空排放。

用吸附法净化气态污染物时可采用间歇式流程、半连续式流程或连续式流程。

1. 间歇式吸附流程

间歇式吸附流程用于废气间断排出的场合。其特点是吸附剂达到饱和后即从吸附装置中移走，不必重复使用，因而不设吸附再生装置，流程简单，设置方便。

沸腾床吸附器亦可用于间歇式吸附流程。我国某化肥厂用含氨褐煤作吸附剂净化含氮氧化物废气，即采用沸腾床吸附器吸附氮氧化物。达到饱和的含氨褐煤从吸附器卸出，作为腐殖酸铵肥料使用。

2. 半连续式吸附流程

在用吸附法净化气体时，最常用的为半连续式吸附流程。即用两个以上的固定床吸附器，气体连续地通过吸附剂层，当一个吸附器中的吸附剂达到饱和时，气体就切换到另一台吸附器进行吸附处理，而达到饱和的吸附剂床则进行再生。在这类吸附剂流程中，气流为连续的，而每个吸附器为间断地运行，因而称为半连续式吸附流程。

3. 连续式吸附流程

在连续式吸附流程中，气流和吸附器都处于连续运转状态。在气体净化中所用的连续式吸附流程中，可用回转吸附床，亦可用流动吸附床。回转式吸附床是一可旋转的圆筒状设备，吸附剂均匀分布在圆环状筒体的多个格子内。运转时废气只进入一部分格子，气态污染物被其中的吸附剂所吸附，气体通过吸附剂层后排空；而另一部分格子则通入水蒸气，使其中吸附了污染物的吸附剂进行脱附、再生，然后再转到进行吸附的部位。在这样的连续转动中进行着吸附、脱附、再吸附的循环过程。

另一类为用流动床吸附器进行连续吸附的流程。粉粒状吸附剂加入含污染物的气流中，将其中的污染物吸附，然后再用旋风分离器和袋式除尘器将吸附剂粉粒从气流中分离出来，净化后的气体排空。

五、固定床吸附器

在固定床吸附器中，吸附剂被固定在吸附床内，气体通过吸附剂层时，吸附剂保持静止不动，只在必要时才进行吸附剂的补充或更换。

固定床吸附器按吸附剂层的布置形式可分为立式、卧式、圆柱形、方形、圆环形、圆锥形、屋脊形等。按吸附剂层的厚薄可分为厚床吸附器和薄床吸附器。

一般情况下多采用立式厚床吸附器，因为它空间利用率高，不易产生沟流和短路，装填和更换吸附剂较为简单。但其压降较大，气流通过面积较小。当需要较大的气流通过面积和只允许很小的压降时，则采用圆环形、圆锥形吸附器或其他薄床吸附器。卧式吸附器一般较少采用，主要是因为在装填吸附剂和工作过程中容易产生吸附剂分布不均，引起沟流和短路，影响净化效果。

六、移动床吸附器

移动床吸附器中吸附剂在床层中不断地由上向下移动，需净化的气体从吸附器下部（或侧部）引入，气体由下向上（或横向）通过吸附剂层，形成逆流（或错流）操作，净化后混合、相互接触以吸附气流中的吸附质，然后将吸附了吸附质的吸附剂与净化了的气体分开。

用于气体净化的流动床吸附器为连续操作，吸附器由吸附管或吸附塔、吸附剂加料器、气固分离器和通风机等部分组成。这种吸附器多用在吸附剂不需要脱附再生的场合。当吸附剂需要再生时，可采用流动床吸附器。该吸附器由吸附塔、旋风分离器、吸附剂提升管、通风机、冷凝冷却器、吸附质贮槽等部分组成。吸附塔按各段所起作用的不同分为吸附段、预热段和再生段。

需净化的气体由吸附塔的中部送入，与筛板上的吸附剂颗粒接触进行传质。气流穿过筛孔的速度应略大于吸附剂颗粒的悬浮速度，使吸附剂颗粒在筛板上处于悬浮状态。这样既使传质更加充分，又使吸附剂能逐渐自溢流管流下。相邻两塔板上的溢流管相互错开，以使吸附剂在各层板上均布。净气由塔顶进入旋风分离器，将气流带出的少量吸附剂颗粒分离下来，再回到吸附塔内。运转一定时间后，可将旋风分离器收回的吸附剂粉末移走，而补入新吸附剂。

吸附剂由塔顶加入，沿塔向下流动，在各层塔板上形成吸附剂层，吸附剂层的工作高度由溢流堰高度决定。吸附了吸附质的吸附剂从最下一层塔板降落到预热段，经间接加热后进入脱附再生段，脱附后的吸附质进入冷凝冷却器进行冷却，其中的部分吸附质被冷凝成液体，进入贮槽。未冷凝气体中还含有部分吸附质，又回到吸附段。脱附再生后的吸附剂自塔下部进入吸附剂提升管，再送入吸附塔上部重新使用。这种吸附器是气固逆流操作，特点是处理气量可以很大，吸附剂可循环使用。缺点是动力和热量消耗较大，吸附剂的机械强度要高，否则磨损大。

七、沸腾床吸附器

沸腾床吸附器是将吸附剂放置在筛孔板上，当含污染物的气流以足够大的流速通过吸附剂床层时，使吸附剂颗粒吹起而后下落，类似于沸腾状态的液体，因而称为沸腾床。

沸腾床吸附器中气流速度很大，强化了处理气体的能力，气、固接触充分，传热、传质效果好，适用于气量连续稳定的废气净化。

沸腾床吸附器有间歇操作的，亦有连续操作的。连续操作的沸腾床吸附器中吸附剂不需再生，吸附质也不需要脱附回收。当吸附质需要回收时，可在吸附段下面设置再生段，将吸附质脱附并使吸附剂再生，则变为流动床吸附器。

八、吸附装置的设计与选择

1. 吸附剂的选择

作为工业吸附剂应具备下列条件。

① 要具有巨大的内表面积，而其外表面仅占总表面积的极小部分，

吸附剂可看作是一种极其疏松的固态泡沫体。

② 要具有良好的选择性，以便达到净化某种或某几种污染物的目的。

③ 要具有较高的机械强度、化学稳定性和热稳定性。

④ 吸附容量大。吸附容量是指在一定温度、压力和一定吸附质浓度下，单位质量或单位体积吸附剂所能吸附的吸附质质量。吸附容量除与吸附剂表面积有关外，还与吸附剂的孔隙大小、孔径分布、分子极性等有关。

⑤ 来源广泛，价格低廉。

⑥ 具有良好的再生性能。

原则上应根据以上六点要求全面衡量和选择吸附剂。一般可按下述方法选择。

① 吸附剂初步选择。可根据吸附质的性质、吸附质分子大小、吸附质的浓度、净化要求、吸附剂来源等，初步选出一种或几种吸附剂。

吸附质为分子量较大的有机物或非极性分子，应选用主要靠色散力进行物理吸附的活性炭。对极性分子，可优先考虑使用分子筛、硅胶和活性氧化铝等。

吸附质分子较大的，应选用活性炭和硅胶等孔径较大的吸附剂；对分子很小的，可考虑利用孔径小而单一的分子筛。

当污染物浓度较大而净化要求不高时，可采用吸附能力不太高而价格便宜的吸附剂。当吸附质在气流中浓度很低而净化要求又很严格时，应选用吸附能力很强，一般也较贵的吸附剂。当污染物浓度高而净化要求又很严格时，可考虑用不同吸附剂进行两级吸附处理。

还应对吸附剂的来源做调查。选择其中货源稳定而性能好的吸附剂。即使是同一种吸附剂，也会因其原料和制造方法不同使性能差异较大。可根据不同型号吸附剂的各种性质进行比较选择。

② 活性实验。对初步选出的吸附剂应进行活性试验，以确切掌握它对要处理的污染物的活性。活性实验一般在小试阶段进行。

③ 寿命实验。对活性较好的吸附剂应通过中试进行寿命试验，以掌握操作条件下它的使用寿命和脱附性能。

④ 经济估算。比较初步选出的几种吸附剂的活性、使用寿命、脱附状况、价格、运费等，进行经济估算，选定费用少、效果好的吸附剂。

有些情况下，可从类似的吸附装置中取得吸附剂的活性和寿命数据，则可省去活性和寿命实验。

2. 吸附流程与吸附器的选择

在布置吸附流程和选择吸附器时应注意以下几点。

① 当气体污染物连续排出时，应采用连续式的吸附流程；对间断排出的则可采用间歇式吸附流程。

② 排气连续且气量大时，可考虑采用流化床或沸腾床吸附器。排气连续但气量较小时，则可考虑使用旋转床吸附器。固定床吸附器可用于各种场合。

③ 多级吸附的流化床和厚床层的固定床有较大的气流压降，但吸附剂的利用率较高。旋转床、沸腾床与薄床层的固定床气流压降较小，但吸附剂的利用率较低。可根据允许的压降和适宜的吸附剂利用率等酌情选用。

④ 吸附剂的利用率和净化要求有关，当对净化效率要求不高时，则允许穿透浓度较高，达到穿透时吸附剂的饱和度较大，吸附剂的利用率就较高；反之，要求净化效率高时，吸附剂利用率就低。

当净化要求很高时，需要控制穿透浓度很低，对固定床和回转床，则必须使床层厚度大于传质段长度；而对于沸腾床和流动床，则必须使单位时间吸附剂加入量大于计算的吸附剂最小加入量。对于同样的穿透浓度，随着吸附剂层厚度的加大和吸附剂加入量的增加，吸附剂的平均利用率增大。

当净化要求不高时，允许采用较高的穿透浓度。对固定床和回转床，可采用薄床层；对流动床和沸腾床，可减少吸附剂加入量。当净化要求很高，又要求有较高的吸附剂利用率时，可采用厚床吸附器或多级接触的流动床吸附器。

⑤ 欲处理的气流中有粉尘时，应采用除尘器先行除去，以免粉尘进入吸附剂空隙及微孔中，影响吸附及增大压降。

⑥ 要处理的气体中有水雾时，应先行除去。对气体中水蒸气含量的要求随吸附系统的不同而不同。当用活性炭吸附有机物时，气体的相对湿度应小于 50%；当用分子筛吸附氮氧化物时，气体中的水蒸气则愈少愈好。除去气体中的水蒸气可用冷凝法、吸收法和吸附法。

⑦ 气体中污染物浓度过高时，可先用冷凝或吸收等方法脱除一部分，使浓度降到相当低时再采用吸附法净化，否则吸附剂会很快饱和，造成切换频繁，增加净化费用。

⑧ 考虑吸附流程时必须同时考虑脱附方法和脱附流程，使吸附、脱附、吸附剂再生和脱附后污染物的处理利用统一协调。

当污染物浓度很低，吸附床可使用一月或更长时间才能达到穿透，或者为防止化学毒物与放射性毒物意外漏出而设立的吸附装置，考虑其吸附周期很长，设置再生装置及其折旧费、运转费比废弃饱和的吸附剂、更换新吸附剂的费用更高时，则可不设再生装置，吸附剂使用一次后可以废弃，或者积累一定数量后另行处理。

九、液液分离技术

所谓液液分离就是对同相不同质的液态物质进行分离的过程。主要应用在石油化工领域，最常见的就是油水分离，即利用液体分子极性的不同进行分离，此处极性的液体统称为水，非极性的液体统称为油。其分离方法主要有非乳化态的分离、乳化态的分离和温度差分离法三种。

所谓非乳化态的分离，就是将油水混合体静止一段时间后，由于两种物质相溶性的差异和密度的差异，导致混合体分层，密度小的在上层，密度大的在下层，混合物有明显的相界面，此时可以有选择性地将其分离。

而乳化态分离则有两种形式，一种是机械乳化，另一种是化学乳化。机械乳化就是在机械搅拌的作用下，形成油包水或水包油的乳化状态，选择不同的溶剂将其分离。化学乳化是在混合体中加入乳化剂，乳化剂一般是一段含有亲水基团，另一段为疏水基团的有机化合物。利用乳化剂对不同极性的液体物质的吸引力不同，或者乳化基团与液体发生化学反应，从而使混合物达到乳化状态，形成乳胶粒进行分离，再利用破乳剂破坏乳化剂的作用，从而实现油水分离。

温度差分离法是将混合体进行加热使其升温，最先达到沸点的水汽化，气泡产生强烈的气浮作用，相对沸点较高的油，由于加热使其黏度下降，流动性增强，同时因为其密度的差异加速分层，从而达到分离效果。相同的机理，降温法同样是可采用的分离方法，但相对升温法而言，其可操作性不强，应用较少。

十、固固分离技术

固固分离是指将不同的固体单质彼此分离的过程，常见的分离方法有筛分法、离心法、跳汰法和浮选法等。

筛分法主要针对同质不同形的状态进行分离，即将相同材质、大小和形状不同的颗粒进行分离的过程。工业上常用的设备有振动筛、滚筒筛和往复筛等。这种分离方法主要应用在建材领域。

离心法就是将固体混合物先溶于特定的溶剂，实现溶解与不溶的分离，再利用离心机进行固液分离，最后将溶液进行结晶或重结晶，从而实现固固分离。下面着重介绍浮选法和跳汰法，这两种方法主要用于选矿中的固固分离。浮选法是利用矿物表面的物理化学性质差异，通过气泡将有用矿物从矿石中分离出来。跳汰法则是通过水流上下脉动，使不同密度和粒度的矿物在跳汰机中实现分离。这两种方法都是根据矿物的物理特性进行分离，是矿业领域重要的固固分离技术。

十一、浮选法

浮选法是利用矿物表面物理化学性质的不同来分选矿物的选矿方法。工业上广泛应用的是泡沫浮选，它的特点是有用矿物选择性地附着在矿浆中的空气泡上，并随之上浮到矿浆表面，实现有用矿物与脉石的分离。

浮选前矿石要磨碎到符合浮选所要求的粒度，使有用矿物基本上达到单体解离以便分选。浮选时往矿浆中导入空气，便形成大量的气泡，于是不易被水润湿的，即通常称为疏水性矿物的颗粒附着在气泡上，随同气泡上浮到矿浆表面形成矿化泡沫层；而那些容易被水润湿的，即通常称为亲水性矿物的颗粒，不能附着在气泡上而留在矿浆中。将矿化泡沫排出，即达到分选的目的。

一般是将有用矿物浮入泡沫产物中，将脉石矿物留在矿浆里，这种浮选通常叫正浮选。但有时却将脉石矿物浮入泡沫产物中，将有用矿物留在矿浆里，这种浮选叫反浮选。

如矿石中含有两种或两种以上的有用矿物，其浮选方法有两种，一种叫作优先浮选，即把有用矿物依次一个一个地选出为单一的精矿；另一种叫混合浮选，即先把有用矿物同时选出为混合精矿，然后再把混合精矿中的有用矿物一个一个地分选开。

浮选应用范围特别广泛，绝大多数的矿石都可用浮选法处理。有色金属（铜、铅、锌等）矿石 90%以上是用浮选法选别。

浮选法的选分效率比较高，它能有效地将品位很低的矿石选成为高品位的精矿，特别是对于细粒嵌布、成分复杂的矿石，采用浮选法处理时，常常可取得较好的选分效果。但浮选法必须使用浮选药剂，所以它的选矿成本与重选法和磁选法相比较，一般要高些。

1. 浮选原理

浮选法主要是根据液体表面张力的作用原理，使污水中固体污染物黏附在小气泡上。当空气通入废水时，与废水中的细小颗粒物共同组成三相体系。细小颗粒黏附到气泡上时，使气泡界面发生变化。颗粒能否黏附于气泡上，与颗粒和液体的表面性质有关。亲水性颗粒易被水润湿，水对它有较大的附着力，气泡不易把水推开取而代之，这种颗粒不易黏附于气泡上而除去。而疏水性颗粒则容易附着于气泡而被除去。

各种物质对水的亲疏性可用它们与水的接触角 θ 来衡量。接触角 $\theta<90°$ 的为亲水型物质，$\theta>90°$ 的为疏水型物质。

若要用浮选法分离亲水性颗粒（如纸浆纤维、煤粒、重金属离子等），就必须投加合适的药剂——浮选剂，以改变颗粒的表面性质，使其改为疏水性，易于黏附于气泡上。同时浮选剂还有促进起泡的作用，可使废水中的空气形成稳定的小气泡，以利于气浮。

浮选剂的种类很多，如松香油、石油及煤油产品，脂肪酸及其盐类、表面活性剂等。对不同性质的废水应通过试验选择合适的品种和投加量，也可参照矿冶工业浮选的资料。

2. 浮选剂

浮选剂的种类很多，根据其作用的不同可以分为以下几种。

① 捕收剂，如硬脂酸、脂肪酸及其盐类或胺类等。其分子本身既有疏水基团又有亲水基团。亲水性基团可以附在颗粒的表面上，而疏水性基团朝外，这样，使亲水性的颗粒表面可转化为疏水性的表面而黏附在气泡上。

② 起泡剂，如松节油等，它作用在气-液接触面上，用以分散空气，形成稳定的气泡。

③ pH 值调节剂，其作用是调节废水的 pH 值，使之在最适合浮选的 pH 值下进行浮选，以提高浮选的效果。

④ 活化剂，一般多是无机盐类，其作用是使原来不易被捕收剂作用的颗粒表面变为易于吸附捕收剂，加强捕收剂的作用效果。

总之，选加浮选剂的种类应根据废水的性质决定，以提高浮选的效果。

3. 浮选形式

浮选法的形式比较多，常用的浮选方法有加压浮选、曝气浮选、真空浮选以及电解浮选和生物浮选等。

(1) 加压浮选法

加压浮选法在国内应用比较广泛。几乎所有的石油炼厂都是采用这种方法来处理废水中的乳化油，并获得较好的处理效果。出水中含油量可以达 10～25mg/L。

其操作原理：在加压的情况下，将空气通入废水中，使空气溶解在废水中达饱和状态，然后由加压状态突然减至常压，这时溶解在水中的空气就成了过饱和状态，水中空气迅速形成极微小的气泡，不断向水面上升。气泡在上升过程中捕集废水中的悬浮颗粒以及胶状物质等，一同带出水面，然后从水面上将其去除。

加压浮选法的工艺流程有两种：一种为全部废水加压流程；另一种为部分废水加压流程。

(2) 曝气浮选法

曝气浮选法是将空气直接打入浮选池底部的充气器中，空气形成细小的气泡，均匀地进入废水；而废水从池上部进入浮选池，与从池底多孔充气器放出的气泡接触，气泡捕集废水中颗粒后上浮到水面，由排渣装置刮送到泥渣出口处排出。净化水通过水位调节器由出水管流出。

曝气浮选法的特点是动力消耗小，但由于气泡较大，而又很难均匀，故浮选效果略差些，同时操作过程中多孔充气器需经常进行清理防止堵塞，这给操作带来不便。

(3) 真空浮选法

该法是使废水与空气同时被吸入真空系统后接触，一般真空度为 27～40kPa，在真空系统内，空气泡会大量产生，气泡携带废水中的颗粒物质浮于水面，即可去除。

这种方法多用在油料生产工业废水治理方面，去除油脂效果较好，便于管理，但运转动力费用较高，机械转动部分运转不够稳定，因此，国内采用的不多。

(4) 电解浮选法

电解浮选法，是对废水进行电解，这时在阴极产生大量的氢气。氢气泡直径很小，仅有 20～100μm，废水中的颗粒物质黏附在氢气泡上，随它上浮，从而达到净化废水的目的。同时，在阳极电离形成的氢氧化物，又起着混凝剂和浮选剂的作用，帮助废水中的污染物质上浮或下沉，有利于废水的净化。

电解浮选的优点是产生的小气泡数量很大，每平方米的电极可以在 1min 内产生数个小气泡，在利用可溶性阳极时，浮选过程和沉降过程可结合进行，装置简单。这是一种新的废水净化处理方法。

（5）生物浮选法

此法是将活性污泥投放到浮选池内，依靠微生物的增长和活动来产生气泡（主要是二氧化碳气泡），废水中的污染物黏附在气泡上浮漂到水面，加以去除，使水净化。

十二、跳汰法

跳汰法又称跳汰选矿，是指物料在垂直上升的变速介质流中按密度差异进行分选的过程。物料在粒度和形状上的差异对选矿结果有一定的影响。实现跳汰过程的设备叫跳汰机。被选物料给到跳汰机筛板上，形成一个密集的物料层，这个密集的物料层称为床层。

物料在跳汰过程中之所以能分层，起主要作用的内因是矿粒自身的性质，但能让分层得以实现的客观条件则是垂直升降的交变水流。

跳汰机中水流运动的速度及方向是周期变化的，这样的水流称作脉动水流。脉动水流每完成一次周期性变化所用的时间即为跳汰周期。在一个周期内表示水速随时间变化的关系曲线称作跳汰周期曲线。水流在跳汰室中上下运动的最大位移称为水流冲程。水流每分钟循环的次数称为冲次。

1. 跳汰类型

分选介质是水，称为水力跳汰；若为空气，称风力跳汰；个别情况下有用重介质的，则称重介质跳汰。

金属选矿厂多为水力跳汰。跳汰选矿经常用于钨、锡等有色金属矿石和煤的选矿。一般被分选矿粒的相对密度差越大，粒度范围越窄（粒度大小差别越小），分选效果越好。

煤炭分选中，跳汰选煤占很大比重。全世界每年入选煤炭中，有50%左右采用跳汰机处理；我国跳汰选煤占全部入选原煤量的70%。另外，跳汰选煤处理的粒度级别较宽，在0.15～0.5mm范围；既可不分级入选，也可分级入选。跳汰选煤的适应性较强，除非极难选煤，否则均可优先考虑采用跳汰的方法处理。

矿石分选中，跳汰选矿是处理粗、中粒矿石的有效方法。大量地用于分选钨矿、锡矿、金矿及某些稀有金属矿石；此外，还用于分选铁、锰矿石和非金属矿石。处理金属矿石时，给矿粒度上限可达30～50mm，回收的粒度下限为0.2～0.074mm。

2. 跳汰原理

由热力学第二定律可知，任何封闭体系都趋向于自由能的降低，即一种过程如果变化前后伴随着能量的降低，则该过程将自动地进行。E. W. Mayer 应用这一普遍原理分析了跳汰过程，认为床层的分层过程是一个位能降低的过程。因此当床层适当松散时，重矿物颗粒下降，轻矿物颗粒上升，应该是一种必然的趋势。

对跳汰过程中颗粒运动微分方程式的分析，可归纳两个重要点。

① 矿粒运动状态除和密度有关外，还与粒度及形状有关。而粒度及形状的影响仅体现在介质阻力加速度上，其数值与相对速度的平方成正比。因此，在跳汰过程中，尽量减小矿粒与介质之间的相对运动速度是至关重要的。

② 介质的运动状态（速度和加速度）对矿粒的运动或者说对床层的分层有重要影响。因此，要选择恰当的水速及加速度，为按密度分层创造有利的条件。

3. 跳汰机

国内外采用各种类型的跳汰机，根据设备结构和水流运动方式不同，大致可以分为以下几种：①活塞跳汰机；②隔膜跳汰机；③空气脉动跳汰机；④动筛跳汰机。

（1）活塞跳汰机

活塞跳汰机是以活塞往复运动，给跳汰机一个垂直上升的脉动水流，它是跳汰机的最早型式。现在基本上已被隔膜跳汰机和空气脉动跳汰机所取代。

（2）隔膜跳汰机

隔膜跳汰机是用隔膜取代活塞的作用。其传动装置多为偏心连杆机构，也有采用凸轮杠杆或液压传动装置的。机器外形以矩形、梯形为多，近年来又出现了圆形。按隔膜的安装位置不同，又可分为上动型（又称旁动型）、下动型和侧动型隔膜跳汰机。隔膜跳汰机主要用于金属矿选矿厂。

（3）空气脉动跳汰机

空气脉动跳汰机（亦称无活塞跳汰机），该跳汰机是借助压缩空气，推动水流做垂直交变运动。按跳汰机空气室的位置不同，分为筛侧空气室（侧鼓式）和筛下空气室跳汰机。该类跳汰机主要用于选煤。

（4）动筛跳汰机

动筛跳汰机有机械动筛和人工动筛两种，手动已少用。机械动筛是槽体中水流不脉动，直接靠板上的物料造成周期性地松散。目前为大型选煤厂尤其是高寒缺水地区选煤厂的块煤排矸提供了有效设备。根据使用范围，区分为选煤用跳汰机和选矿用跳汰机两大类。

第十一章 洗气机分离技术及应用

Phase Separation Technology and Application

近年来，在众多种类的相分离设备中，洗气机以其高效低能耗的技术优势越来越受市场的重视。洗气机作为新型相分离技术设备，本质上属于湿法分离，在实际应用中，其分离效率和能耗优势都远高于传统湿法分离技术。在使用洗气机进行相分离的过程中，不仅涉及气固分离过程，同时也包括气液分离、固液分离和气气分离过程。本章我们主要介绍洗气机的基本构造和设计理论，以及分析使用洗气机进行相分离的机理。

一、径混式风机的基本构造

洗气机不同于其他传统分离设备，其自带风机功能。风机是洗气机的心脏，应用在洗气机中的风机也是经过独特设计的，完美契合洗气机的各项功能，将其命名为径混式风机。本章优先介绍这种新型风机的设计和相关理论知识。

1. 离心风机与切削理论

离心风机的工作原理与金属切削理论相似。就以车床的车削为例（图 11-1），车床工作时，要根据所加工工件的材料性质来选用刀具和刀刃的形状。如果材料硬度高，刀刃的夹角就大些，如果材料较软，刀刃的夹角就小一些。刀具选定后，还要确定刀具与工件的相对角度或位置。如图 11-1 所示，a 位较好，车床比较省力，车出工件比较光滑；b 位不好，车床费力，且易毁刀。

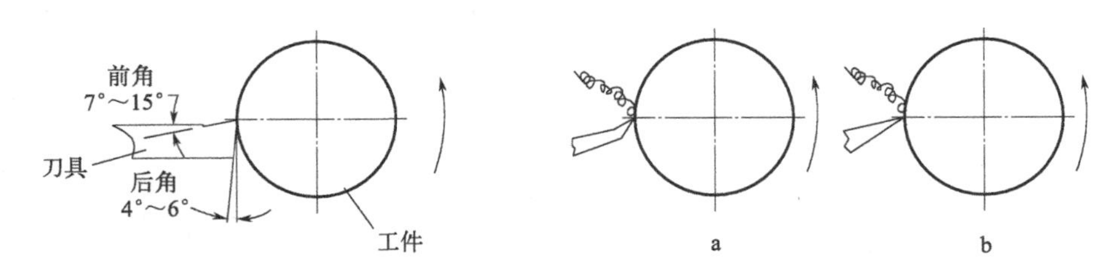

图 11-1 车床的车削

如果把空气看成可切削的刚体，它就可经过叶片刃分离，那么风机性能的好坏与叶片形状、进风口、出风口的角度则有着不可分割的关系。现在根据这一理论来进行设计（如图 11-2 所示），采用单板直边，并将通风边加工成 20°～30°刀刃。

由进风边到外缘的位置与 D_2 相切，这样在运转时，叶片对气流的作用力可用切向分力与径向分力表示。径向分力很大，切向分力很小，

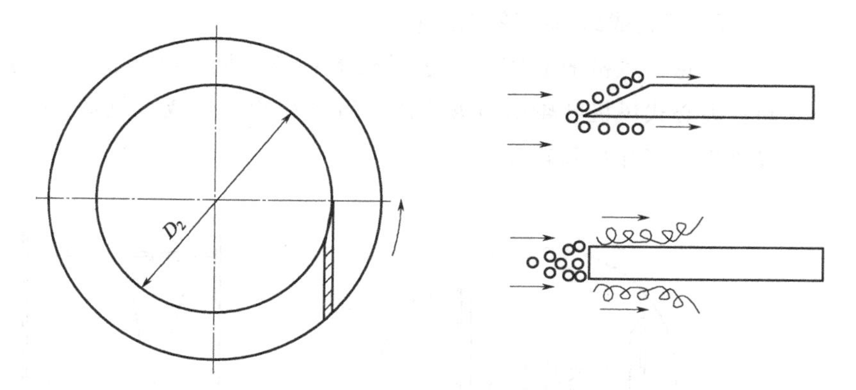

图 11-2　空气的切削

这就可避免由于气流强烈旋转而消耗很大的能量。另外，由于有了切削刃的作用，克服了黏滞阻力的影响，使叶轮中心的圆柱体降低了转速，节省了能量，提高了效率。

从实践中得知，刀刃的方向愈接近旋转工件的切线方向，分离出的材料屑变形量愈小，产生的热量也愈少。所以，与切线方向夹角愈大，分离出的料屑变形量愈大，产生的热量也愈大。金属切削过程中的出屑也和风机运转有相通之处。风机的径向叶轮和前倾式叶轮的效率之所以较低，就是因为径向和前倾叶轮叶片使气流在离开叶片的瞬间产生较大摩擦，产生的热量也较大，所以效率就比较低。

根据金属切削原理，可以把叶片看作风刀，迎风的边叫刀刃，相反的边叫刀背，与动力相连的边叫刀把（或刀根），相反的边叫刀头（如图 11-3 所示）。

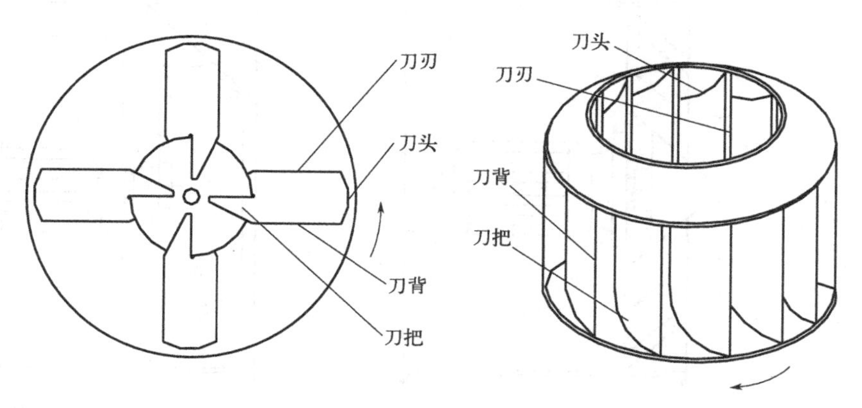

图 11-3　风刀示意图

2. 径混式风机叶轮的设计

叶轮是风机的心脏，由于风机的种类不同，叶轮的结构也不尽相同。离心式风机叶轮由前盘叶片、后盘和轮毂组成（见图 11-4）。轴流式风机只有叶片和轮毂。

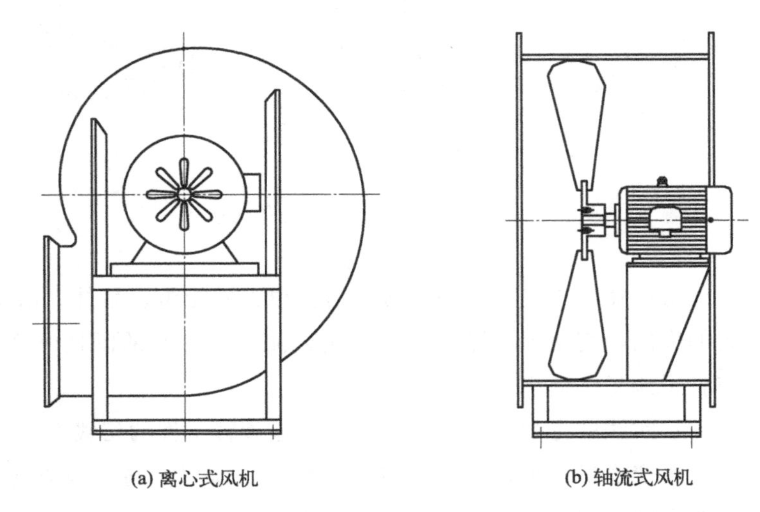

(a) 离心式风机　　(b) 轴流式风机

图 11-4　传统叶轮

叶轮设计科学与否，对风机各项性能指标的优劣有直接关系。在此传统风机的叶轮设计基础上，运用金属切削原理和结构力学，设计出了一种新型叶轮——径混（轴混）式叶轮，图 11-5(a) 为轴混式风机叶轮，图 11-5(b) 为径混式风机叶轮。

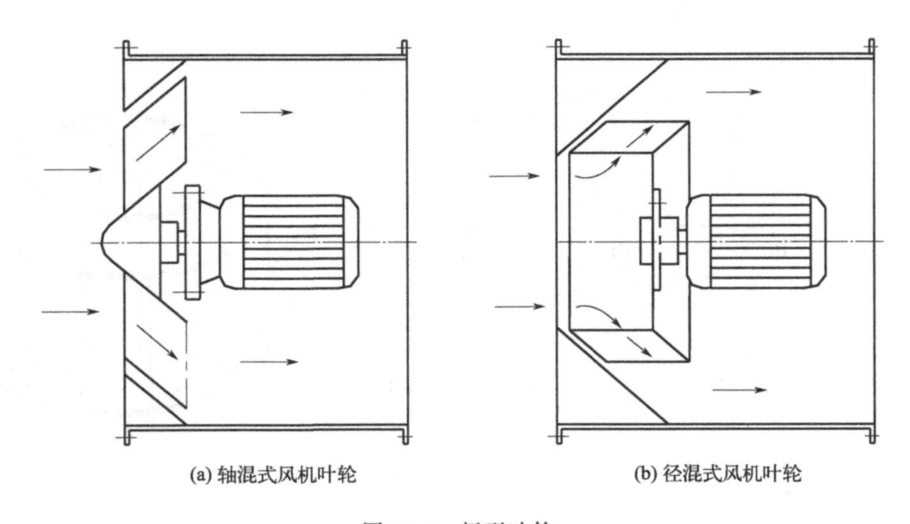

(a) 轴混式风机叶轮　　(b) 径混式风机叶轮

图 11-5　新型叶轮

径混式叶轮的特点如下。

① 叶轮后盘为锥形，其作用是：a. 可使叶轮重心接近电机转子中心，这样可改变电机两轴承的受力状况；b. 可减小后盘的厚度，结构强度增加，可以减轻叶轮重量；c. 离心风机的叶轮使气流由轴向流动经过减速旋转，变为径向运动，由于这一变化，造成耗能较大。而后盘为锥形的叶轮气流方向沿轴向及径向有所偏斜，所以耗能较小；d. 由于气流经过叶片时是一种合成运动，因此气流离开叶轮不是水平的径向运动，而是沿叶轮后盘45°角方向的运动（见流场图11-6）。

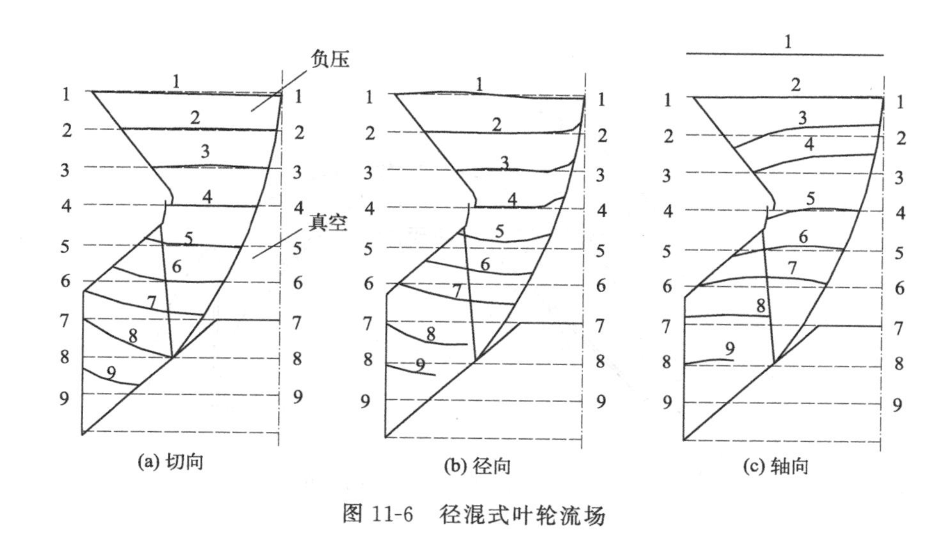

图11-6　径混式叶轮流场

② 叶轮的进口直径与叶轮直径的比值较大，可达到0.8D、0.9D以上，这样可加大进风面积，而使阻力减小。

③ 叶片的进风边 a 与出风边 b 的直线与进风边的圆0.8D、0.9D相切，这样更符合空气动力学原理，叶型的制造加工工艺简单，降低成本。如图11-7所示。叶片 a-b 的力学特点是运动时产生两个分力，一个切向，一个径向。产生切线方向的力沿 a-b 方向逐渐加大，而径向力则是由无限大到 a-b 逐渐变小。由此可分析出切向力很小，所以使气流旋转的力也很小，消耗的能量也就比较少。

如图11-8所示，由于叶片进口与进口的回转圆相切于 A 点，所以，流体一方面随叶轮做圆周牵连运动，其圆周速度 u_1；另一方面又沿叶片方向做相对运动，其相对速度 W_1，由于它们作用的方向相反并在同一条直线上，所以流体在进口处的绝对速度 $V_1=U_1+W_1=0$。

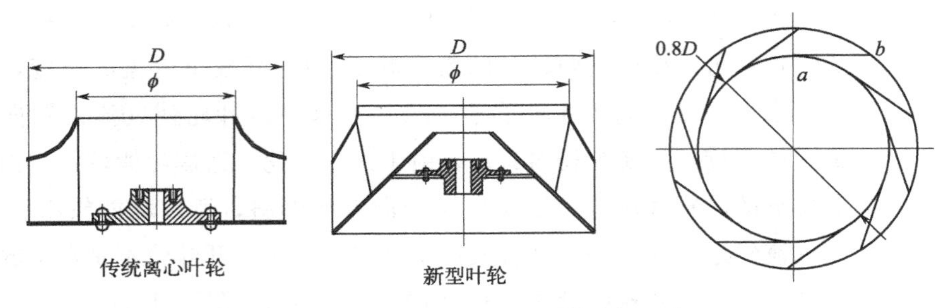

图 11-7　传统叶轮与新型叶轮流场比较

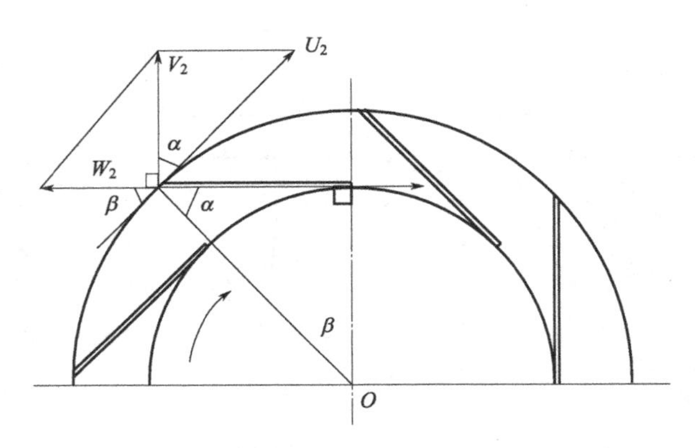

图 11-8　叶轮内流场

以出风口为例，由于叶片出口与出口的回转圆相交于 B 点，流体一方面随叶轮做圆周牵连运动，其圆周速度为 U_2，另一方面又沿叶片方向做相对运动，其相对速度为 W_2，在出口处的绝对速度 V_2 应为 U_2 和 W_2 两者之矢量和。

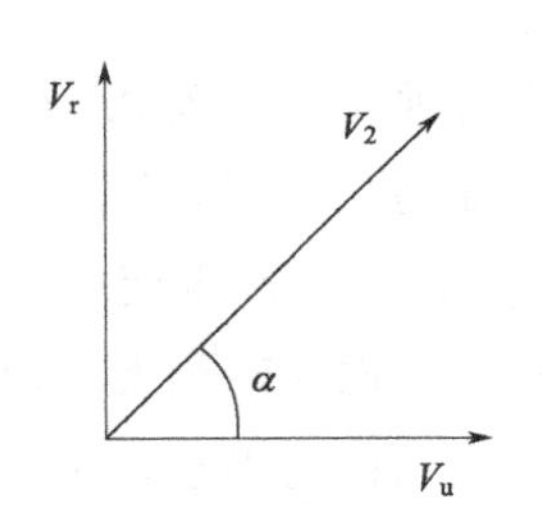

图 11-9　流场流速分解

可将绝对速度分解为与流量有关的径向分速度 V_r 和与压头有关的切向分速度 V_u，前者的方向与叶轮的半径方向相同，后者与圆周运动方向相同。如图 11-9 所示。

④ 叶片的设计

通过理论和实践证明，机翼型并不完全适合于风机叶片，所以把它设计成单板带刃的叶片，使叶片阻力很小。本方案采用平单板作叶片，这样做加工工艺简单、重量小、节省起动电能（如图 11-10 所示）。

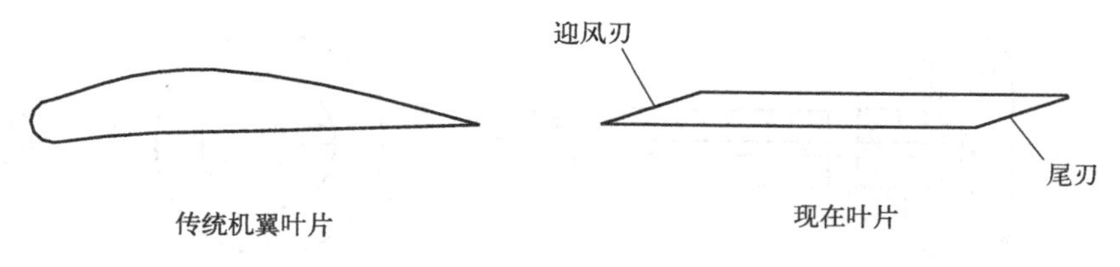

图 11-10　叶片

二、风机的立式与卧式受力分析

风机大多是卧式使用，即风机的轴线与水平面平行，由于受重力影响，风机各部位都存在着力学问题，如图 11-11 所示，电机轴直接和叶轮联在一起属直接传动（称之为 A 式传动），在此系统中，有两个轴承在承担着电机转子及叶轮的重量，但前后两个轴承所受的力和力矩大小相差较大。

电机前轴承所受的力 $F_1=W_1+W_2-F_2$，电机后轴承所受力 $F_2=W_1-W_2-F_1$。如果 $W_1a>W_2b$，F_2 则是向上的力，如果 $W_2b>W_1a$，F_2 则是向下的力。由于力矩的作用，$W_1a=W_2b+F_2\cdot C$，则 $F_2=(W_1a-W_2b)/C$。由于受力不均衡，所以前后轴承的寿命也不均衡。另外，由于电机轴较细，强度不高，所以电机动力输出轴在叶轮重力作用下形成弯矩。当叶轮较轻时，电机轴强度可满足需要，如叶轮重力加大，电机轴就不能承受。因此，小号风机可以直联，大号风机就必须间接传动。间接传动一般多为皮带传动，从而带来了一些负面作用，如占地面积加大，原材料消耗加大，噪声与振动加大，能源消耗加大，还存在转速损失大、维修量加大等问题。

为了改善风机的上述弊端，可采用以下解决办法：将风机改为立式安装（见图 11-12）。从图中可看出，风机的轴心和水平面垂直，叶轮重心和电机重心轴线是重合的，与卧式相比，它不产生力矩和弯矩，此时的轴承受轴向力为主，还有叶轮不平衡所引起的径向力，此时的轴向载荷要比电机所配轴承的轴向推力小得多。

（1）轴的受力分析

静止时受力是叶轮与转子的向下重力和轴承向上的反作用力，同时由于叶轮的重心位于轴的前部，所以叶轮的重力对轴形成力矩，运动时除受电磁切力而形成扭矩外，还要承受离心力及重力。

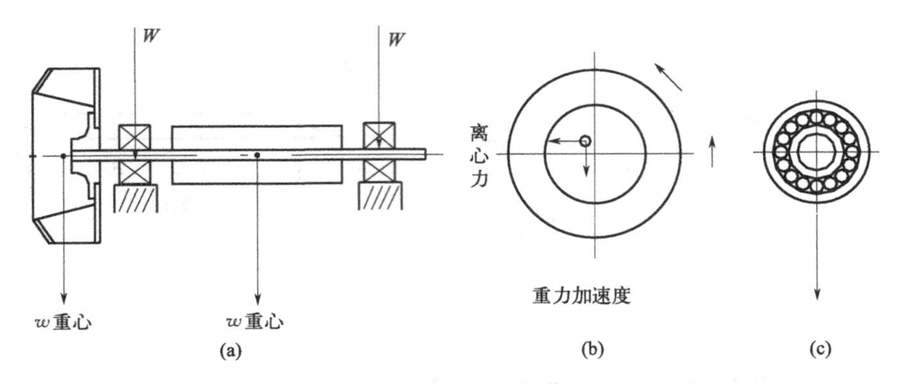

图 11-11　风机各部位力学分析

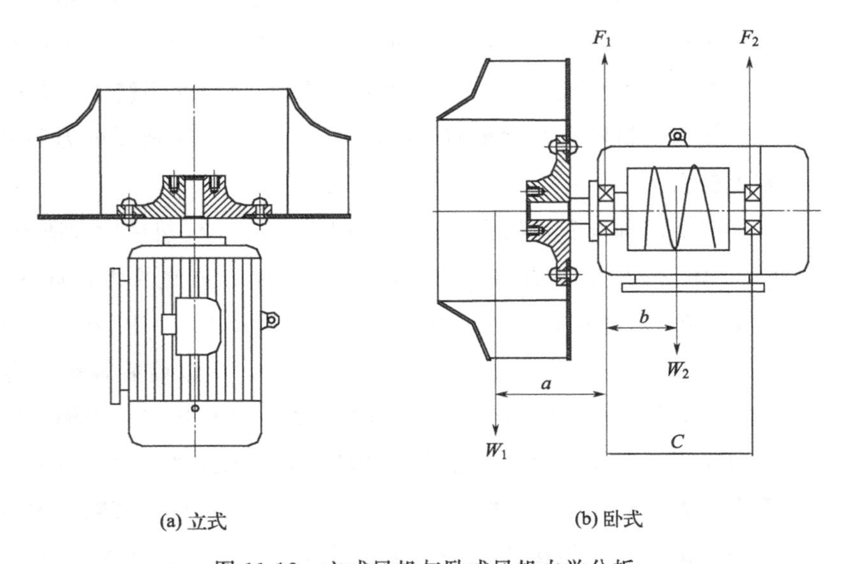

图 11-12　立式风机与卧式风机力学分析

(2) 轴承受力分析

静止时轴承受力是受轴及叶轮转子的压力及轴承的反作用力，当电磁场使轴转动时，介于轴承内套与外套之间的单个滚珠及内套承受交变荷载，即滚珠及内套的受力大小等于沿滚珠运动方向由零到最大（叶轮、转子、离心力、重力）。

改变叶轮运动方式，即由原铅垂运转变为水平运转，这样便从根本上改变了轴承的受力方式，使轴不再受径向的力及力矩，轴承由承受径向力变为承受轴向力，两个轴承由受力大小及方向不均衡变为受力大小及方向趋于均衡。滚珠由单个受交变荷载变为所有滚珠同时受力并荷载趋于恒定，这样就使大型号的风机采用 A 式传动成为可能。

三、风机进风口与出风口压力状态分析

在风机系统中，相对风机前后，有进风口和出风口。进风口的作用是将所要移动的气体向风机内输送。在大气压力下，通过风机运转使气体在风机进口处的压力小于外界大气压，即气流形成负压状态。在外界大气压的作用下，气体由高压区域转移向低压区域。通过实验得知，在进风口位置，压力场形成的压力曲线是围绕着进风口中的呈圆弧状的等压曲线。

气流在出风口的状态与进风口不同，气流自出风口流出时的压力要大于此时的外界大气压，目的是要将风机内的气体挤出风机进入外界，所以出风口的气流形成状态与进风口截然不同。由于出风口气流压力远大于外界大气压，所以气流运动状态呈射流状态，它的流场及压力曲线是在风机出风口的前方射流区域的等压曲线。

在风机系统中，有正压和负压两种参数。在传统理论中，风机进口前的部分是负压，风机出口后的部分是正压，但是在风机系统中，正负压交界处的流体运动状态是怎样的呢？

空气在风机系统中运动，其动力来源于风机叶轮的转动，风机的进口与出口实际上是叶轮的进口与出口，而叶轮转动产生的动力是靠叶片完成的。而叶片分为进口边和出口边。气流在叶片进口边为负压，在出口边为正压，因此可以确定叶片就是气流正负压形成的源头，从微观上看，形成气流正负压的临界点就在叶片之中。通过空气动力学分析可知，风机系统中气流正负压的临界点就在风机叶轮叶片的中间位置。

四、径混式通风机蜗壳的蜗舌作用与性能的研究

1. 蜗壳形状设计

离心通风机的机壳（图 11-13）多少年来没有什么变化，即由两块平板和一块围板组成。围板为渐开线，或螺线等。它的变化也只是为了适应压力和流量在薄厚和大小上的变化。由于形状难以改变，所以对噪声控制的研究也难以开展。

为了研究方便，我们把常用的离心风机蜗壳定为径向蜗壳。因为蜗壳的径向尺寸是不断变化的。与之对应的则是轴向蜗壳，轴向蜗壳的径向尺寸定为不变尺寸，把轴向尺寸定为不断变化的［图 11-14(a)］。这两种蜗壳对风机的性能都有什么样的影响，这是将要讨论的问题。还有轴向和径向相结合的一种蜗壳，如图 11-14(b) 所示。

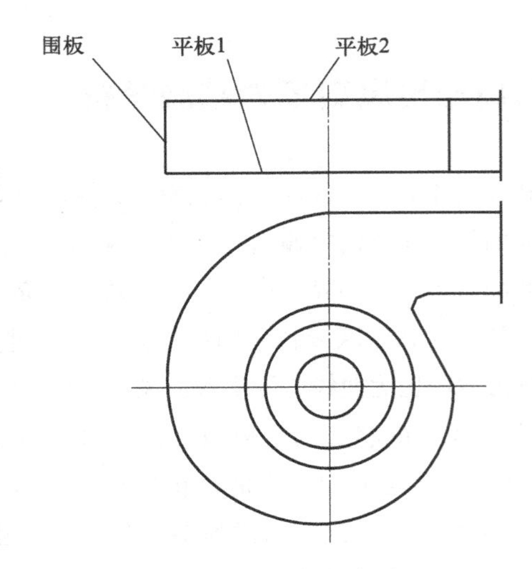

图 11-13　离心风机机壳

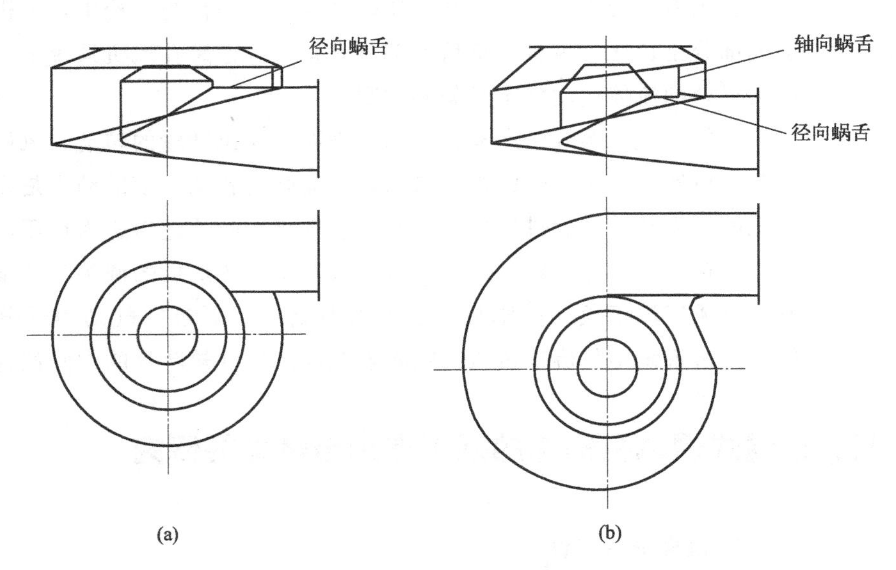

图 11-14　离心风机蜗壳

2. 不同的蜗壳对叶片作用力的影响

由于径向蜗壳的径向尺寸是不断变化的，所以围板与叶片的距离也是个变量。当叶轮工作时叶轮与蜗壳之间的空气受到压缩因此产生一定的压力，又由于空气的压缩弹性很大，所以由于在圆周分布的叶片与蜗壳的距离不同，叶片中流出的空气流体在叶片与围板之间的作用力也是不同的（主要是动压的影响）。因此也可以把径向蜗壳称为非等压蜗壳。反之，由于轴向蜗壳的围板与叶片之间的距离为常数，动压和静压的变化很小，所以也可称轴向蜗壳为等压蜗壳。

3. 蜗舌的影响

众所周知，蜗舌（图 11-15）是离心风机“咽喉”部位。在整个风机的性能中起着至关重要的作用。所谓蜗舌，顾名思义它的形状和所处位置像蜗壳中的舌头，它起着气流分流和导向的作用。蜗舌的舌尖是一个平行于轴心的直边，可称为轴向蜗舌。因此，轴向蜗壳应有一个径向蜗舌，由于形状和位置的不同，它们的作用和影响也就不同。

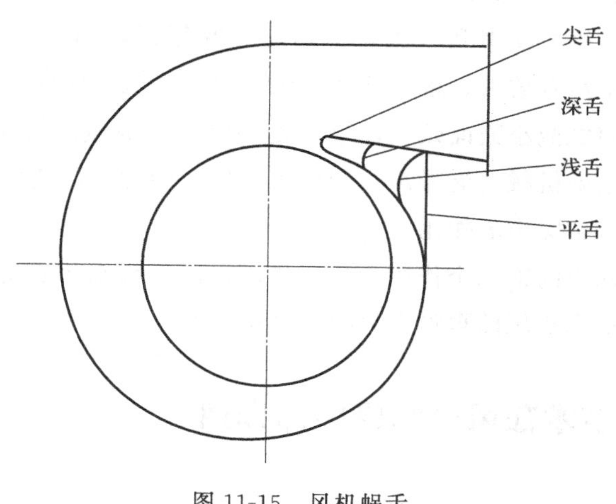

图 11-15　风机蜗舌

轴向蜗舌的作用是将径向蜗壳中的离心叶轮旋转过程中流出的气体分离导向，使气流按人们需要或要求移动，当蜗舌尖较为圆滑时，称为浅舌（图 11-15），此处风压略有减少，但是噪声也同时减少。然而当蜗舌较尖时或离叶轮较近（深舌）时（图 11-15），高速的动压转换静压，导出气流量大，因此风压较大，噪声增大。动压转换静压时，一部分变为热能，浅舌分离导出气流效率低，使空气在蜗壳内运动的量较大，也产生一部分热能或摩擦损失加大，因此风压和风量较深舌低一些。深舌产生的噪声较大是因为离叶轮越近气流速度和密度就越大，因此气流对蜗舌产生的撞击与摩擦就越大，所以噪声就高。反之，浅舌离叶轮远一些，气流的速度和密度也小一些，因此对蜗舌的撞击和摩擦同时也小一些，所以噪声也小一些。

径向蜗舌的作用与轴向蜗舌的作用差不多，它是轴向蜗壳的产物。轴向蜗舌上的任意点和叶轮的距离都相等，径向蜗舌则不相等。因此蜗舌附近气流压力轴向保持不变，沿径向（直径方向）变化。还由于蜗舌的舌尖或组成蜗舌的两个面都与气流方向存在着不同的角度，所以就分解了压力和撞击的直接作用和影响。因此径向蜗舌对风机压力和噪声的影响都不是很大。

4. 扩压理论在机壳设计中的运用

蜗壳既有收集气流并导至排出口的作用，又有扩压作用，在以往的蜗壳设计中人们往往忽略它的扩压作用，主要考虑造价低、制造方便等。随着社会的发展，风机蜗壳也应有所改进。

传统机壳的特点是在叶轮旋转面机壳以两块侧板为平板，这就使机壳形成一个音鼓的效应，还有一个特点是两平板与电机相连，这样电磁噪声、机械噪声和气流噪声均通过两侧板至围板，使机壳就像音箱一样，将声音放大。根据这些原因，第一将机壳的两平侧板制造成螺旋锥形，使之减小鼓面效应，第二是将电机座板做成筒状，进行隔振设计，切断电磁机械气流噪声，利用机壳放大的途径，使噪声减小，所以能使机壳起到隔声的作用。

蜗壳的第二个作用是扩压作用，使气流流动减速，静压力上升。此外，蜗壳扩压的理论在风机设计中也有广泛应用。

五、变频技术在风机降噪中的作用

1. 风机噪声的特性

风机的噪声是环境污染中的一个较大的污染源，不论是对风机行业，还是使用者来说，风机的噪声都是一个很重要的参数。

风机的种类很多，应用的领域很广，但是它们的噪声特性基本相同，存在很大的共性，它们有气动噪声（旋转噪声、涡流噪声）、机械噪声、电磁噪声。以上特性均与转速有关，转速较低时其噪声值也较低，频谱以低频、中频为主；转速较高时，噪声值也较大，频谱以中频、高频为主。另外，噪声值的大小与风量、风压、转速等也有密不可分的关系。

A 声级：　$L_A = L_{SA} + 10\lg q_v p_{tf}{}^2 - 19.8$

比 A 声级：　$L_{SA} = L_A - 10\lg q_v p_{tf}{}^2 + 19.8$

式中，q_v 为风机额定工况风量，m^3/min；p_{tf} 为风机额定工况全压，Pa；L_{SA} 为风机额定工况运行时的比 A 声级，dB；L_A 为风机额定工况运行时的 A 声级，dB。

上式表明，风机噪声值 L_A 与 p_{tf}^2 成正比，而风压 p 的变化与转速的平方成正比，即

$$p_{tf1}=p_{tf2}\left(\frac{n_1}{n_2}\right)^2 \tag{11-1}$$

所以

$$L_A=L_{SA}+10\lg q_v p_{tf2}^2\left(\frac{n_1}{n_2}\right)^4-19.8 \tag{11-2}$$

噪声值 L_A 与转速的4次方的对数成正比，所以降低风机的转速就可大幅度降低风机的噪声。为了能使噪声按人们的需要或要求随时得到控制，只有采用变频技术才能实现。

2. 变频技术在风机降噪中的运用

a. 变频技术可以使风机按时间需要调控达到节能的目的，除此之外，还可以使噪声值满足国家的昼间与夜间的不同标准。通过实验得知，如果风机在昼间能满足国家标准，通过变频器将负荷下降15%～20%，即可满足夜间标准。这样不但可节约降噪的成本，还能节能，同时噪声也能满足要求。

b. 另外由于电机与叶轮全部为直联传动，也避免了由于传动链产生的机械噪声。

c. 风机的降噪还可以通过变频技术，使用低转速配大直径的叶轮，这样不但可以得到所需的风压、风量，还由于大直径的叶轮的气动噪声小于同样风压、风量的高转速的小直径的叶轮，所以，通过变频技术使风机制造业降噪的前景是十分广阔的。

d. 变频器对电磁噪声有很强的抑制作用，传统的通用PWM式变频器、逆变器的主开关器件常采用BJT，最高载波频率在2～3kHz，传动异步电动机时产生电磁噪声，引起刺耳的金属鸣响声，使得噪声水平远高于运转时工频的噪声。最近由于采用IGBT（或MOS FET）等作为主开关器件，将载波频率提高到10～15kHz，由于频率高，金属鸣响声人耳听不到了，电动机的运行声音已经接近于接在工频电网上运行的情况，即变频器传动实现了“静音化”。

3. 变频通风机设计

在当今社会中应用通风机的场所或领域占整个风机市场的70%～80%，它是一个量大、面广，而且是几十年无太大变化的产品。为了使这一传统产品能适应现代社会发展的要求，进一步的设计与改造是十分必要的。

电动机是变频风机的主要部分之一，如何发挥电动机的作用是变频风机设计的主要内容之一。为了使之具有通用性、互换性、普遍性，我们首先选定 Y 系列普通电动机。

① 容量的选择。对于不同类型的负载，选择方法也不同，但总的原则是，不要过热，带得动。在改造旧设备时，要尽量留用原选电动机。

② 磁极对数的选择。由于变频器的许多功能（如矢量控制功能等）是以 2P=4 的电动机作为模型进行设计的，所以，如无特殊情况，应尽量选择 2P=4 的电动机。

③ 工作频率的确定。主要原则是：

a. 满足负载对调速范围的要求。设工作频率的调节范围为 α_f：

$$\alpha_f=f_{max}/f_{min}=k_{f_{max}}/k_{f_{min}}$$

式中　f_{max} 和 $k_{f_{max}}$——最高工作频率和对应的变频比；

f_{min} 和 $k_{f_{min}}$——最低工作频率和对应的变频比。

决定 α_f 时，必须满足 $\alpha_f \geqslant \alpha_L$（$\alpha_L$ 为负载的调速范围）。

b. 尽可能提高工作频率。因为在低频时须进行各种补偿，不可能十分理想，所以，应该在满足 $k_f \leqslant \beta_N/\beta_X$（$k_f$ 为频率调节比；β_N 为电动机的额定过载能力；β_X 为电动机的过载能力）的前提下，尽量提高工作频率。

④ 散热问题。

a. 因为电动机的有效工作电流仍等于额定电流，所以在正常工况下，产生的热量并不增加。

b. 由于转速增加，通风条件得到改善，散热较快，故在同样的工作电流下，电动机的温升将有所下降。

所以，从发热的观点讲，电动机在 $k_f>1$ 的情况下运行是完全没有问题的。

⑤ 电动机的机械强度及其他。对于机械强度，主要应考虑转子轴的强度、转子的动平衡状况以及轴承的允许转速等。在这些方面，对于国产的通用电动机来说，目前尚无比较确切的结论。一般来说，大致如下：

a. 对于 2P=4 的电动机，由于其机座和铁芯、转轴等基本结构都和同容量的 2P=2 的电动机相同，因此，在 $f_X \leqslant 2f_N$ 的范围内运行，只要负载能力不成问题，应该是允许的。

b. 对于 2P≥6 的电动机，即使 $f_X=2f_N$，其转速 $n_M \leqslant 2000$r/min，机械强度的问题也不大；但当 $f_X>2f_N$ 时，因临界转矩减小太多，实际意义不大。

c. 对 2P=2 的电动机，当 $f_X > f_N$ 时，转速 $n_M > 3000$r/min，应慎重对待，f_X 不宜超过 f_N 太多。

根据以上的依据和特点，首先确定基本参数，然后把功率再在原基础上提高一个档。如基本参数 Y112M-4，提高一档为 Y132M-4，使额定功率增加 30%左右，额定转速提高 11%以上，按实际工况及其他因素转速可达 1800r/min 以下。采用这种设计就可克服因季节、气候流场、管线变更等诸多因素引起的风量不足，有较宽的调整余地。

六、强力传质洗气机

洗气机分离技术是通过洗气机来实现的，洗气机可以创造一个大于自然重力加速度 1000～2000 倍的离心加速度场或传质场，利用高速度和高加速度使化工过程的“三传一质”的效率极大提高，从而使产品质量、能量、消耗也有质的飞跃，在传质理论的构建上也有新的突破，树立了新的传质观念。在环保领域，极高的传质效率使得强力传质洗气机技术在许多工艺领域和尾气排放领域均可成为替代技术，如在高湿、高温、高黏、阻燃、防爆方面可完全替代袋式或静电技术及装备，对 SO_2、NO_x 及一些酸碱性尾气有很好的发挥及应用，是冶金、建材、制药、矿业、化工、能源等诸多领域不可或缺的技术及装备。本章主要介绍洗气机分离技术的相关概念及设备，对这一新型设计系统剖析其工作原理和技术优势，并阐述这一技术在国民生产生活中的应用。

洗气的起源是风机→除尘风机（干式）→水帘风机→除尘风机（湿式）→洗气机。

1980 年起，本书作者就开始研究制造除尘器，发现任何一个场所都离不开空气动力设备——风机，使除尘器兼备除尘功能和风机功能，实现通风除尘一体化。通过实验发现，超细粉尘的运动是不连续的（分散性），随气流运动而运动，随机性较大，不易分离，而利用液体运动的连续性（黏性）解决粉尘运动的分散性效果很好，由于加水的位置的变化发现了远超目标的现象，那得到了超高的净化效率，后又经二十多年的反复实验、探讨、应用，得到今天的洗气机（图 11-16）。

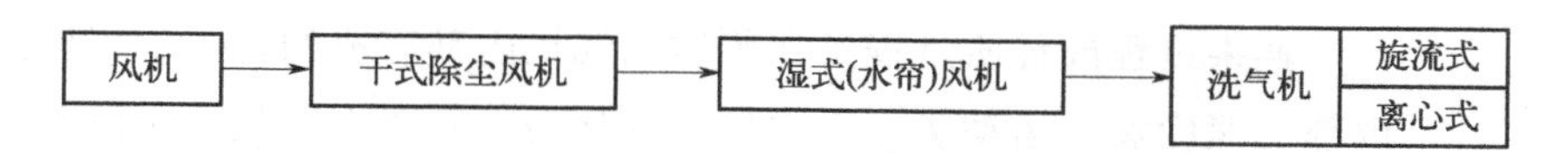

图 11-16　洗气机的由来

洗气机之所以称洗气机是因为气液两相的接触过程是反复多次的过程，就如洗衣机、洗碗机、洗瓶机等概念一样，它完全改变了湿法净化和化工传质塔的传统概念，传统设备在完成气液传质过程时只是一次性的并不是反复的，因此决定了其较低的效率水平。

洗气机的定义：通过动力机械能使气、液、固各相得到大于自然重力加速度数千倍的离心加速度及近百米的运动速度，气、液、固各相在剧烈的运动中完成传质或换乘过程的设备，并通过以上过程完成或达到净化或传质的目的，称为强力传质洗气机。

洗气机具有广泛的适用性，同时具有传统设备不具备的体积小、重量轻、安全可靠、运行稳定、安装灵活、更能适应复杂的工况环境等优点，使得此技术在化工、环保、生物、医药、建材、冶金等领域有广泛的应用前景，几乎涵盖了“三传一反”的所有内容，在气-液、液-液、液-固分离等方面均可很好地应用。

七、洗气机的分类

洗气机根据应用的场所及工艺性质可分为两大类，第一大类为旋流式洗气机，它主要用于工业及餐饮业的油烟净化、矿业的物料转运、破碎、筛分等工艺过程（粉尘性质是机械性粉尘），还可用于高温及特殊场合的预处理，也可以单独用于通风领域起到通风机的作用。第二大类是离心式洗气机，它主要用于各种炉窑、化学吸吸、超洁净排放及挥发性粉尘场所，还可用于生产过程的动力源，在完成净化传质的同时满足工艺中的风压、风量的参数要求。

八、强力传质洗气机结构及工作原理

强力传质洗气机结构如图 11-17 所示，在传质洗气机进口处，气相或固相及液相组成三元流动体。此三元流动体在进入传质洗气机之前，固相及液相以气相为载体，进入传质洗气机之后，固相粒子便改变载体，在传质洗气机进口至出口之间，完成换乘过程，在出口之后便以液相为载体并实现分流。

换乘过程或传质过程是在传质洗气机内部完成的，由于传质洗气机内部的速度场、运动场、压力场是变化的，频繁而剧烈，所以此过程是相当复杂的。在高温工况下同时还完成一个热交换的过程。洗气机的安装使用特点为：叶轮水平旋转，输水管位于叶轮中心的上方。它的传质过程可分为布水、淋浴、初级雾化、二级雾化、凝聚和脱水六个过程。

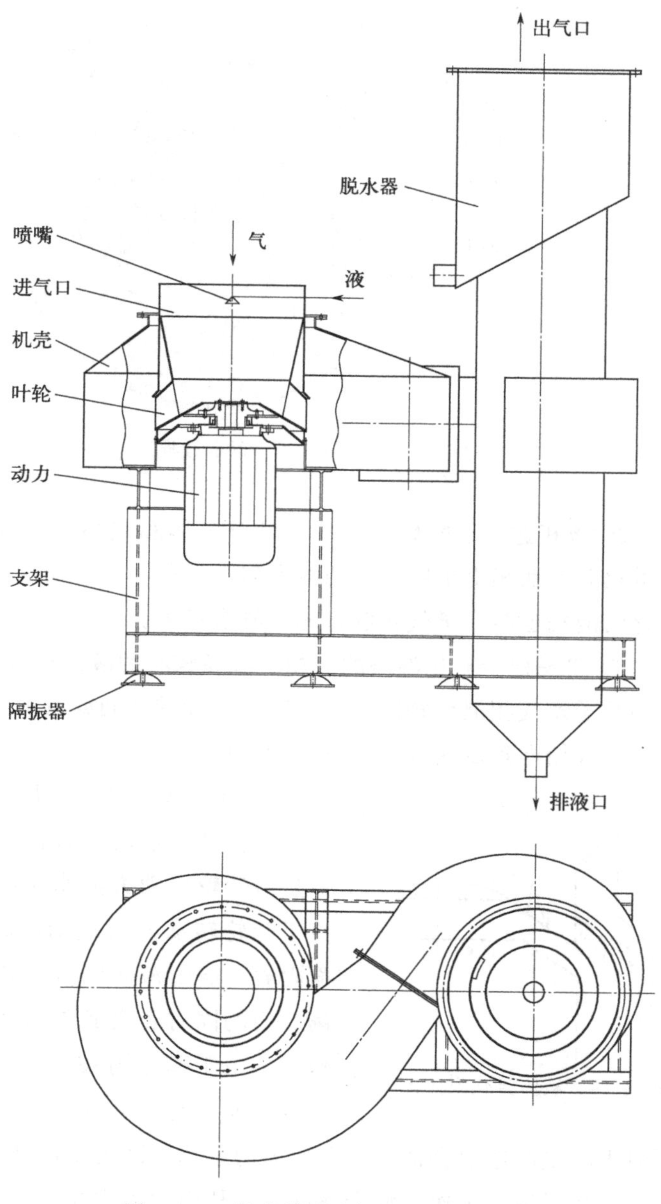

图 11-17　强力传质洗气机结构示意图

① 含有固相或液相粒子气体自上而下垂直轴向运动。液相经泵输送至叶轮中心上部，液相流到布水盘上后受离心力作用逐渐呈圆环状向布水盘边缘移动，当到达布水盘边缘时离心力加大，使液相呈辐射状沿布水盘切线方向向子叶轮漂移，此时液相液滴移动方向与含有固相或液

相粒子气体运动方向相互呈垂直状，完成布水过程。如图 11-18 所示。

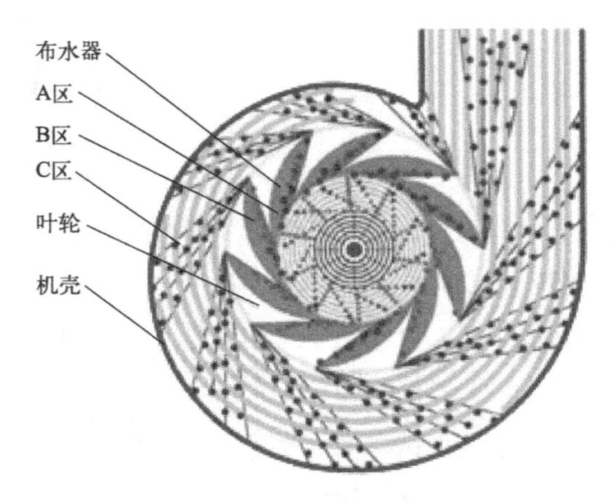

图 11-18 布水过程

② 液相进入子叶轮后，在一部分气体和较高速叶片作用下，被初步雾化后的液相沿子叶轮的切线方向进入母叶轮，在这一过程中，初步雾化的液相也与大量气相混合完成淋浴过程。

③ 实现初步雾化淋浴的液相，粒径较小的液滴呈雾状与剩余的固、液相粒子及气相混合物同时进入叶轮叶片的空间或流道，此时处于负压的流体开始向正压转变。如图 11-19 所示。

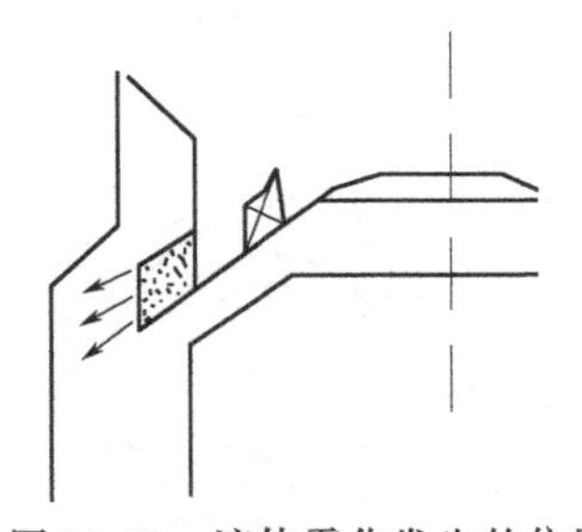
图 11-19 液体雾化发生的位置

④ 混合体。进入叶片后混合体呈正压状态。在高速旋转叶片的作用下，混合体一是沿叶轮转动方向水平运动，二是向垂直于叶轮转动方向运动，此时，叶片内表面附着一层由液相组成的液膜，液膜在受离心力的同时还受到混合气体的正压力的作用，由于作用力较大，使液膜沿叶轮叶片内表面移动时阻力很大，所以速度很低，同时由于受高速混合体冲击和压力的影响，液膜便被破坏并使之二次雾化，雾化后液体再次与混合体混合，从而大大增加了气、固、液相粒子与液相接触的机会，因此液相获得了极高的捕集率。此过程不但完全具备了超重力的特点，而且还有超重力的作用和较大的动压、正压作用，由于这些作用使雾状混合体体积缩小，速度加大，叶轮的线速度可达 50～150m/s，超重力加速度可达数百至上千倍的地球重力加速度。此时气、固、液相粒子与液相经激烈碰撞凝聚而机械结合于混合体中，如

介质为油脂，即乳化（乳化是两种互不相溶的液体，借乳化剂或机械力作用，使其中一种液体分散在另一种液体中而形成的乳状液体，油分散在水中称为水包油型，水分散在油中称为油包水型）。

⑤ 高速飞离叶轮的雾状混合体在传质洗气机机壳中由于气流速度的减小和压力的回升，使混合体迅速膨胀，雾状液相与气、固、液相粒子又一次充分结合，此时由于液相高速冲击的作用，比重大的液相粒子便携带固、液相粒子向传质洗气机机壳外缘内表面运动汇集，并脱离固、液相粒子的原气相载体经过脱水器流回储液箱，此时便完成气-液、液-液、液-固传质过程。

⑥ 筛网理论：根据以上分析得知，气液两相之间的相对运动不仅存在速度的差别，还存在方向的差别，而液相速度快位置却在气相之后。当高速度、高分散度的粒子穿过气相时，各物相流相互传质而完成传质过程。所谓筛网理论是筛子的孔径要比被筛下物体的粒径大 10 倍以上，同时由于气相速度在机壳中运动较慢，所以多次受到液相的冲击，这些传质过程都是其他反应器不能比拟的。

⑦ 传质洗气机工作原理如下。自圆心到同心圆的最后一个圆是布水区（A 区），从同心圆的最后一个圆到渐开的螺线之间是动力区（B 区），从 B 区的边缘至传质机外缘是传质区（C 区）。根据对其速度场、运动场、压力场的分析，它完全涵盖了目前超重力传质特性，但由于改变了它的非填料式及高超重力运动方式，所以其综合性能应大大高于填料型超重力机的性能，它使动力性能与传质性能完美地组合在一起，使气相获得流动所需的动力的同时又能使气相、液相、固相相互传质，在气体流动方向自轴向向径向改变，并顺叶轮转动方向旋转，旋转速度或线速度自圆心沿径向逐渐加大，离心加速度同时加大。液相自圆心由布水器呈同心圆状运动，到布水器边缘时，液相呈辐射状沿布水器切线方向运动与气体混合进入 B 区。

当混合体进入 B 区时，气相与质量较轻的乘体的速度较快，液相由于密度较大所以速度较慢，但是叶片的速度都较之它们快得多，而当较慢的大颗粒液相撞到叶片时，受到的是叶片的高速冲击，在叶片上形成液膜，液膜在极短的时间内又被气流冲破而碎，变成极小颗粒即雾状，并在此时得到叶片的很高的线速度及离心力。

在叶片外缘雾状的液相与气相中的乘体组成混合体，并以叶片外缘的线速度沿叶片旋转的切线方向射出，此时超重力数值达到最大值，液相被巨大的剪切力破碎成极细小的颗粒，此时混合体中由于密度（质量）大小的区别不但存在着相对运动，而且还存在着运动方向的不同，所以它比填料型超重力机有着更独特的特性。由于叶片的速度较气相的速度快得多，所以每个叶片流出的气相都要受到其他叶片甩出的液相的多次拦截、冲击、凝聚，最后到机壳的内壁汇集。

九、洗气机内部流体动力学分析

强力传质洗气机包括“三传一反”中的能量传递的功能，所以传质洗气机的本身就符合空气动力学的基本方程式。通过运用空气动力学的基本方程式——欧拉（Euler）方程式和对流体在叶轮中流动情况的分析，从而了解气液两相流体在旋转的叶轮中究竟如何运动以及外加动力与两相流能量变化之间的关系如何。通过这一系列的分析，更进一步了解和掌握气液两相流在传质洗气机内的运动及能量消耗和净化机理。

1. 单一流体在叶轮中的流动情况

（1）传统叶轮中流体流动情况

在研究空气动力学基本方程式之前，首先应该认识流体在理论叶轮中的运动情况。图 11-20 为风机的叶轮示意及流体流动速度示意图。叶轮的进口直径为 D_1，叶轮的外径，即叶片出口直径为 D_2，叶片入口宽度为 b_1，出口宽度为 b_2。

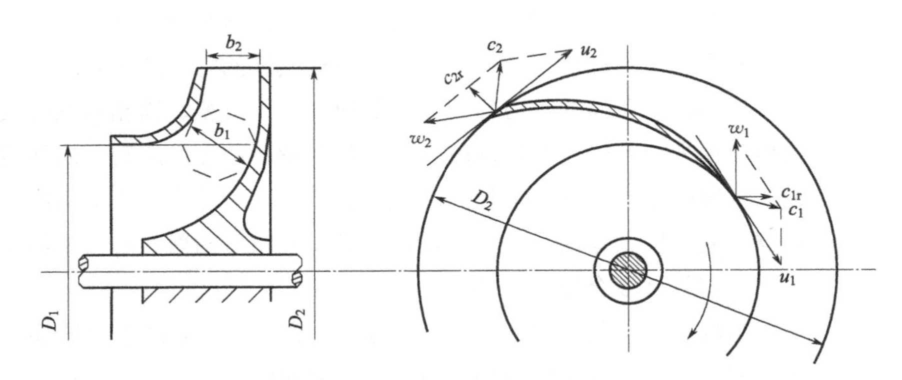

图 11-20　传统叶轮中流体流动情况

当叶轮旋转时，流体沿轴向以绝对速度 c 自叶轮进口处流入，流体质点流入叶轮后，就进行着复杂的复合运动。因此，研究流体质点在叶轮中的流动时，首先应明确两个坐标系统：旋转叶轮是动坐标系统；固定的机壳（或机座）是静坐标系统。流动的流体在叶槽中以速度 w 沿叶片而流动，这是流体质点对动坐标系统的运动，称为相对运动；与此同时，流体质点又具有一个随叶轮进行旋转运动的圆周速度 u，这是流体质点随旋转叶轮对静坐标系统的运动，称为牵连运动。以上两种速度的合成速度，就是流体质点对机壳的绝对速度 c。以上三种速度之间的关系是：

$$c=w+u \tag{11-3}$$

该矢量关系式可以形象地用速度三角形来表示。以出风口为例，图 11-21 为叶轮出口速度三角形。在速度三角形中，w 的方向与 u 的反方向之间的夹角 β 表明了叶片的弯曲方向，称为叶片的安装角。β_2 是叶片的出口安装角。安装角是影响风机性能的重要几何参数。速度 c 与 u 之间的夹角称为叶片的工作角。α_2 是叶片的出口工作角。

为了便于分析，通常将绝对速度 c 分解为与流量有关的径向分速 c_r 和与压力有关的切向分速 c_u。前者的方向与半径方向相同，后者与叶轮的圆周运动方向相同。从图 11-21 中可以看出以下关系：

$$c_{2u}=c_2\cos\alpha_2=u_2-c_{2r}\cot\beta_2 \tag{11-4a}$$

$$c_{2r}=c_2\sin\alpha_2 \tag{11-4b}$$

速度三角形清楚地表达了流体在叶轮流槽中的流动情况。

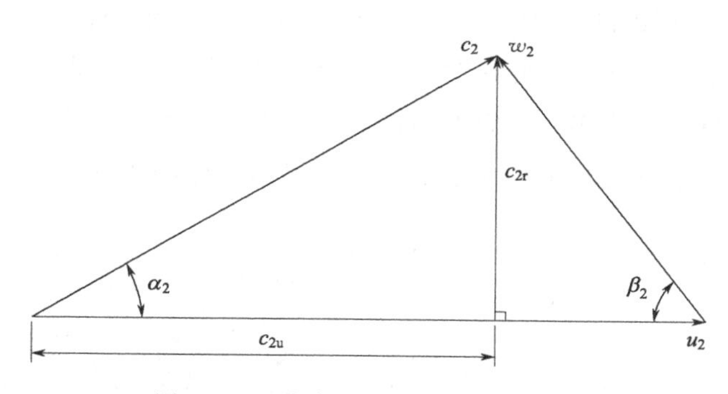

图 11-21　叶片出风口速度三角形

(2) 传质洗气机叶轮中流体流动情况

图 11-22 是传质洗气机叶轮示意图，与传统叶轮相比较，除具备传统叶轮的全部特征和特点外，不同之处是：①叶轮的后盘为锥形；②进口直径与出口直径的比值较大；③叶片是沿进口直径的切线方向，所以叶片的工作角和安装角全部为零。这样的目的第一是叶片进口处不消耗能量；第二是出口处绝对速度的切向分速度较小，径向分速度较大，所以能量消耗较小。

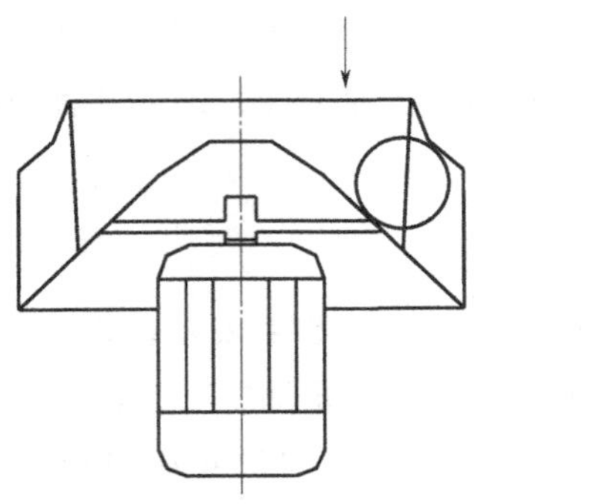
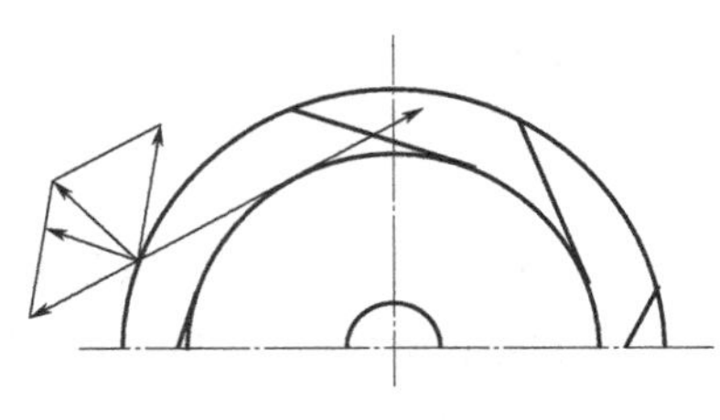

图 11-22 叶轮示意图

2. 气液两相流在旋转的传质洗气机叶轮中的流动情况

当叶轮旋转时，气液两相流便沿轴向以绝对速度 c_0 自叶轮进口处流入，气液两相流质点流入叶轮后，就进行着较单一流更复杂的复合运动，它们除了分别符合以上的流动情况分析外，还由于它们的介质密度不同，物理特性不同，因而引发了不论是动坐标还是静坐标都有各自不同的运动。除此之外，它们之间还存在相互运动和影响。

如图 11-23 所示，液相以分散相与气相混合进入叶轮流道，由于叶轮的高速运动，叶片对于气液两相都在做相对运动，但由于液相的质量比气相大得多，所以液相或液滴便冲向叶片，又由于气相的压力作用，使液滴在叶片上形成层流液膜，根据流体的物理性质和流体的黏滞性，

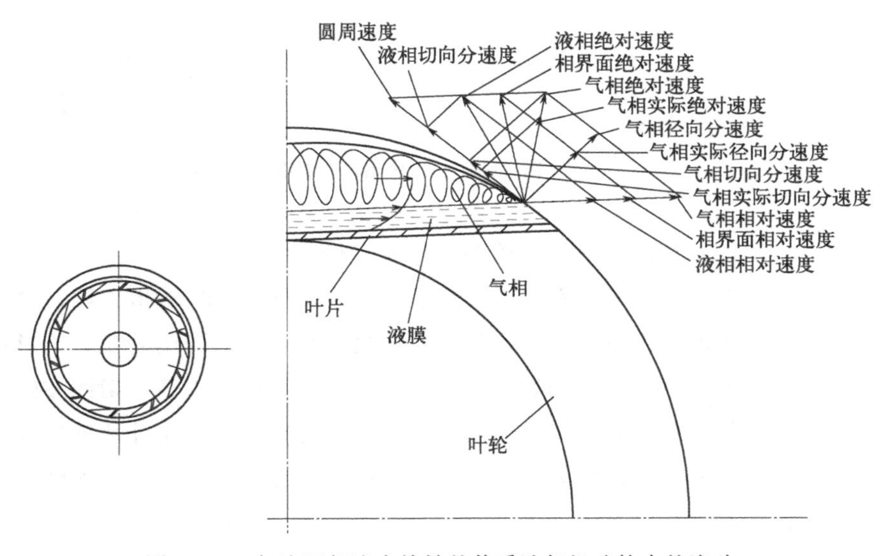

图 11-23 气液两相流在旋转的传质洗气机叶轮中的流动

使气液两相产生相对速度，产生速度差，即层流液体受气相的压力作用，与叶片的摩擦力加大。反之，气相由于液膜的作用，摩擦力较单一流动时要小，而圆周速度都是不变的。为了更好地进行说明，图 11-23 以气液两相界面为基础，先画出相界面速度三角形，得出相界面绝对速度，再根据气液两相的不同的相对速度画出不同的速度三角形，以求出气液两相的绝对速度，再根据气液两相的绝对速度求出气液两相的切向速度，由此得出液相的切向速度要大于气相的切向速度。

另外，由于气相在叶轮流道中受到挤压，离开叶轮流道后，解除了挤压和空间放大，所以实际的气相绝对速度要比理想的气相绝对速度小得多，所以气相的切向分速度比原分析的还要小。

3. 外加动力与两相流能量变化之间的关系

分析了传统叶轮与传质机叶轮中流体的运动之后，就可以进一步利用动量矩定理来推导叶片式传质机的基本方程式。

为了简化分析推导，首先对叶轮的构造、流动性质作以下三个理想化假设，从而得出理论基本方程式，然后再对理论方程式作进一步修正。

三个理想化假设为：

① 流体在叶轮中的流动是恒定流。

② 叶轮中的叶片数无限多、无限薄。根据这一假设，就可以认为流体在叶轮中运动时，各流线的形状与叶片形状相同。任一点的速度就代表了同半径圆周上所有点的速度。也就是说同半径圆周上流速的分布是均匀的。

③ 将流体作为理想流体对待。这样，在流动过程中，没有能量损失。

根据动量矩定理：单位时间内流体动量矩的变化，等于在同一时间内作用在该流体上所有外力合力的力矩。

图 11-24 表示作用在离心式风机叶槽内流动流体的作用力。经过 $\mathrm{d}t$ 时间间隔，流段从位置 $abdc$ 移动到 $efgh$。流体薄层 $abef$ 流出了叶槽。根据连续性的定义，薄层 $abef$ 等于薄层 $cdhg$，设这个薄层的流体质量为 $\mathrm{d}m$。根据上述恒定流的假设，叶槽内 $abhg$ 部分的流体在 $\mathrm{d}t$ 时间间隔，其动量矩没有产生变化，因此叶槽内整股流动流体经过 $\mathrm{d}t$ 时间其动量矩的变化等于质量 $\mathrm{d}m$ 的动量矩变化。

如上所述，在叶轮的入口和出口处，其绝对速度 c 可分解为径向分速 c_{r} 和切向分速 c_{u}。由于径向分速通过叶轮的转轴中心，所以不存在

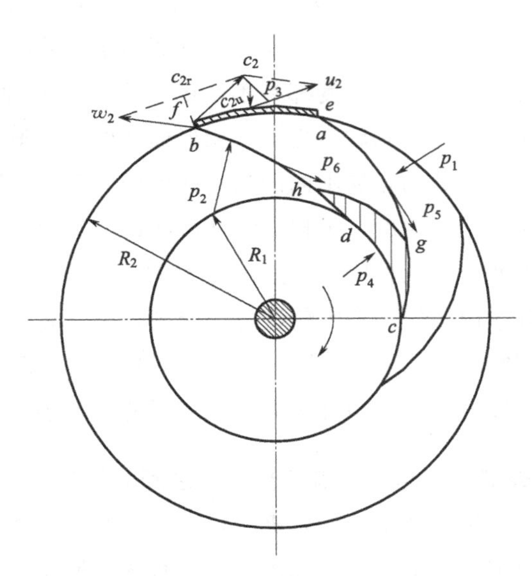

图 11-24 作用在离心式风机叶槽内流动流体的作用力

动量矩，因此，在计算动量矩变化时只需要考虑切向分速。应用动量矩定理可以写出以下表达式：

$$\frac{\mathrm{d}m}{\mathrm{d}t}(c_{2\mathrm{u}}R_2-c_{1\mathrm{u}}R_1)=\mathrm{d}M \tag{11-5}$$

式中 $\mathrm{d}M$——作用在某叶槽内流股上的外力矩；

R_1，R_2——叶轮进口和出口处的半径。

如图 11-24 所示，作用在某叶槽内流股的外力有：①叶片迎水面和背水面作用于流体的压力 p_1 及 p_2；②作用在过流断面 ab 和 cd 上的液体压力 p_3 及 p_4。p_3 及 p_4 均通过转轴中心，所以对转轴没有力矩；③由于研究对象为理想流体，所以摩擦阻力 p_5 及 p_6 不考虑。

将公式(11-5) 推广到流过叶轮全部叶槽的流体流动，关系式可相应写为：

$$\frac{m}{\mathrm{d}t}(c_{2\mathrm{u}}R_2-c_{1\mathrm{u}}R_1)=M \tag{11-6}$$

式中 m——经过 $\mathrm{d}t$ 时间间隔流入叶轮的流体质量，也等于流出叶轮的流体质量；

M——作用在叶轮内整个流股上的外力矩。

设通过叶轮的流量为 Q_T，流体的容重为 γ，则单位时间内通过叶轮的质量为$\frac{m}{\mathrm{d}t}=\frac{\gamma Q_\mathrm{T}}{g}$。代入关系式(11-6) 得：

$$M=\frac{\gamma Q_T}{g}(c_{2u}R_2-c_{1u}R_1) \tag{11-7}$$

式中　Q_T——通过叶轮的理论流量。

根据理想流体的假设，叶轮上的轴功率全部传递给叶轮中的流体，所以理论功率 N_T 为：

$$N_T=rQ_TH_T \tag{11-8}$$

N_T 可以用外力矩 M 和叶轮旋转角度 ω 的乘积来表示，即 $N_T=M\omega$。代入式(11-8) 并整理后可得：$H_T=\frac{M\omega}{\gamma Q_T}$

代入公式(11-7)，可得：

$$H_T=\frac{\omega}{g}(c_{2u}R_2-c_{1u}R_1) \tag{11-9}$$

又由于 $u_1=R_1\omega$、$u_2=R_2\omega$，代入式(11-9) 可得：

$$H_T=\frac{1}{g}(u_2c_{2u}-u_1c_{1u}) \tag{11-10}$$

公式(11-10) 就是离心式风机欧拉方程的基本方程式。

从基本方程式可以看出：

① 流体从叶轮中所获得的压力仅与流体在叶片进口及出口处的运动速度有关，与流体在流道中的流动过程无关。由于 $c_{1u}=c_1\cos\alpha_1$，当 $\alpha_1=90°$，则 $c_{1u}=0$，此时方程式可写为：

$$H_T=\frac{u_2c_{2u}}{g} \tag{11-11}$$

为了获得正压力（$p_T>0$），就必须使 $\alpha_2<90°$。α_2 愈小，风机的理论压力就愈大。

② 基本方程式表明了理论压力 p_T 与 u_2 有关，而 $u_2=\frac{n\pi D_2}{60}$。因此，增加转速 n 和加大叶轮直径 D_2，可以提高风机的理论压力 p_T。

③ 基本方程式表明了流体所获得的理论压力 p_T 与被输送的流体种类无关（与容重 γ 无关）。对于不同流体，只要叶片进、出口处流体的速度三角形相同，都可以得到相同的 p_T。但是，当输送不同容重的流体时，传质机所消耗的功率是不同的。γ 愈大传质机所消耗的功率也就愈大。因此，在被输送的流体 γ 不同，而理论压力相同的情况下，原动机所需提供的功率消耗是完全不同的。

根据欧拉方程和气液两相流在旋转传质机叶轮中的流动分析，液相高的切向分速度有助于气相的压力提高，因此高速度雾化后的液滴在气相的后面，以分散相且高于气相的切向分速度推动气相沿切向前进，使之提高切向分速度，即搭桥效应，从而提高气相的压力，使能量得到充分利用。

根据欧拉方程得知，流体密度大，能耗就大。由于液相密度大，所以传质机能耗较气相大。但由以上分析得知，液相雾化后能提高气相的切向速度，从而使能量得以回收。根据传质介质不同或液气比不同，所消耗的能量也不尽相同（由于气相在机壳中的运动速度较慢，所以要多次受到分散状的液相沿前进方向的冲击，使之能多次提速，有效利用能量。）

十、参数确定

1. 风机性能

（1）无因次

因次是物理量纲，无因次即是无物理单位的量纲。

解释：风机在工作时，其各项性能指标均为变量，而且各变量间的相互影响很大，除此之外还有其他非定量的影响，如温度、湿度、形状等。为了排除或避免这些不确定的因素影响，就要把诸多的无因次变成有因次，从而有助于性能计算及使用。因此当计算压力时，就有压力系数（ψ）或全压系数，计算流量时有流量系数（φ），计算功率时有功率系数（λ），这些系数都是不确定的，是根据不同的几何形状而变化的，最终这些系数是通过大量的试验积累而得。

（2）无因次参数计算有因次参数公式

$$Q=900\pi D_2^2 u_2 \varphi(\mathrm{m^3/h}) \tag{11-12}$$

$$K_\mathrm{p}=\frac{\rho_1 u_2^2 \psi}{101300}\Big/\left[\left(\frac{\rho_1 u_2^2 \psi}{354550}+1\right)^{3.5}-1\right] \tag{11-13}$$

$$p=\rho_1 u_2^2 \psi / K_\mathrm{p}(\mathrm{Pa}) \tag{11-14}$$

$$P_\mathrm{in}=\frac{\pi D_2^2}{4000}\rho_1 u_2^3 \lambda(\mathrm{kW}) \tag{11-15}$$

$$P_\mathrm{re}=\frac{N_\mathrm{in}}{\eta_\mathrm{m}}K(\mathrm{kW}) \tag{11-16}$$

式中 Q——流量，$\mathrm{m^3/h}$；

p——全压，Pa；

K_p——全压压缩性系数；

P_in——内功率，kW；

P_re——所需功率，kW；

D_2——叶轮叶片外缘直径，m；

u_2——叶轮叶片外缘线速度，m/s；

ρ_1——进气密度，kg/m^3；

η_m——机械效率；

K——电动机储备系数。

风机性能一般指在标准状态下输送空气的性能。当使用状态为非标准状态时，则必须把非标准状态的性能换算到标准状态的性能，然后根据换算性能选择风机。其换算公式如下：

$$Q_0=Q\frac{n_0}{n}(\mathrm{m^3/h}) \tag{11-17}$$

$$p_0=p\left(\frac{n_0}{n}\right)^2\frac{\rho_0}{\rho}\frac{K_p}{K_{p_n}}(\mathrm{Pa}) \tag{11-18}$$

$$P_{in0}=P_{in}\left(\frac{n_0}{n}\right)^3\frac{\rho_0}{\rho}(\mathrm{kW}) \tag{11-19}$$

$$\eta_{in0}=\eta_{in} \tag{11-20}$$

式中，η_{in} 为内效率；其中物理量符号有注脚 0 为标准状态，无注脚 0 为使用状态。

风机的性能一般均指在标准状态下输送空气的性能。标准状态指大气压 p_a=101300Pa，大气温度 t=20℃，相对湿度 50%，空气密度 ρ=1.2kg/m^3。

（3）风机性能参数的关系式

风机的性能以风机的流量、全压、主轴的转速、轴功率和效率等参数表示，而各参数间又存在着一定的关系，这些关系均列入表 11-1。

表 11-1　风机性能参数的关系式

改变叶轮外径换算式	改变密度 ρ，转速 n 时换算式	改变转速 n，大气压 p_a，气体温度 t 时换算式
$\frac{Q_1}{Q_2}=\left(\frac{D_1}{D_2}\right)^3$ $\frac{p_1}{p_2}=\left(\frac{D_1}{D_2}\right)^2$ $\frac{N_1}{N_2}=\left(\frac{D_1}{D_2}\right)^5$ $\eta_1=\eta_2$	$\frac{Q_1}{Q_2}=\frac{n_1}{n_2}$ $\frac{p_1}{p_2}=\left(\frac{n_1}{n_2}\right)^2\frac{\rho_1}{\rho_2}$ $\frac{N_1}{N_2}=\left(\frac{n_1}{n_2}\right)^3\frac{\rho_1}{\rho_2}$ $\eta_1=\eta_2$	$\frac{Q_1}{Q_2}=\frac{n_1}{n_2}$ $\frac{p_1}{p_2}=\left(\frac{n_1}{n_2}\right)^2\left(\frac{p_{a1}}{p_{a2}}\right)\left(\frac{273+t_2}{273+t_1}\right)$ $\frac{N_1}{N_2}=\left(\frac{n_1}{n_2}\right)^3\left(\frac{p_1}{p_2}\right)\left(\frac{273+t_2}{273+t_1}\right)$ $\eta_1=\eta_2$

注：1. 式中，Q——流量，m^3/h；p——全压，Pa；N——轴功率，kw；η——全压系数；ρ——密度，kg/m^3；n——转速，r/min；t——温度，℃；p_a——大气压力，Pa。

2. 注脚符号“2”表示已知的性能及其关系参数，注脚符号“1”表示所求的性能及关系参数。

风机性能一般均指在标准状况下的风机性能，无论是技术文件还是订货要求的性能，除特殊定货外，均按标准状况为准。

功率按下式求出：

$$N=\frac{Q_s \times p}{1000\eta \times \eta_m}K(\text{kW}) \tag{11-21}$$

式中 Q_s——流量，m^3/h；

p——风机全压，Pa；

η——全压效率；

η_m——机械效率；

K——电动机容量安全系数（电动机储备系数）。

2. 强力传质洗气机性能

强力传质洗气机是在保证风机性能的基础上，通过洗涤液的作用来完成净化空气或烟气的，因此强力传质洗气机是以风机为基础，以净化为目的的湿式净化设备。

风机是为空气或烟气的流动提供动力的一种空气动力设备，它的理论基础是空气动力学和流体力学，尤其是流体力学中的相似理论，即运动相似、动力相似和几何相似。

风机是应用非常广泛的设备，它与人们的生产生活关系十分紧密，因此人们将它划分为许多系列，以便更好地应用于诸多领域，而在如此多的领域中均有净化问题的存在，因此将风机覆盖这些领域其难度是很大的，只有先将风机了解研究透彻，才能更好地进行应用。

风机的性能参数有全压 P、流量 Q、功率 N，而决定这些参数的是风机的机壳、叶轮，在这两项中核心是叶轮的直径、叶轮进出风直径的比、叶片的高度、叶片的角度、叶片的弧度、叶轮的转速。如何确定如此多的变量来满足设计的需要，是我们要掌握的方法。

（1）叶轮形状——径混式设计

风机的叶片的旋转面是一个圆柱面，与叶轮盘组成一个圆柱体，此圆柱体的轴心与转动轴的轴心重合，气流沿径向进入叶片，所以成为径混式。如图 11-25 所示。

分为基本型、选择型、设计型、优化型、低压型、高压型、独立型、配合型。

（2）运转形式

水平运转，其优点是：不受重力加速度影响；传动轴不受力矩影响，可直联传动；布水均匀，容易控制；脱水较容易；占地面积小。

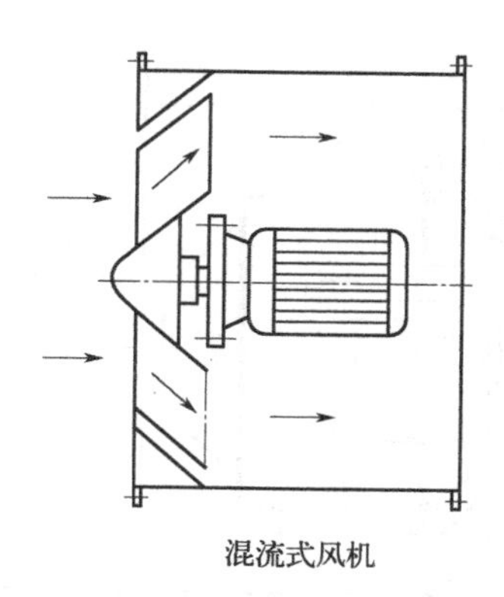

混流式风机

图 11-25 径混式叶轮

(3) 设计参数确定

① 非工艺需要。在很多场合或领域，只需完成对污染物的排出和净化，不对其工艺产生影响，如皮带转运、破碎、筛分等，此类为机械性粉尘居多。

② 工艺需要。在很多场合，强力传质洗气机参数不只是净化率及风量，其他参数也要符合工艺流程的要求，在环保领域，如锅炉、转炉、烧结、制药领域、油烟（餐饮）等，此类多为挥发性粉尘或高温烟气；在化工领域，如化合、分解、干燥、萃取、吸收等三传一反工艺。

③ 密封要求。由于工作时有洗涤液的介入，因此对强力传质洗气机的密封性提出了更高的要求，要防止泄漏，同时也要防止渗入空气，如应用在易燃易爆的场合，介质就更为重要。

(4) 强力传质洗气机系列的分类

① 旋流式。旋流的定义：旋流指流体在流动中每一质点都具有绕其自身中心轴旋转的流动。也可解释为介质在沿管道做直线运动的同时又绕轴心做旋转运动。

应用领域：由于其进口与出口在一条直线上，也可称为轴流式，多用于对压力要求不高的粉尘或机械性粉尘的场所。

旋流式强力传质洗气机具有以下特点：

旋流式强力传质洗气机属于贯通式净化设备，也就是它的进口与出口在同一轴线上，因此在安装使用过程中非常方便。它的体积小，灵活多变的安装方式则是最大的特点之一，因此环境的适应性则大为提升。

旋流式强力传质洗气机的整体分为前后两大部分，前部为动力及反应区，后部为脱水区。如图 11-26 所示。

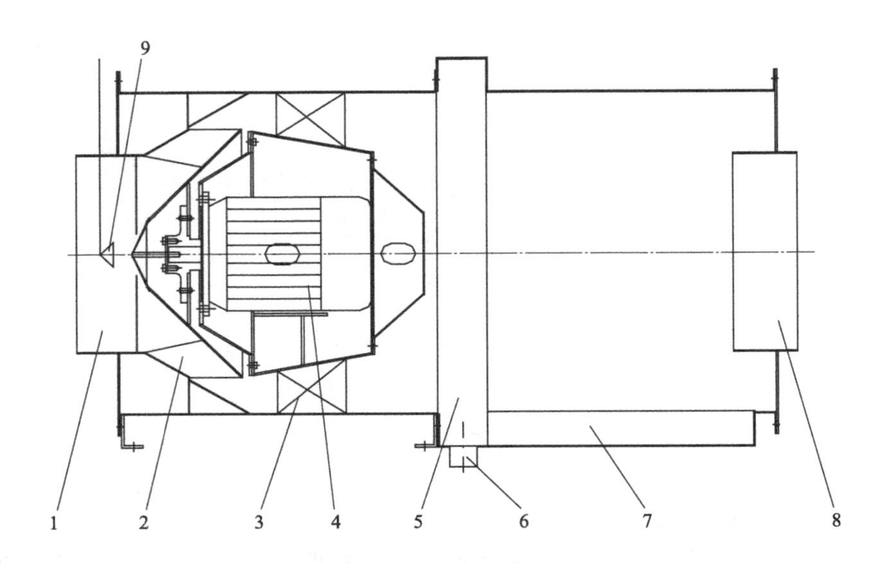

图 11-26　旋流式强力传质洗气机

1—进风口；2—叶轮；3—导流片；4—电机总成；5—脱水环；6—排水口；7—排水槽；8—出风口；9—喷水口

工作原理：

a. 液相、气相或固相同时进入强力传质洗气机，在高速旋转的叶轮的作用下，气、液、固高度混合、传质，高速旋转的气流在高速旋转的同时沿轴线移动，形成旋流，在旋流体的作用下，液相汇集到洗气机内表面。

b. 气、液、固三相剧烈混合后，气、液两相应进行分离，因此利用气相的旋转特征，在气相向下游移动的途中做一环形壕沟，使汇集到内表面的液相进入环形壕沟。

c. 由于液相被气相雾化后在短行程内无法分离，所以要延长旋转体的移动距离，为气液分离提供足够的时间和空间。因此出风口就要向下游轴线方向延伸。

d. 在足够的分离条件下，气相中的雾化的液相继续在内表面汇集，在旋转力和重力的作用下经下部排水槽、排水口排出。

② 离心式。利用蜗壳式机壳产生较大的压力，并利用离心式脱水器进行气液分离，所以称为离心式，多用于温度较高、工艺参数要求较高及挥发性粉尘领域。

(5) 选型

① 非工艺需要型。非工艺需要就是在工艺过程中洗气机不对工艺过程产生人为影响，此条件多用于空气净化领域，主要用于工艺过程中

的空气污染治理，或称末端处理，或称尾气净化，如餐饮厨房油烟净化，洗气机对炒菜烹饪的质量不造成影响，只与室内的空气质量和外排烟气质量有关。在矿业、井下、井上也是如此，典型的是洗煤厂，在原煤的筛选、破碎、转运等过程中，洗气机的作用只与排送风量和外排的空气质量有关，是定性要求。

在此非工艺选型过程中，旋流式多用于一般性粉尘或机械性粉尘，离心式多用于对净化效果要求很高或零排场所。在此过程中，由于洗气机设备不参与工艺过程，所以其参数多以净化效果为主，在满足要求的前提下，尽最大可能降低能耗。

② 工艺需要型。工艺需要就是在工艺过程中除了要完成传质工艺外，还要满足除此以外的空气动力学要求，而且各参数还要相对精准，是定量要求，如锅炉、转炉、烧结、焦化、洗苯、洗硫化氢。因此工艺需要型对洗气机提出更高的要求，既要满足传质需要，还要满足空气动力学的需要，它们对各参数都有精准的要求。

在工艺需要领域中选型多以离心式为主，因为离心式洗气机的参数波动小，容易掌控，并可以在较宽的参数带中选择较为合适合理的参数。

(6) 液气比

当强力传质洗气机工作时，液气比是一个很重要的参数，取值时可达 0.5～1.2L/m^3，参数应按最大值选取，其功率选择可在风机基础上提高一倍，调节范围要尽可能大些。另外，液气比取值还要根据具体的传质内容而定，要灵活掌握。

(7) 转速或线速度的确定

强力传质洗气机的转速或线速度除了决定系统的全压外，还对不同的传质内容有着不同的效率，在我们研究的环保范围内可将粉尘分为机械性粉尘和挥发性粉尘，按粉尘的分散度确定，即随着粒径越来越小，则转速或线速度则越来越高。在化工领域也要依传质内容而定。

(8) 能耗的确定

在任何条件任何状态下，以最小投入获得最大产出都是人们所期望的，在强力传质洗气机的应用中，同样存在此类问题。

① 根据传质的性质选择最低转速。

② 根据系统管网特性选择最低全压。

③ 根据传质效率选择最低液气比。

(9) 传动方式

目前强力传质洗气机所选择的传动方式主要有两种，一种是直联式，如旋流式和小型离心式；另一种是大型号的选用的离心式为间接传动。

（10）脱水器的选择

脱水器是与洗气机配套的设备，它是当洗涤剂与空气或烟气充分混合并将净化介质洗到水中后，要使空气或烟气与洗涤剂分离的设备，因此需要将其分离干净，同时能耗还要最小，目前有三种可供选择：a. 低速型；b. 高速型；c. 对旋式。如图 11-27 所示。

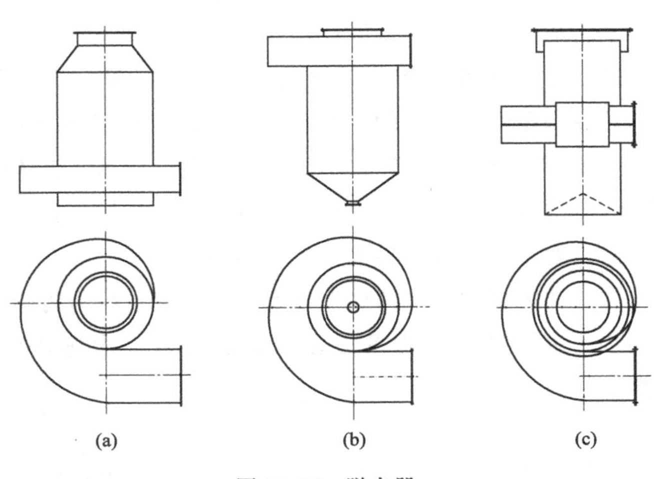

图 11-27　脱水器

（11）预除尘的配制

预除尘是安装在强力传质洗气机前的设备，其目的是将进入强力传质洗气机的粉尘预先进行一次分离，用以减轻强力传质洗气机的负荷，同时在有高温的情况下还可达到预先降温的目的，或起预湿的作用。所以预除尘可分为干法和湿法两种，干法多为沉降式、旋风式，湿法为喷淋式和旋转式，如图 11-28 所示。干法也可称为一级除尘。

（12）净化两种以上污染时，如脱硫除尘，按强力传质洗气机的能力脱硫是较为容易的，如果需要高效除尘，就要分析烟尘的性质，如锅炉划为机械性粉尘之列，即在脱硫的同时达到高效除尘的目的。如果烟尘为挥发性的，则最佳的选择是先用静电或布袋进行预除尘，然后用洗气机脱硫或脱硝，效果更好。

（13）水系统配置

在水系统中主要由管线、水泵、渗滤器、缓冲水箱、污泥处理器等部分组成。水系统配置的好与坏直接影响系统运行。自动化程度高，则使用效果好，管理费用低。

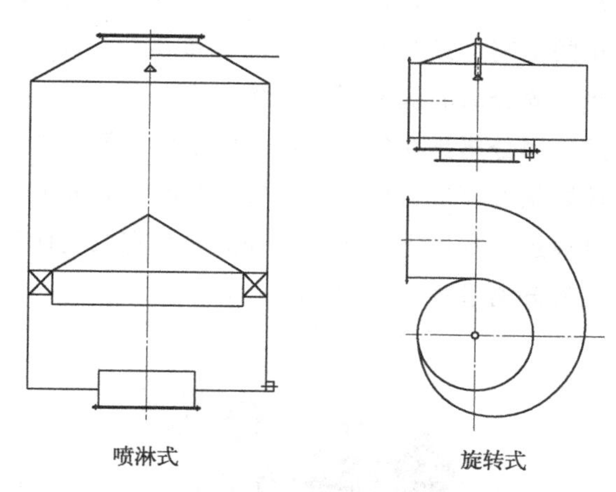

图 11-28 预除尘的处理

十一、洗气机相态分离机理

洗气机进行气固分离的过程虽是属于湿法换乘，就是将固相颗粒自以气相为载体的固相颗粒转换乘至以液相为载体中，但由于其传质或换乘的机理不同，其换乘过程及效率效果也有很大的区别。

比较传统的分离装置是塔形分离装备，其经济技术指标不是很强。效果较好设备如文丘里、超重力虽然较为先进，但是仍然存在一些问题。

在前面已经提到，洗气机分为离心式洗气机和旋流式洗气机两大类。在论述洗气机的机理时，可以将其分为两部分：一个是旋流式结构的机理，一个是离心式结构的机理，在这两个结构机理中有一部分是相同的，其他则是不同的。本节对两类洗气机在气固分离、气液分离等方面对洗气机相态分离机理做一个详细的介绍。

1. 旋流式气固分离

旋流式的结构特点是线型结构，即进风排风在同一轴线上，它的气固分离过程的特点是气固混合体自进气口到出气口，就要完成固相的换乘转移的过程，同时还要完成气液的分离过程。

完成旋流式气固分离的设备称为旋流式洗气机（水平）。论述旋流洗气机前要了解旋流的概念。旋流是气流在沿直线运动的同时做旋转运动。

旋流式洗气机的特点是进口与出口是在一条轴线上，这样占地小，管道容易布置。虽然如此，但在长度方向上仍然要越短越好，因此，如何在最小的空间，最短的距离内完成传质，交换，然后完成气固分离，首先要将气固分离的机理研究清楚。

虽然气固分离是在传质过程完成之后，但是真正要在分离过程完成到位，还要从如何进行传质过程研究开始。此处值得强调的是，洗气机的气固分离过程本质上属于湿法分离，是完成气体和含有固相颗粒的洗涤液的气液分离过程，如图 11-29 所示。

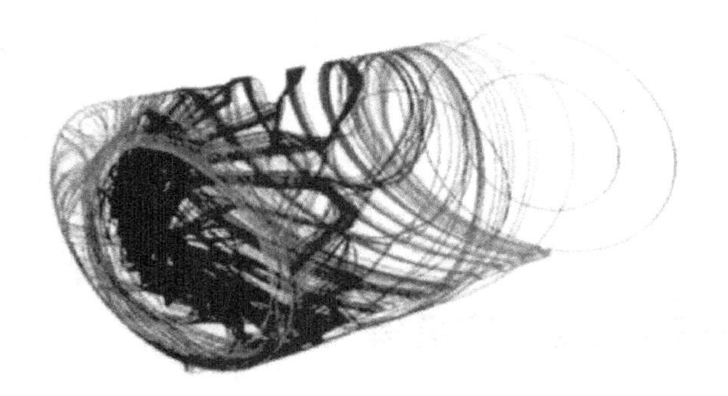

图 11-29　气固（液）分流图

在旋流式洗气机工作时，气流与含有固相颗粒的洗涤液的运行轨迹是三维的，由于它们的相态不同，所以它们运行轨迹是不同的，也正是由于轨迹的不同，才有着很高的传质效率。旋流洗气机气流在离开叶片后至出口都是旋流运动的过程，如图 11-30 所示。

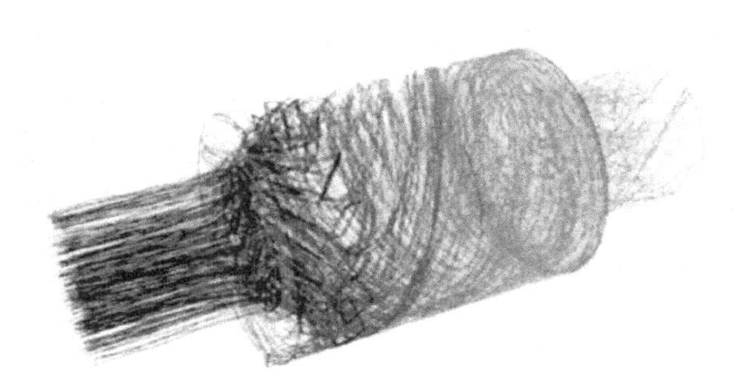

图 11-30　气流运动与洗涤液运动

(1) 旋流的形成

当叶轮高速旋转时，叶轮是圆周运动，气液两相流的轨迹是不同的。

a. 液相离开叶片后是沿着叶轮的旋转方向切向射出，然后在筒壁内壁表面汇集，在轴向上是叶轮切线方向。

b. 气相在叶轮叶片的作用下，沿轴向约 45°夹角方向向前做旋流运动。

c. 基于以上的分析表明，液相在洗气机内表面汇集，由于液相的物理特征即其连续性，气相在离开叶片后便呈旋流态运动，由于气相的旋转产生离心力的作用，便使液相在内表面形成一层液膜，液膜又在气相的推动下向后方移动。

当气液相继续下行时由于强力的旋转气液形成明显的层流，此时由于重力场的作用，液相开始聚集，聚集后的液相在气流的强力作用下开始出现液泛现象，为避免液泛现象发生，便在距内表 10～20mm 安装一个气液分离装置，其作用是将液相导入一个缓冲区，由于气液分离图是圆锥形，在圆锥体和内表面之间形成一个缓冲区，在此区域内的气流得到减速，液相平稳聚集得以推出。

经过分流后的中心气流在锥形分离图内继续做旋流运动，此时残留在气流中的液相颗粒在离心力的作用下黏附在锥形内表面，并不断汇集成可以流动的液相流，在锥形体的末端从分流栅处排出，在重力的作用下进入缓冲区内完成二次分离。

气液筛：经过锥形分离圈的旋转气流到旋流洗气机出口之间有一过渡段，这个过渡段叫作气液筛。它由多孔板制作，它的主要作用有三个，第一是将缓冲区的气流排出，第二是克服旋转气流对缓冲区的气流干扰，第三是将旋转气流中的液相颗粒进行第三次分离，此时就完成了气液分离。

（2）旋流分离的结构尺寸的确定

旋流洗气机的径向尺寸是以叶轮参数为基数确定，叶轮参数有两个，一个是叶轮外缘直径，一个是叶片距离出风口的高度。为了实现标准化，叶片的高度可按叶轮外缘的 0.25 而定，对于外形径向尺寸可按叶轮外缘的 1.4 倍而定，从制作工艺考虑分离器径向部分也服从这一个确定。

关于轴向尺寸的确定，轴向尺寸可分为两大部分，第一部分是由进风口到电机壳尾端，这部分为必要部分；第二部分是电机尾到洗气机出口部分，这部分为有效分离段，根据试验及应用经验，整个筒体一般可取叶轮外缘直径的 1.5～2 倍。

2. 离心式气固分离

离心式洗气机除了上述与旋流式有相同之处外，在结构和机理有很多不同之处。离心式洗气机大部分都是立式运行，这种方式有利于布水均匀，同时便于液相的运行和脱水器的运行及使用。

（1）高效分离机理分析

离心式洗气机和旋流式洗气机在同样的工况下其效率比传统湿式除尘设备高出许多，其结构如图 11-31 所示。多用于烟尘和高温的工况及场所，对细微固相颗粒也有很好的效果。旋流式洗气机在进行相分离过程时仅有一次气液接触，而离心式则要接触数十次以上。

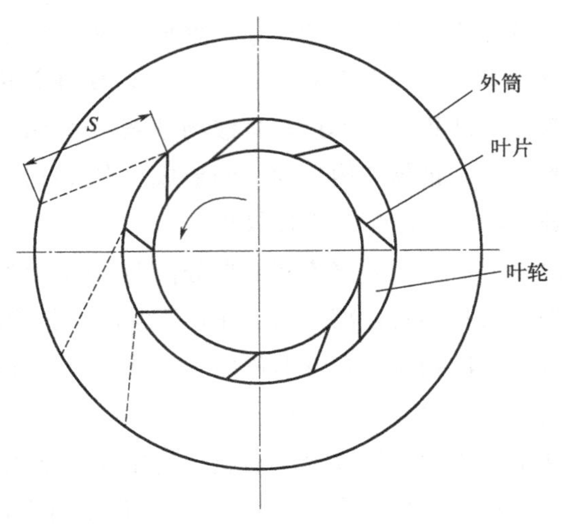

图 11-31 洗气机叶轮结构

冲洗次数公式

$$N=\frac{\overline{V}}{V}\times Z\times tn\times\frac{6}{60} \qquad (11\text{-}22)$$

式中 N——质点到出风口的被冲洗次数；

$\overline{V}$——叶轮外缘的线速度；

V——质点的运动速度；

Z——叶片数量；

t——质点到出风口的时间，$t=\frac{v}{S}n$（S 为距离，如图 11-31 所示）；

n——叶轮的转速，r/min。

当洗气机工作时，质点在蜗形流道内运动，一般情况可以按 20m/s 设计，而叶轮旋转产生的线速度一般要 3 倍以上，通过实验叶轮叶片的数量在 16 片比较好。

（2）离心式洗气设计及参数计算

叶轮基本型及尺寸以叶轮最外缘直径（D）为基准。

① 如何根据工况设计叶轮。在设计叶轮时，要同时考虑风量 Q、压力 P、功率 N，当系统中的参数风量、风压为已知时，要通过叶轮的形状，即最大外缘尺寸，叶片高度、数量、转速的等确定参数的准确性。

一般情况下，根据工况选型时，都要根据已知的标准参数进行，当已知的工况没有与已知标准相匹配时，要选择与工况相接近的标准参数，然后进行微调，根据工况参数的要求进行叶轮设计。

当风压参数符合要求，风量参数有差距时，可以将叶轮的叶片高度增加或减小，增减的幅度不应超过相邻叶轮的尺寸。

$$\frac{\text{实际风量}}{\text{标准风量}}\times\text{叶片高度}=\text{实际叶片高度}$$

当风量符合要求时，风压参数有差距时，可以将叶轮的直径（D）加大或减小，增减的幅度不应超过相邻叶轮的直径（D）。

$$\frac{\text{实际风量}}{\text{标准风量}}\times\text{叶轮直径}(D)=\text{实际叶轮直径}(D)$$

一般情况下先确定风压较好，将风压参数与标准的相接近或略大一些，然后调整叶片会更容易简单一些，因为风量的增减是算术级数，风压的增减是几何级数。

② 蜗壳的设计。计算确定叶轮各结构尺寸后，根据风量计算洗气机的出风口尺寸。众所周知，风量 Q=风速 V×截面 S，出风口的出口速度一般可设为 20～30m/s，这样计算出风口的截面尺寸，由于出风口的尺寸为矩形，水平尺寸与高度的比例为 3∶2，水平尺寸除以 4 就是蜗壳渐开线的尺寸。

③ 电机及传动设计。由于洗气机的进风口向上，叶轮水平转动，所以电机及传动是采用立式电机传动，洗气机的小型号可采用立式电机直接传动，大型号或有高温场所时可采用间接传动，间接传动轴承箱可以采用同型号的电机壳（无铁芯）为传动的轴承箱，电机壳为 B35 型，电机为同型号的 B5 型。

采用间接传动方式的传动箱或轴承箱的设计考虑到标准型的立式轴承箱。因此采用利用同型号的电机壳和电机轴做好传动箱，由于电机壳和电机轴是标准件，符合设计原则，其应用得到极大的方便，同时由于传动组没有定子和转子的铁芯部分，轴承的散热及过热问题也得到了解决。

传动轴承箱的强度问题：由于设计选型为 B35 型，所以壳体与洗气机的连接强度足够用，轴承的轴向推力远大于叶轮的重力。因此，不论是散热的问题还是强度问题，标准件的问题均得到较完美的解决。B35 传动机壳结构如图 11-32 所示。

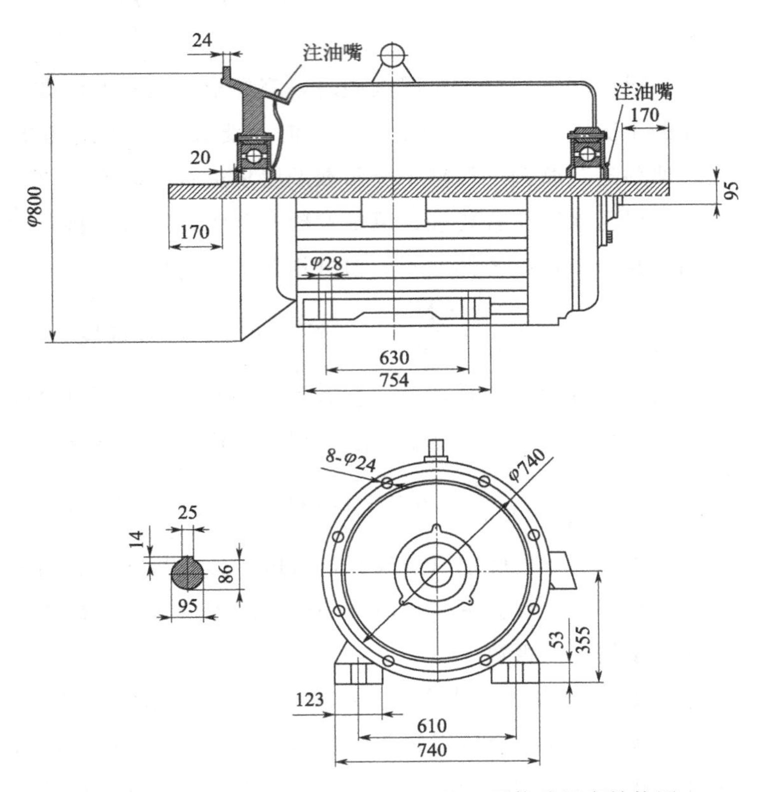

图 11-32 Y335L1-6.220kW 380V B35 型传动机壳结构图

④ 传运轴承箱的防水设计。立式离心洗气机的防水处理很重要，除了伞形叶轮的防水之外，顶部也要在安装时仔细密封，最重要的是在叶轮的下方，由于蜗形机壳内部的全压力不均衡，在高速运行时，气水混合体会由压力大的地方向压力小的地方穿过中心运动，致使电机轴或轴承箱进水，为此在叶轮的下方外缘处增加一个防水圈。

3. 气液分离机理

关于气液分离技术在第 9 章中有过论述，本节的气液分离的论述是关于洗气机技术相关气液分离问题。

在用洗气机技术进行气液混合体分离时与进行气固分离的技术原理一样，也以液相为介质，将以气相为载体的液相与液相介质溶合，达到气液分离的目的，这里所说的气相中的液相是用简单的方式不能分离的，如有一定温度的蒸汽、水气或雾气等形态，采用洗气机技术去除气相中水分也是一项很好的选择。

已经讨论过离心式洗气机和旋流式洗气机的气固相态分离机理，所讨论的机理是广义的，在实际生产生活中，洗气机的应用往往是多种相态分离形式的结合，在机理上并没有严格意义上对气固分离和气液分离的区别，因此气液分离机理和气固分离机理部分内容相似，在此不加赘述。

4. 气气分离机理

所谓气气分离就是在气相中分离出不同组分的气体物质的过程。不论是化工过程要得到特定的产品还是环保要求防止大气污染要进行分离，在传统的化工环保过程中均会应用塔型设备进行分离，洗气机成功应用，改变了这一传统工艺，从而使各项经济技术指标得到完善和提高。

目前的化工过程和环保过程均有成型的工艺及技术，在这些工艺技术中，只是将洗气机技术植入其中即可，系统中的其他工艺装备设备均无须更换或变动。因此，洗气机的操作使用完全可按前述内容实施，本文在此不再重述。

5. 洗气机在多相混合体分离中的应用

洗气机在两相混合体中有突出的表现，在气、液、固同时存在的多相态混合中的分离也得到很好的应用。在很多工况场合多相态混合体是很多的，如煤化工中的焦炭焙烧产生的物质就是一个多相混合体，在这个混合体中，有煤尘（固）、煤焦油（液）、硫化氢 H_2S（气）、一氧化碳 CO（气）、氨（气）NH_3、苯、碳氢化合物等，还有燃煤火窑排放的尾气 CO_2、N_2、O_2、SO_2、烟尘、H_2O 等，在这些工艺过程中，可以一个一个单相地分离，也可同时分离两个相或多个相态。

例如在燃煤锅炉的尾气净化工艺中，传统的方法要先用袋式或静电除尘器对烟尘颗粒物进行分离，然后再用脱硫塔进行脱硫，这样就造成投资大、运行能耗高，选用洗气机技术，就可以在高效脱硫的同时，将烟也高效地进行气固分离，这样在这一系统中有气固、气气、气液等工艺同时完成，如果在系统中再配备一套渗滤器，处理后的废水也能实现液固分离，所以洗气机技术能在多相态分离中发挥很好的作用。

十二、洗气机的性能特征

1. 空气动力学——风机功能

在诸多的传质领域，空气动力是不可或缺的条件。在常规的系统中，根据系统及工艺的要求，都要配置相应的动力风机，而强力传质洗气机在传质系统中则改变了这一现状，强力传质洗气机本身就具备风机的一切功能，因此在强力传质洗气机所应用的场所均可不另配风机，风机的一切参数均可根据要求随机设计。

2. 能耗

在塔器传质设备的使用中，气相在运行过程中由于要达到传质的目的，所以要克服塔器内的气相阻力，或叫压降，而且阻力不是稳定的。强力传质洗气机的传质特征是与塔器设备完全不同的，它的传质过程是与气相的动力过程完全同步的，因此不存在阻力或压降的问题，同时不存在参数不稳定的问题，因此在计算系统能耗时只需计算系统阻力即可。

强力传质洗气机工作时是将液相雾化，并使之具有很高的速度和千倍自然重力的加速度，因此需要一定的能耗，但由于此过程是与设备的气相动力同时进行的，使得液相在气相作用下加速分散，此时液相雾化所消耗的能量可以从气相动力中获得，从而降低液相雾化的能耗。

3. 强力传质洗气机的工作方式

旋转体水平旋转，洗涤液或液相介质自气相进口进入，在叶轮布水器的作用下以分散相进入由叶片组成的叶轮通道，在叶片高速撞击作用下，液相被雾化成极细小微粒，同时与气相高度混合，在不同的速度、不同的加速度等物理作用下，气、液、固之间完成物质与能量的交换。混合体（相）离开叶片进入机壳设计成的一个螺线通道，混合体（相）在向机壳出口运动过程中，由于螺线型的通道内的混合体（相）的运行速度要比叶轮的线速度低得多，所以要经液相数十次的洗涤，使混合体迅速膨胀，雾状洗涤液与介质粒子又一次充分结合。各物相接触混合并形成混合体后，还要将各物相分离而达到最终要求。在脱水器中，利用混合物相进入时的即时状态，即高速旋转的惯性能量及各物相的物理性能，使各物相分离。

十三、强力传质洗气机的配套设备

（1）脱水器

脱水器是洗气机一个重要组成部分，它承担着污染物由空气转入洗涤液中后，使洗涤液与空气最大限度地分离的责任，分离的效果直接影响洗气机的性能。

根据液相在气相中的运动规律及特性，采用离心分离方式进行气液分离。

① 筒体直径的确定，以筒体截面为准，风量上升的速度不大于4m/s。

② 筒体的高度为进风口立面的高度的4倍。

③ 进风口与洗气机出口相连接，风速设定30m/s左右，长宽比可定为3比2。

④ 进口沿筒体外径切向逐步进入，经四分之三圆周后与筒体相连。

⑤ 排污口在筒体下部，进风气流旋转方向切向开口，大小可据流量而定。

⑥ 排风口在筒体中心部，排出风速可确定为15～18m/s，经变径与筒体相连，中心管可向下延长100mm左右。

（2）渗滤器

渗滤器是将水中的粉尘与水进行分离的一种过滤设备，可单独用于污水处理。其是强力传质洗气机一个不可或缺的装备之一，它的作用是将空气中的粉尘转移到水中以后，使粉尘从水中再次分离，以保证强力传质洗气机连续工作，同时使洗涤液循环使用，从而保证了强力传质洗气机系统的完整性和运行稳定性。可广泛用于矿业、冶金、建材、医药、石油、化工等各种领域。

渗滤器的结构如图11-33所示。

污水进入渗滤器下部，经过滤料后变为清水，可作为中水循环使用。在渗滤器下部可设计污泥处理器，它可将沉淀下来的污泥经强力过滤后，再经排泥泵排入污泥车或指定地点。

渗滤器的反洗功能：此功能需配备清水泵。当设备工作一段时间后将要停止时，可先将主要管线停止或关闭，使配套设备的清水泵及排泥泵缓停一定的时间，一般为半小时至一小时。如果工作周期短，工作时配套清水泵及排泥泵可在关闭状态，工作停止时启动清水泵和排泥泵进行排污。

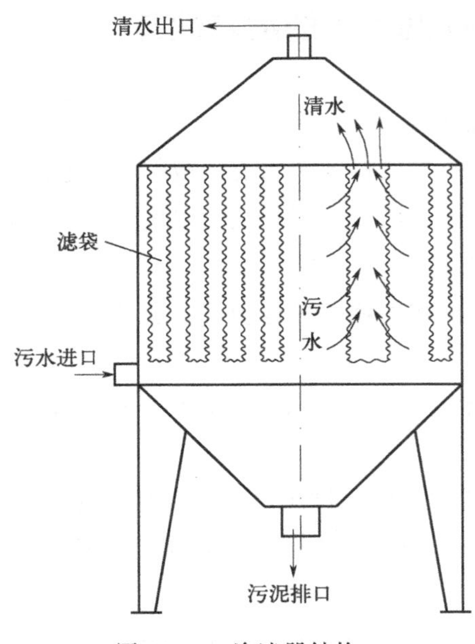

图 11-33 渗滤器结构

(3) 隔振器

隔振器是安装在振动系统与基础支撑面之间的一种弹性元件，其作用是防止或减少振动的传递，是将振动能转变成势能，在不断转化中产生热量达到目的。积极隔振是防止或减少隔振体系的自身振动对外界的振动影响。消极隔振是防止或减少外界振动对隔振体系的振动影响。

根据隔振体系不同的振动源和安装使用条件，进行必要的隔振设计和动力计算，为选定不同特性的隔振器提供依据。安装前要考虑被振动体系的重量，当振动力与设备重量较为接近时，应增加一些配重以保证隔振效果。设计时不用考虑振动频率与固有频率。选型时隔振体系的总重量（包括振动力）为隔振器最大荷载的 80%左右即可。一般的设备配置隔振器按对称均布，特殊情况或重心偏差较大时，可另行设计。隔振器组个数一般为 3 只、4 只、6 只、8 只均可。隔振体系安装地面基础平面要求承载能力为隔振体系重量的 2～3 倍，该基础平面应比地面高 50～100mm，以防止油水及酸碱性液体侵蚀。在安装有隔振系统的设备需要与其他设备、建筑物等连接时，应采用弹性连接，以免降低隔振效果。设备安装后，应保证水平，工作时，设备不应有剧烈的摇摆。一般情况隔振器无须与基础平面连接，特殊情况可用膨胀螺栓连接。

隔振器的一般选用方法：

① 计算隔振体系使用载荷（总质量）

$$W = Q_1\beta + Q_2$$

式中，Q_1 为设备总质量；Q_2 为隔振台座总质量；β 为动荷系数，一般情况下 $\beta \approx 1.1 \sim 1.4$。

注：当振动要求不严又难以取得设备扰力时，可以近似采用 $Q_1\beta$ 代替设备质量与扰力。β 根据 Q_1 和设备振动频率 f 值大小来确定。Q_1 大 f 小时，β 值可取小些；Q_1 小 f 大时，β 值可取大些。

② 计算频率比 f/f_0，保证满足 $2 \leqslant f/f_0 \leqslant 5$，以确保良好的隔振效果。其中 $f = n/60$，n 为设备每分钟转速，f_0 为隔振器固有频率，Hz。

③ 初定隔振器只数 S 一般至少 3 只。考虑隔振体系运行稳定性和隔振器承载变形易于调整，多选用 6 只或 8 只以上布置。

④ 确定每只隔振器使用载荷：$P = W/S$。隔振器的使用载荷 P(N) 应保证在隔振器的预压载荷与最大载荷之间的范围内使用。

(4) 电控变频器

变频技术是 20 世纪 80 年代后的一项新技术，进入 21 世纪才逐步在国内得到推广应用，在强力传质洗气机系统中配置变频调速装置，使强力传质洗气机技术得到更好的发挥，原因如下：

① 强力传质洗气机是将传质功能与输送动力功能完整有机地结合在一起，是一机多能型，不但要保证传质效率的指标，还要保证系统所需的风压、风量等其他指标，因此配备变频技术可使系统中所需的各项指标得以很好地实现。

② 由于工况的设计与实际运行工况存在较大的差异，即在设计时按最大负荷设计，但由于工况不稳定，负荷较低，因此存在较大的浪费，较为理想的是按上限设计，使用时随机调控，而变频技术恰能满足此项要求，即上限设计，下限使用，能最大限度地满足工况要求，同时最少地消耗能源。

③ 除此之外，还可提高系统的自动化程度，如远程控制、在线控制，还可编制程序，实现自动调控，保护设备不过热、不过载，自动检索故障等数百项功能。

十四、洗气机传质系统

强力传质洗气机如图 11-34 所示，运行时须有足够的水或洗涤液来完成它的工作，常规的湿法除尘多采用沉淀池实施灰水分离，水循环使用，这样就造成必须有很大的循环水池，并且污泥不好处理。针对此问题，强力传质洗气机水系统是采用封闭水循环系统，在此系统中安装了渗滤器及污泥处理器，使洗气机形成一套完整的自动化设备，是一套名副其实的机器，这样在管理上提高了自动化程度，减轻了劳动强度，减小了设备占地面积。

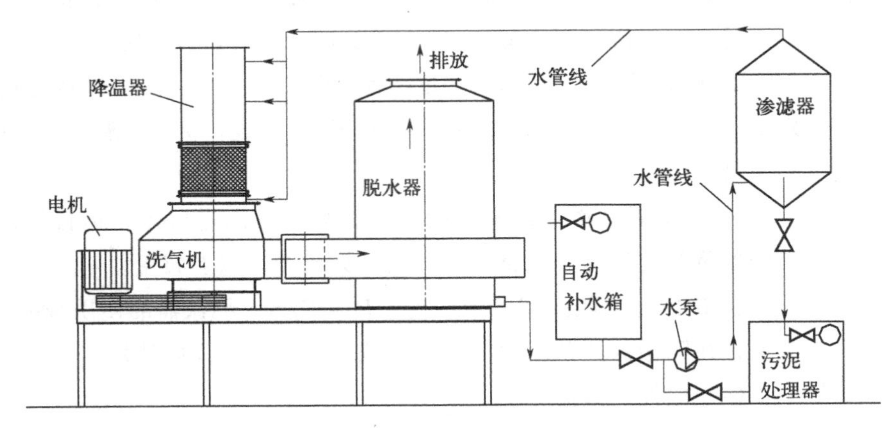

图 11-34 强力传质洗气机系统

与强力传质洗气机配套使用的水系统，由于领域不同、净化的对象不同，所以配套的内容也不尽相同。

当污水进入渗滤器内以后，经过若干个涤纶滤袋，污泥被过滤在袋外，清水穿过滤袋后循环使用，由于滤袋特殊的制作工艺，使其过滤比表面积很大，所以它的过滤速度很小，为 0.01～0.02m/min，由于比表面积大的阻力很小，设备体积也很小，因此很适于与强力传质洗气机配套使用，这样就与洗气机组成一个整体，从而也省去大面积沉淀池，节约了投资。

污泥处理器是渗滤器的下端设备，它是将渗滤器中浓度比较高的泥水进行泥水分离，使污泥成固体废物或成为材料二次使用，在小型的强力传质洗气机系统中也可省去渗滤器直接用污泥处理器即可。

传递热量是三传一反的内容之一，在换热领域可分为直接换热和间接换热，在国民经济体系中大多为间接换热，就是不同热媒或介质流体通过另一种介质传递热量，如锅炉、各类专用换热器。而直接换热就相对少一些，大多是传质的同时传递热量，这类工艺多发生在化工领域，多以塔器的形式来完成。

强力传质洗气机属于直接换热的工艺形式，即二相流（冷流和热流）直接接触，并根据热力学定律来完成热交换，在完成热交换的同时，也完成了传质过程。除此之外，在不需传质而只需热量的场所，强力传质洗气机同样可替代间接换热工艺，而换热效率要比间接换热高得多。

在换热体系内，不论是气相流（热）还是液相流（热）换热，它们的物理状态都是流体，它们同时进入机器内部，液相流（不论冷热）在旋转体的高速作用下形成微小液滴粒子，由于微粒子的比表面积非常大，所以可在极短的时间内完成与气相流的交换过程。

强力传质洗气机及其配套设备组成的传质系统完全覆盖了化工及环保领域的“三传一反”的所有内容，在气-液-固三相流传质领域也有很好的应用。总体来说，强力传质洗气机系统有以下八个特点。

① 可达到自然重力加速度（$9.8m/s^2$）的2000倍，传质传递效果大幅度提升。

② 设备体积小，重量轻，单位处理量大，能耗小。

③ 更适合易燃易爆、有毒物料的处理。

④ 设备运行稳定性高，易操作，便于维护。

⑤ 各物相接触时间极短，更适合快速反应或混合过程。

⑥ 适应品种广泛，处理量从微量到大量均可无差别应用。

⑦ 不堵塞，具有自洁功能。

⑧ 自动化程度高，可远程控制。

第十二章 超重力分离技术及应用

Phase Separation Technology and Application

超重力技术开发研究始于20世纪70年代末，1976年美国太空署征求微重力场实验项目，英国ICI公司（帝国化学工业公司）的Ramshaw等做了化工分离单元操作——蒸馏、吸收等过程中微重力场和超重力场影响效应的研究，发现超重力使液体表面张力的作用相对变得微不足道，液体在巨大的剪切力作用下被拉伸或撕裂成微小的液膜、液丝和液滴，产生巨大的相间接触面积，因此极大地提高了传递速率系数，而且还使气液逆流操作的泛点速率提高，大大提高了设备的生产能力，这些都对分离过程有利。这一研究成果促成了超重力分离技术的诞生，随后引起了美国、英国、中国、印度等国的应用技术研究和开发热潮。相关的专利、文章和成果每年呈上升趋势。本章主要介绍超重力分离技术的相关概念、设备工作原理以及应用。

一、超重力场及其设备

1. 超重力

所谓超重力指的是在比地球重力加速度大得多的环境下，物质所受到的力（包括引力或排斥力）。研究超重力环境下的物理和化学变化过程的科学称为超重力科学。利用超重力科学原理而创制的应用技术称为超重力技术。超重力技术正是在这样的环境下产生的，作为过程强化的新型技术，在工业上有着广阔的应用前景。

2. 超重力场

在地球上，实现超重力的最简便方法是通过旋转产生离心力而实现。把任一瞬间物质在旋转体内各点所受的超重力分布总和称为超重力场。实际上，物质在旋转填料不同径向位置形成不同的超重力分布，因此其大小与旋转体的转速和径向位置有关，由此超重力场的大小是可调的，可通过改变转速等来调节。一般在气-液、液-液接触与反应过程中，超重力场通常小于1000g，本书提及的超重力场不超过此范围。

3. 旋转填料床

通常，超重力场用于化工过程是通过填料层（转子）的高速旋转来完成或模拟的，这种装置被称为超重力装置或超重机，也称为旋转填料床或旋转填充床。

4. 撞击流-旋转填料床

前面提及的旋转填料床主要用于强化完成气-液两相间的传递过程，

但不适合液-液混合与接触的过程强化。从强化传递过程和微观混合的角度出发，有研究者提出了适合液-液混合与接触的过程强化的新型机制——撞击流-旋转填料床耦合机制。其原理是利用两股高速射流相向撞击，经撞击混合形成的撞击雾面沿径向进入旋转填料床内侧，混合较弱的撞击雾面边缘在旋转填料床作用下得到进一步混合。旋转填料床内径（内腔）尺寸与撞击雾面的大小“耦合”是这一机制的关键所在，也是消除撞击流混合边缘效应，提高混合效果的根本原因。

二、超重力因子

为描述超重力场的强度，本书中引入超重力因子的概念。超重力因子定义为超重力场下任意处（或任意点）的离心加速度与重力加速度的比值，其表达式为：

$$\beta=\frac{\omega^2 r}{g} \tag{12-1}$$

也可以简化为

$$\beta=\frac{N^2 r}{900} \tag{12-2}$$

式中，ω 为转子旋转的角速度，s^{-1}；r 为转子的半径，m；N 为转子的转速，r/min。

从定义式可以看出，超重力因子是个无量纲量，这与化学工程常用的无因次数群的概念是一致的。因此，通常也称超重力因子为超重力数。超重力因子与转速的平方成正比，可以通过调节转子的转速来调节超重力场的强度。超重力因子与转鼓（转子）的半径成正比，表明在不同半径的各点（处）的超重力因子是不同的，在相同的半径上的各点（处）的超重力因子是相同的，在相同半径处存在一个等超重力场强度线。因此，在旋转填料床中，超重力因子依半径方向存在一定的分布。

当转速一定时，超重力因子随转子的半径呈线性变化，表现为沿径向方向超重力因子呈线性增大，如图 12-1 所示。

由于超重力场强度沿径向存在一定的分布，为使用方便，通常用平均超重力因子来描述超重力场的强度。实际上，超重力场具有立体结构分布场的性质，当转子中的填料在轴向均匀分布装填时，超重力场可以看成是一个平面的分布场。

超重力场强度的平均值就是其面积平均值，其算法如下：

取半径为 dr 的微元填料，求超重力因子的面积平均值，即

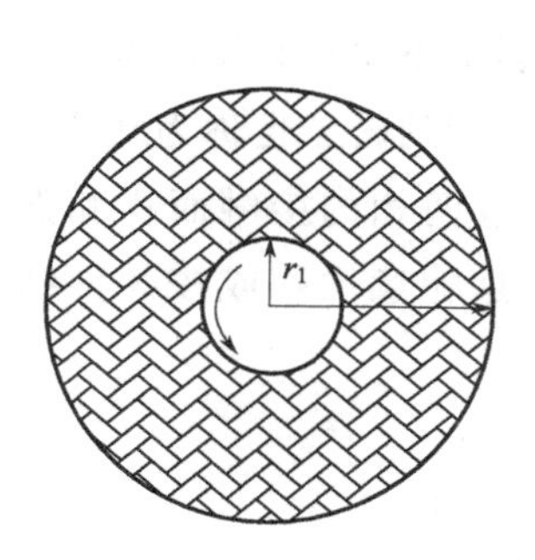

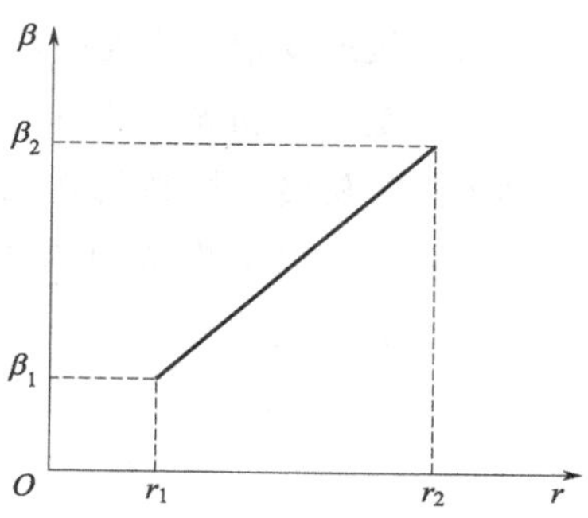

图 12-1　填料层内超重力场沿径向的分布

r_1—旋转填料的内径；r_2—旋转填料的外径

$$\bar{\beta}=\frac{\int_{r_1}^{r_2}\beta\times 2\pi r\,\mathrm{d}r}{\int_{r_1}^{r_2}2\pi r\,\mathrm{d}r}=\frac{2\omega^2(r_1^2+r_1r_2+r_2^2)}{3(r_1+r_2)g} \tag{12-3}$$

本书中所提到的超重力因子均指超重力因子的面积平均值，通常用 β 来表示。

在转子的内径与外径相差不大的情况下，可以用算术平均值来表示，即

$$\beta=\frac{\beta_2+\beta_1}{2} \tag{12-4}$$

在超重力场下，不同大小分子间的分子扩散和相间传质过程均比常规重力场下的要快得多，气-液、液-液、液-固两相在比地球重力场大上百倍至千倍的超重力环境下的多孔介质或孔道中产生流动接触，巨大的剪切力使得相同传质速率比传统的传质设备提高 1～3 个数量级，即传递效率成数十倍到数千倍的提高，微观混合和传质过程得到极大强化。同时，在超重力场下，由于流体受到超重力的作用，使得液泛不易发生，气体流速也可以在较大幅度内提高，这样设备的单位体积生产效率就得到了 1～2 个数量级的提高。

三、超重力场的实现

超重力场的实现是通过高速旋转填料来模拟的，其结构如图 12-2 所示，它由固定的圆柱形壳体、转轴、转子、圆环状的填料和液体分布器等组成。壳体内设置转子和圆环状的填料、液体分布器等，壳体上部设置液相流体的进口管和气相流体的出口管，在下部设置液相流体的出

口管，在侧面设置气相流体的进口管；转轴的一端与转子相连接，另一端与电机或皮带轮相连接，在电机的驱动下实现转子的旋转。转子的主要作用是装载和固定填料，装填了填料后的转子也称为转鼓，在动力驱动下进行旋转。填料的作用是增加气液两相的接触面积和强化传递过程，填料可以是规整的填料，也可以是随意堆积或按某种结构设计的形状。

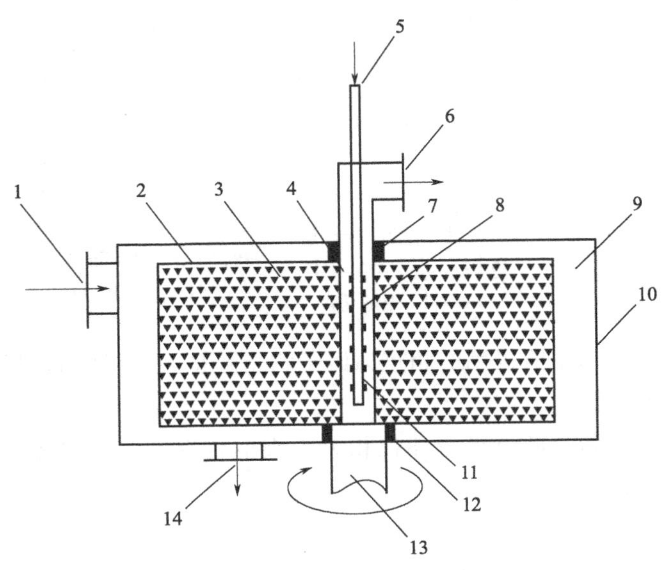

图 12-2　超重力装置结构示意图

1—气体进口；2—转子；3—填料；4—超重力装置内腔；5—液体进口；6—气体出口；7,12—密封；8—喷嘴；9—超重力装置外腔；10—外壳；11—中央分布器；13—转轴；14—液体出口

四、超重力场多相分离原理

1. 气-固分离原理

超重力场的气-固分离过程是在气-液接触型的超重力装置中，将气体中的固体（尘或尘粒）分离出来。在气-液接触的超重力装置中，由于超重力的作用，填料对液体的高剪切作用把液体分割成具有线速度的极薄的液膜和细小的液滴，并在旋转的填料层的空隙中快速凝并和分散，极利于对粉尘的浸润，对气体中的粉尘形成了极强的捕获能力。当含尘气体通过高速旋转、充满着极薄的液膜和细小的液滴的填料层中的空隙时，粉尘的惯性沉降能力增强，粉尘与液体、填料都形成了急速的

碰撞接触，使得气-固分离过程得以实现。因此，超重力场的气-固分离过程通过旋转惯性分离、碰撞、过滤、液膜及液滴凝并、捕集等多种机制交互作用，形成了超重力场的高效的除尘机制。

实际上，在超重力场中，液体对填料层内捕集到的粉尘还具有极强的“携带”和“清洗”作用，使得填料不被堵塞，保持高的除尘效率。

这种技术广泛适用于气-液、气-固、气-液-固分离，例如应用于化工干燥过程粉尘（产品）的收集、工业废气的除尘净化、从含固体的气体中回收产品、环境粉尘净化等多相分离体系。

以上谈及的是在超重力场中的气-固分离机制，即在旋转填料层内的情况。实际上，超重力装置中的气-固分离过程是由 3 个部分组成的，可以根据超重力装置的结构，将其划分为 3 个区域，即填料外环区、填料主体区（超重力场区）、填料内环区，如图 12-3 所示。

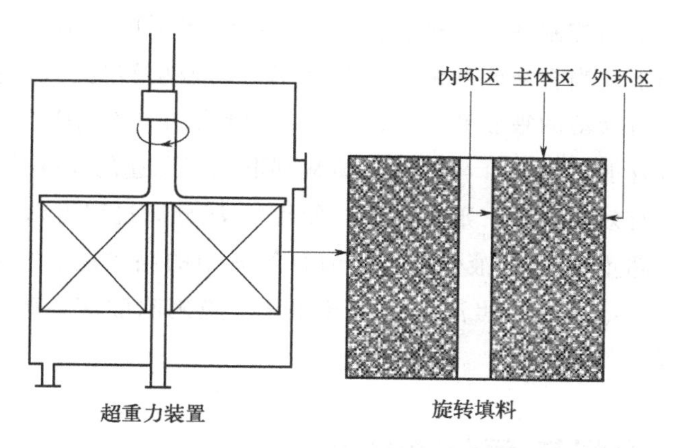

图 12-3　超重力场中多相分离区域

① 填料外环区：指旋转填料外缘与壳体之间的空隙区域。在这个区域内，含尘气体刚进入设备的缓冲区，是液相流体从填料刚好离开的区域。由旋转填料外缘处甩出的高切线速度的液滴流和液流，线速度高达 20～50m/s，对刚进入这个区域的气体中的固体尘粒形成极强的捕获能力。同时，由于这个区域具有较大的通道截面积，气体进入后的流速会迅速下降，也对气-固分离提供了有利的条件。因此，含尘气体在这个区域得到一定的净化处理。

② 填料主体区：指旋转填料层内部区域，即超重力场区，是气-固分离的主要部分。本节谈到的超重力场气-固分离原理就是指这个区域的。

③ 填料内环区：这个区域是针对逆流超重力装置而言的。实际上，

填料内环区是气体出口（气体含尘量很低）和液体进口（液体为新鲜溶剂）所在的区域。在此区域，有两个特点，一是由于气体通道截面积变小，气体流速较高，容易夹带液滴或雾；二是液体在该区域的喷淋密度最大，流速最大。在这样气体流速和液体流速同时处于最大的情况下，气液接触是最激烈的，有利于气-固的分离。因此，这个区域也称为深度分离区。

2. 气-液分离原理

超重力扬的气-液分离过程是在气-液接触型的超重力装置中完成的。要指出的是：①对填料有特殊设计和要求，要求填料具有大的比表面积或根据分离出的液相的黏度及其他物理性能来特别选定和设计填料；②可以在有液体进料情况下操作，也可以在无液体进料情况下操作。

适当控制液相的进料流量（有些情况下可以不设进料），在超重力作用下，当含液滴和液雾的气体通过高速旋转的、弯曲狭窄且多变的、充满着极薄的液膜和细小的液滴的填料层中的空隙时，液滴和液雾的惯性沉降能力增强，与液体、填料都形成了急速的碰撞接触，使得液滴和液雾有效地凝并，形成液流，使得气-液分离过程得以实现。

超重力场气-液分离特别适合气体中的高黏度有机物液滴或液雾的分离，如煤气脱焦油、油烟气净化、脱硝除酸雾、硫酸尾气除酸雾等过程。

五、超重力场气-固分离过程

下面以烟气脱硫除尘中的除尘部分为例介绍超重力场气-固分离过程。燃煤烟气中不仅含细粉煤灰烟尘，且烟气中二氧化硫浓度超标。传统除尘或脱硫设备往往不能同时除尘和脱硫，例如麻石能除去部分粉尘，但脱硫效果很差；吸收塔脱硫效果较好，但烟尘极易堵塞填料，不能长时间运行。由于超重力装置可产生较高的离心力场，在保证较高的除尘效率的同时，可有效地缓解填料堵塞问题。在超重力法处理燃煤锅炉烟气实例中，燃煤烟气含尘量约为 $10\sim100g/m^3$。

1. 各种因素对除尘率的影响

(1) 填料类型对除尘率的影响规律

在超重力环境下，填料性能（材质、开孔率、孔径、空隙率和堆积密度等）直接影响除尘和脱硫效果。相对塔而言，超重力装置的填料要求具备稳定的平衡性和均匀水力负荷，更要求填料具有较高的传质效率，还需兼顾使用寿命、润湿性能、几何对称性、功耗性能等。填料设计和选用时，需注意以下几点。

① 要求超重力场下填料在长期运转过程中能够保持几何形状，填料是转子核心部分，填料的几何对称性直接影响转子的动平衡。

② 要求专用填料能够实现快捷整装，方便检修，形成规模生产，降低加工成本。

③ 超重力场中水力分布极不均匀，根据处理介质差异，要解决高负荷下填料中水力分布问题。

由对多孔波纹板不锈钢填料和辐射状波纹塑料填料（表 12-1）烟气脱硫除尘效果的研究可知，多孔波纹板不锈钢填料在分级效率上明显优于辐射状波纹塑料填料，如图 12-4 所示。这是由于多孔波纹板不锈钢填料-水的界面张力大于辐射状波纹塑料填料-水的界面张力，因而辐射状波纹塑料填料-水的润湿作用不如多孔波纹板不锈钢填料，优越的表面润湿作用有利于形成极薄的液膜和极细小的液滴，液体在波纹丝网的分散性更好，因而有利于对粉尘的捕集。波纹丝网填料的空隙率较大，在单位填料空间内液滴的数量也较多，使除尘效率提高。随着填料层厚度的增加，除尘效果逐步提高。

表 12-1　两种填料基本参数

填料类型	孔径	孔距	波纹深度	板厚	开孔率	波纹间距
多孔波纹板不锈钢填料	3mm	5mm	1.2mm	0.4mm	0.32	4mm
辐射状波纹塑料填料	4mm	6mm	2mm	0.4mm	0.4	2.5mm

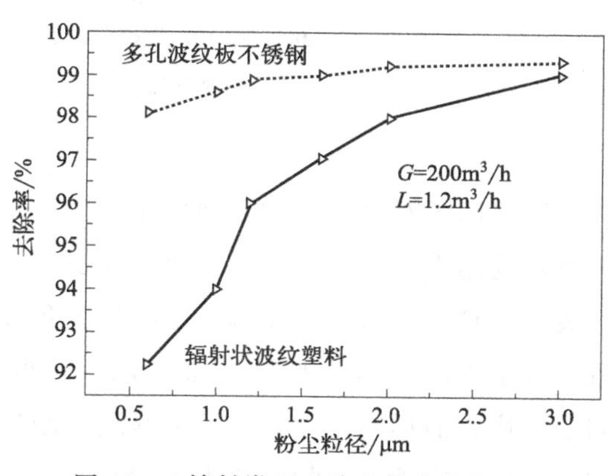

图 12-4　填料类型对除尘效率的影响

G：气相；L：液相

(2) 液气比对除尘率的影响规律

超重力环境下的液气比对除尘效率的影响显著，如图 12-5 所示。随着液气比的增加，不同粒径粉尘的去除率都会明显上升。这是由于超重力环境下的除尘存在填料主体区和填料外环区两个粉尘捕集过程，喷入填料层的液体在沿填料层移动时被填料阻挡，破碎成细小的液滴，随着液体向填料层外运动过程中，由于液体的表面张力和吸附作用，相对运动的液体中部分逐渐形成液膜，该液膜不同于液滴，也是填料层中捕集粉尘的重要部位。随着喷液量的增加，填料的持液量增加，形成的液膜和液滴的数量必然增多，填料层内的大量液滴形成小液滴群，液滴之间并不是紧密相连成片，相互之间有相当的间距，可视为是许多个孤立捕集体的串联作用，这时随着单位体积内的液滴生成量的增加，总捕集效率不断地增加。在空腔区，填料甩出的液滴群及液滴在外壳内壁上反弹，与器壁上液体形成冲击，由于飞溅液滴的捕集作用，液气比增加时，进入外层空区的液体量增多，单位体积内的液滴越多，必然导致液滴与气体中尘粒的碰撞机会增多，从而整体上提高了除尘效率。

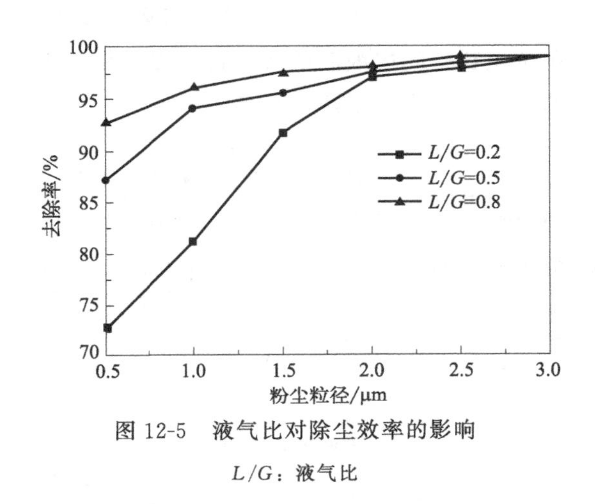

图 12-5 液气比对除尘效率的影响

L/G：液气比

(3) 超重力因子对除尘率的影响规律

对于特定的超重力场，在固定转速条件下，其超重力因子沿径向基本呈线性关系，且线性增大，在端口处有最大和最小值，相同半径的环面的超重力因子大小相同。如图 12-6 所示，超重力场中除尘效率随着超重力因子的增大而提高，随着超重力强度的增加，填料中液体被分散或切割成更小液滴或液丝，相间比表面积急剧增加，相同气体和液体流量条件下，粉尘被捕获的概率增加。同时，由于填料层抛出的液滴的速度增加，液滴冲击到旋转内壁的动能增加，引起液滴自身的反弹和内壁上液膜的飞溅作用增强，使得空腔的液滴数量增多，有利于粉尘的捕集。在填料层中，由于液滴对颗粒的捕集以惯性碰撞为主，液滴的直径越小，围绕液滴流动的颗粒的加速度越大，捕集效率越高。超重力因子增加后，液滴受到的冲击作用增强，粒子分散得更细小。

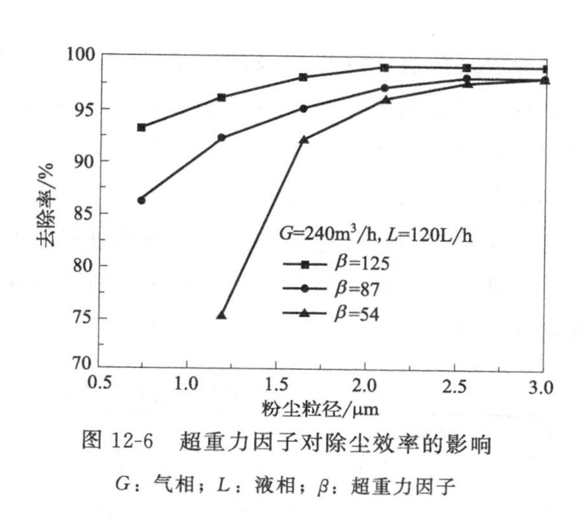

图 12-6　超重力因子对除尘效率的影响

G：气相；L：液相；β：超重力因子

2. 超重力除尘装置与传统除尘设备性能比较

我国是以燃煤型为主的能源国家，燃煤烟气环境污染问题严峻。超重力法烟气脱硫除尘对于中小型锅炉排放的烟气治理非常有效。

超重力法与传统除尘装置相比具备以下特点。

① 除尘和脱硫效率高。对于亲水或非亲水性粉尘，除尘效率均能达到99%以上。脱硫效率能够达到80%以上，对于普通燃煤锅炉或电厂，经超重力法吸收后，能够达到国家排放标准。

② 液气比小，约为1/1000～1/500，相对其他湿法除尘，较小液气比意味着液体循环量的减少，从而减小泵的功率和降低后处理过程的投资与运行费用。

③ 适用范围广，与传统除尘机制相比，超重力场除尘更具有良好适应性，能够适用于多种来源的尘处理，包括亲水、憎水、高浓度、低浓度、飘尘、颗粒、油烟、焦油等体系。

④ 压力损失小，与传统除尘设备相比，超重力场中压力损失小，在低液气比情况下，其压降小于150mm H_2O（1mmH_2O＝9.8Pa），在高的液气比条件下，其压降在250mm H_2O以下，而文丘里洗涤器、填料塔的压降在500～1000mm H_2O之间。超重力场对于进气的压力要

求不高，多数场合不需要另加风机。

⑤ 占地面积小，超重力装置单位体积处理能力大，处理当量气体，其设备体积最小，相应地其设备固定投资少、占地面积小。

六、超重力场气-液分离过程

从工业应用角度，这里提及的气-液分离主要是指气体除沫、气体除雾等过程。如煤气脱焦油、油烟气净化、硝烟除酸雾、硫酸尾气除酸雾等过程。这些工业含湿气体的形成原因主要有两种，一是溶液表面的蒸发，溶剂分子进入空气，吸收水分并凝聚而形成雾滴；二是溶液内有化学反应并生成气泡，气泡浮出液面后汽化过程将液滴带出至气流中形成酸雾。工业含湿气体是介于烟气与水雾之间的物质，具有较强的腐蚀性。典型的工业含湿气体来源如表 12-2 所列。

表 12-2 典型的工业含湿气体来源

名称	类别	来源
盐酸雾	1	氯碱厂，盐酸的生产、储存和运输过程
	2	使用盐酸做原料的化工厂、农药厂、湿法冶金厂
	3	盐酸清洗槽，用盐酸清洗锅炉的过程
硫酸雾	1	硫酸制造厂、硫酸与发烟硫酸的储存和运输过程
	2	使用硫酸做原料的化工厂、肥料厂、肥皂厂、制革厂等
	3	硫酸酸洗槽，对铝和钢材进行抛光处理的工业槽
硝酸雾	1	硝酸制造厂、硝酸的储存和运输过程
	2	使用硝酸做原料的化工厂、肥料厂、火炸药厂、制革厂等
	3	硝酸清洗槽
铬酸雾	1	金属铬的电镀槽
	2	对铝材进行表面氧化处理与酸洗的工业槽
氢氰酸雾	1	使用氰化物的电镀槽，使用氰化物的渗碳与淬火作业
	2	焦化厂、煤气厂、钢铁厂、选矿厂
	3	使用氢氰酸或氰化物灭虫与消毒作业

工业含湿气体的治理常用网格式、挡板式、填料式等方法，设备有旋流分离器、静止丝网层、静电除雾器等。这些方法和设备用于酸雾雾滴较大、气速较低的场合效果显著，但是对雾滴直径小、气速较高环境下酸雾去除效果不太好。湿法捕集的各类洗涤器中，净化后气体内难免夹带有液雾，影响气体品质或下道工序，从气体中分离雾沫的办法很多，对于要求不高的场合，这些方法能够满足要求。但是，对一些除雾

难度大、处理要求高的场合，需要特殊的高效除雾技术。例如，煤气中焦油黏度大，普通的设备很难彻底去除焦油，从而导致管道堵塞或影响后工序操作。

1. 硝酸磷肥含湿气体净化过程

硝酸磷肥生产过程中产生大量硝酸磷肥尾气，尾气成分主要为氨气、氮氧化物、含氟气体以及水汽。硝酸磷肥尾气具有排放量大、温度高、成分复杂等特点，严重污染环境。硝酸磷肥尾气含有氨气、氮氧化物、含氟气体以及“工业白烟”固体颗粒4种有害成分，其中“工业白烟”固体颗粒为水汽与其余几种组分发生反应，在温度降低的情况下凝结形成。硝酸磷肥尾气的主要组成如表12-3所示。

表 12-3　硝酸磷肥尾气组成

采集位置	温度/℃	实际流量/($\times10^4m^3/h$)	NH_3		NO_x		HF		H_2O/%
			mg/m³	kg/h	mg/m³	kg/h	mg/m³	kg/h	
大烟囱	70	17.83	7960	800	751	76	62	6.45	20.6
酸解尾气	60	3.74			1305	21	157	2.59	17.5
过滤尾气	60	4.79			823	19	143	3.05	24
中和尾气	74	7.3	7798	255	66	4.8	24	1.75	31
转化尾气	72	4.09	3423	140					30

硝酸磷肥尾气对生态环境和人类健康造成很大的危害，其中氨气为有毒气体，具有碱性刺激、腐蚀作用，人接触后对皮肤和呼吸道损害很大，当浓度达到3500～7000mg/m³时可立即死亡。氮氧化物对人体呼吸系统有严重的刺激和腐蚀作用，对心、肝、肾以及造血组织等均有一定影响，可能导致癌症、呼吸系统疾病、心脑血管疾病等，氮氧化物是大气污染的重要组成部分，会加剧臭氧层的损耗和温室效应，产生酸沉降，引起城市热岛效应。含氟气体为有毒气体，具有刺激性气味，强腐蚀性，通过呼吸道、消化道、皮肤进入人体，刺激眼和上呼吸道的黏膜，引发炎症和过敏，严重者甚至死亡；“工业白烟”固体颗粒为氨气、氮氧化物、含氟气体与水汽接触后反应而成的固体颗粒物，氨气、氮氧化物、含氟气体在有水汽存在的条件下发生反应，生成新的物质，由于硝酸磷肥尾气中水汽含量过高，当其排放后与低温空气接触，发生水汽的瞬时冷凝现象并降落至地面，白烟中含有刺激和强腐蚀性的物质，降落地面后对人体、植物、动物危害很大，引发人类疾病，并且会腐蚀生产设备，影响正常生产。

硝酸磷肥尾气成分复杂，为各过程的混合气体，且转化、酸解、过滤、中和各过程产生尾气的组分、含量并不相同；温度较高，各过程混合后温度达到70℃，在此状态下虽然水汽含量较高，但不会出现冷凝现象；排放量大，年产90万吨规模的硝酸磷肥尾气排放量为$17.83\times10^4m^3/h$；水汽含量高，体积分数达到20.6%，其湿度为0.1782kg水/kg干气，远远高于大气状态下的饱和湿度，该尾气排放进入大气后，温度骤然降低，从而使得硝酸磷肥尾气排放后形成“工业白烟”。要对尾气进行有效治理，必要的条件是：当尾气排放后水汽不会因为温度的骤然降低而凝结，即排放尾气中水汽的含量不高于当前大气状态下的饱和水汽含量。

2. 除湿方法

工业气体除湿主要有干法和湿法两种，干法是指采用固体吸附剂处理含湿气体，常用的吸附剂主要有活性炭、分子筛、氧化铝等，采用干法处理存在吸附容量小、吸附剂用量大、再生困难、成本高、带来二次污染等缺点。硝酸磷肥尾气中水汽含量高、气量大、成分复杂，不宜采用干法处理。根据硝酸磷肥尾气的特点，多数采用洗涤塔对各个过程产生的废气进行处理，之后进入大烟囱混合后排放，洗涤过程采用传统塔进行，主要采用水或酸性溶液，其中含氟气体的强腐蚀性容易引起设备的腐蚀，其与水反应生成的硅胶沉淀易堵塞设备，堵塞严重时，填料塔不能正常运行。

采用超重力装置作为处理设备、酸性废水为吸收液处理硝酸磷肥尾气的方法具有突出的优越性。与常规塔相比，超重力装置与其压降相近。理论上说，超重力装置所采用的吸收液量较少、能耗低、传质速率快、体积小，基建投资费用低，为相对适宜的工艺路线。采用超重力装置作为吸收设备，生产工艺产生的酸性废水为吸收液，强化吸收效果，使硝酸磷肥尾气治理后达标排放。超重力装置气相压降小、能耗低、不容易发生液泛。超重力装置内的气相流体可近似视为不可压缩牛顿流体的拟稳态湍流流动，假设气体流动沿超重力装置的转动方向均匀分布，各物理量无梯度分布，从而表现为沿径向和轴向的轴对称流动的形式；对分散相液滴，只考虑气相对液滴的电力和离心力的作用。基于上述分析，对超重力装置内传热、传质模型做出如下假设。

① 旋转床中气液相间传热、传质不仅发生在覆盖于填料表面的液膜，还发生于飞溅着的微小液滴表面；不仅发生在转子填料中，还发生在转子与超重力装置间的空腔中。

② 填料上的液体分为填料丝上的液膜和空间的液滴两部分，填料

上的液膜流动为层流，液滴通过下层填料丝时即被捕获重新形成液滴。

③ 填料的全部表面积均被液膜所覆盖且均为有效传热、传质面积。

④ 气体的流动对液体分布及流动状态没有影响，在气相发生的传质过程可以用双膜理论来描述。

空气的饱和湿度、蒸气压等均随着空气温度的降低而减小。利用高温高湿气体与低温液体接触，降低气体温度，使水汽分压高于该温度下的饱和蒸气压，从而脱除过饱和部分水汽，达到除湿的目的。

3. 工艺流程

气体为空气与水蒸气的混合气体，按照一定比例混合，保持气体湿度为 0.1782kg 水/kg 干气，实验主要装置为超重力装置，锅炉产生的蒸汽与由引风机引入的空气在缓冲罐中充分混合，之后通过进气口进入超重力装置，轴向通过填料层；冷水由液泵经进液口引入超重力装置液体分布器，均匀喷洒在填料内缘，在离心力的作用下向超重力装置内壁甩出；气体与水在填料中错流接触，完成传热传质过程。之后气体经由气体出口离开，液体进入储液罐循环利用。

4. 除湿效果

(1) 进气量对除湿效率及传热速率的影响

如图 12-7 所示，气液比一定时，除湿效率 η 随着进气量的增加而减小。这是因为气量增大即气速增大，气体在超重力装置内的停留时间缩短，气液间接触时间减少，热、质传递效率逐渐下降，而单位时间内所需吸收热量与质量增多，使得气液接触后温度较高，从而除湿效率降低。由图中数据可知，进气量的增加对水汽脱除效率的影响并不明显，

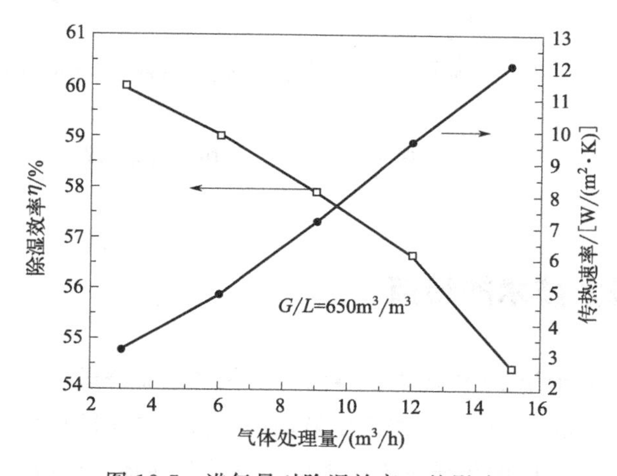

图 12-7　进气量对除湿效率 η 的影响

下降约 6%。同时由图中可以看出，随着进气量的增加，传热速率呈增加趋势。这是由于随着进气量的增大，气液接触面积大大增加，表面更新速率加快，因此传热传质系数均会增大。综合考虑水汽脱除效率与传热速率，进气量选择 $15m^3/h$。

（2）气液比对除湿效率及传热速率的影响

气液比是一个重要的操作参数，直接影响装置的投资和运行费用。在超重力因子、气量等因素一定的条件下，气液比对除湿效率 η 的影响如图 12-8 所示。进气量一定时，除湿效率 η 随着气液比的增大而减小。这是因为气量一定时，气液比增大即液量减小，液滴流速、液膜更新速度及填料表面的润湿程度随之减小，液相平衡分压增大，吸收推动力减小；且气体经降温后温度较高，使得由于温度降低而脱除的水量减少，从而除湿效率降低。与除湿效率变化趋势相同，随着气液比的增大，传热速率逐渐减小，因为液量减小，气液接触面积随之减小，液体表面更新速率降低，从而使得传热速率下降。由图 12-8 可以看出，当气液比达到 $650m^3/m^3$ 时，除湿效率降低趋势陡然增大。综上所述，气液比控制在 $650m^3/m^3$ 较为合适。

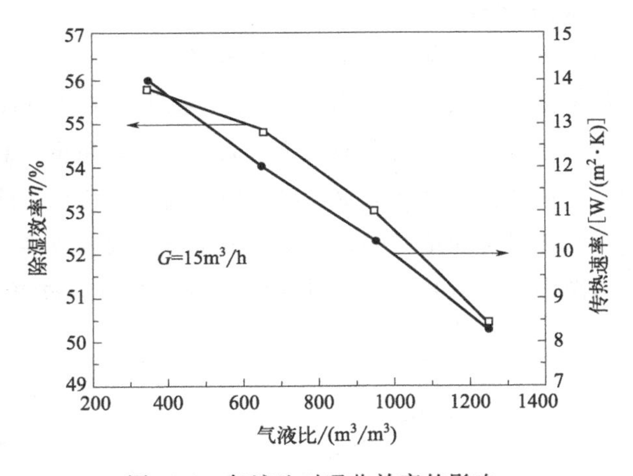

图 12-8　气液比对吸收效率的影响

七、超重力技术的特点

20 世纪 70 年代末，英国帝国化学工业公司（ICI）新学科组的 Colin Ramshaw 等人在美国宇航局的一次太空试验中发现，在零重力状态下，气-液间的传质是不可能的，气体与液体不能有效地分离。据此 ICI

设想，如果反过来加大重力，气-液间的传质有可能得到改善。于是，利用塔内填料的高速（1500～3000r/min）旋转，使气-液接触处产生200～1000倍的重力加速度。结果表明，与常规的填料塔和板式塔相比，设备的操作强度增加了500倍，而蒸馏塔的理论板高度和吸收塔的传质单元高度仅为1～2cm。

经理论分析知道，在微重力条件下，由于重力加速度 g 趋于0，两相接触过程的动力因素即浮力因子 $\Delta\rho g$ 趋于零，两相间不会因密度差而产生相间流动，此时分子间力（如表面张力）将会起主要作用，液体团聚至表面积最小的状态，不得伸展，相间传递失去两相充分接触的前提条件，从而导致相间传递作用减弱，分离无法进行。反之，g 越大，浮力因子 $\Delta\rho g$ 越大，流体相对速度也越大，巨大的剪应力克服了表面张力，使得相间接触面积增大，从而导致相间传递过程的极大强化。超重力技术具有以下特点：

① 强化传递效果显著，传递系数提高了1～3个数量级。

② 气相压降小，气相动力能耗少。

③ 持液量小，适用于昂贵物料、有毒物料及易燃易爆物料的处理。

④ 物料停留时间短，适用于某些特殊的快速混合及反应过程。

⑤ 达到稳定时间短，便于开、停车，便于更换物系，易于操作。

⑥ 设备体积小，成本低，占地面积小，安装维修方便。

⑦ 既易于微型化适用于特殊场合，又易于工业化放大。

⑧ 填料层具有自清洗作用，不易结垢、堵塞。

⑨ 应用范围广、通用性强、操作弹性大。

八、超重力装置的结构与类型

根据所处理物系的不同可将超重力装置分为旋转填料床和撞击流-旋转填料床，旋转填料床一般用于处理气-液两相及气-液-固三相物系；撞击流-旋转填料床通常处理液-液两相物系。根据结构的不同，超重力装置可分为立式和卧式结构两种。根据分离物系的要求和旋转填料上填料层数的不同，分为单层填料和多层填料。根据气液接触方式的不同又可分为逆流、并流和错流型旋转填料床，通常并流结构使用较少。根据不同的需要，超重力装置中有的以气相作为连续相，有的以液相作为连续相。根据分离物系处理量和精度的不同，超重力装置可并联，亦可串联。无论哪种情况下，所处理物系都是在高速旋转的转子所形成的超重力场下进行质量、热量和动量传递的，从而使传递过程得到极大的强化，产生超过重力场的效果。

下面介绍几种典型的超重力装置。

1. 逆流型旋转填料床结构及工作原理

逆流结构超重力装置以丝网填料和碟片填料旋转床为代表，结构如图 12-9 和图 12-10 所示。由多孔填料或碟片填料构成的环状填料床（简称转鼓）在轴的带动下以每分钟数百至数千转的转速旋转。强制气体由气体进口导入外腔，在压力作用下自转鼓周边进入床层，经过填料进入内腔，从中心的气体出口管排出。液体由位于转鼓内腔的静止液体分布器均匀喷洒在转子内缘上进入床层，在高速旋转产生的离心力作用下，由转鼓内缘沿径向向外流动，碰到静止的器壁后落下，从位于底部的液体出口排出。在此过程中，由于强大的离心力的作用，液体在高分散、强混合及界面快速更新的环境下与气体充分接触，极大地强化了传递和反应过程。

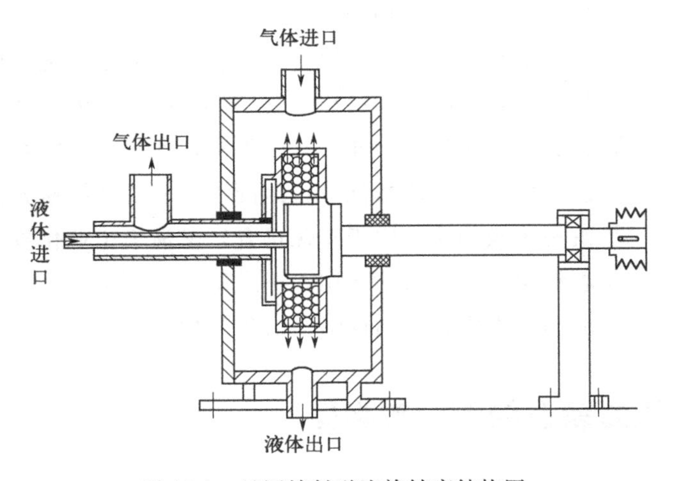

图 12-9　丝网填料逆流旋转床结构图

2. 撞击流-旋转填料床结构及工作原理

撞击流-旋转填料床装置如图 12-11 所示。在撞击流-旋转填料床内，整体的撞击流装置设置在填料的空腔内，形成射流的两个喷嘴被一个狭缝隔离，这两个喷嘴同轴设置。两股流体自进口 1、2 分别进入后，自喷嘴喷出形成射流，并发生撞击，形成一垂直于射流方向的圆（扇）形薄膜（雾）面，两股流体实现一定程度的混合，混合较弱的撞击雾面边缘进入旋转填料床的内腔，流体沿填料孔隙向外缘流动，并在此期间液体被多次切割、凝聚及分散，从而得到进一步的混合。最终，液体在离

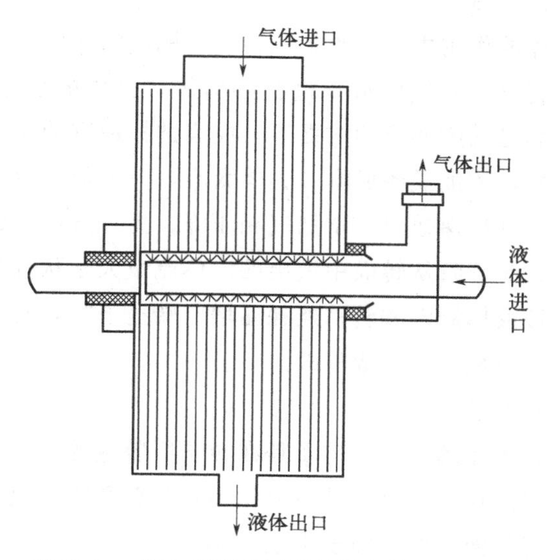

图 12-10　同心环碟片填料旋转床结构示意图

心力的作用下从转鼓的外缘甩到外壳上，在重力的作用下汇集到出口处，经出口排出。

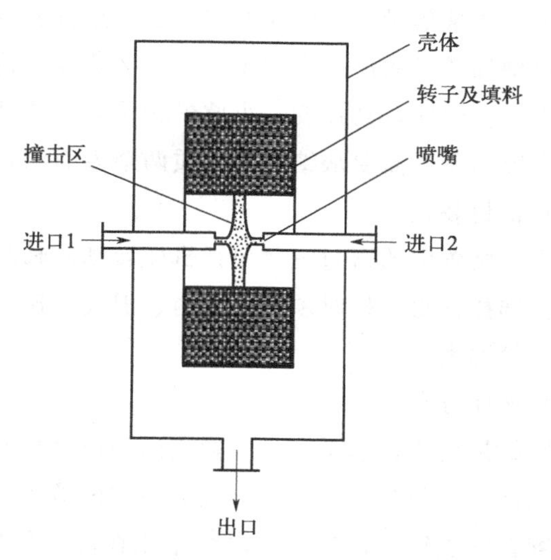

图 12-11　撞击流-旋转填料床主体结构示意图

3. 超重力装置的主要结构与设计

超重力装置主要由壳体、转子、密封装置、液体分布器、传动轴及电机 6 个部分组成，其中壳体、转子、密封装置和液体分布器是设计的关键。

（1）壳体

壳体的作用主要是收集从转鼓中甩出的液体、连接及支撑气体管路和液体管路、对气体流动进行导向等，壳体的尺寸与强度是设计的关键。在满足强度要求的前提下，应当选择适宜的壳体大小，壳体太大会造成浪费，增加设备成本。壳体太小，一方面，会加剧气体流动的不均匀性，降低传递效果，增加气相压降；另一方面，也会增大液体的滞留量，严重时导致从转鼓中甩出的液体流量大于从排液口排出的流量，造成转鼓被液体淹没和转动能耗猛增、转速下降，若无保护装置会烧毁控制电路和电机等，造成事故。

（2）转子

多相流体的混合与传质是在转子所装载的填料内完成的，转子是超重力装置的核心部分，其主要作用是装载和固定填料、带动填料高速旋转并实现气液分离。转子由上下两个转片和内外两个圆筒形鼓壁组成，在设计过程中，首先是依据传递过程的强化计算、填料特性以及多相流体的接触形式来确定转子的结构和鼓壁结构；然后，进行转片和鼓壁尺寸的设计。设计时需要考虑材质及力学强度问题。一方面，要求转子必须具备较高的力学强度，以保证运行过程转子的形状不变；另一方面，希望转子的质量尽量小，以降低转子运行过程的能耗。往往增强转子的强度是以增加转子的尺寸来实现，这样必然导致转子的质量增大和运行费用的提高。因此，高强度、小质量转子的设计是超重力装置设计的关键。这个突出矛盾需要从结构和材质两个方面综合考虑。

（3）密封装置

超重力装置中的密封主要包括机械转动的轴封和气液两相流道隔离的密封。选择密封结构时须考虑压力、温度、速度、腐蚀、密封位置及密封介质等因素。

（4）液体分布器

研究结果表明，超重力装置内剧烈的混合是由于填料（包括附着在填料上的液体）与其周向速度有较大不同的液体的碰撞。在填料主体部分，不存在剧烈混合，与填料内缘相比在混合的机制上有较大的差别。液体在填料中的分布很不均匀，液体以放射螺线沿填料的径向流动，周向的分散很小。液体最初的分布好坏对整个填料层的液体分布质量的影响至关重要。液体的最初分布可通过液体分布器来完成，它位于转鼓的内缘附近，是超重力装置内非常重要的零部件之一。结构合理的液体分布器的设计将直接影响液体在旋转填料床内的分布状况，也就直接影响设备的传质效果。在液体分布器的设计中要充分考虑到分布器的形式、处理量及液体的流速。

（5）电机

在超重力装置中，超重力场的实现及过程的强化都是通过转子、填料以及其内部流体的高速旋转来实现的。在这个过程中，所有的能量都来源于驱动电机，电机所能提供的轴功率必须满足超重力装置强化传质的需要。超重力装置所需功率主要包括：①克服转鼓惯性，由静止达到额定转速的启动功率；②加入转鼓的物料加速到工作转速所消耗的功率；③轴承摩擦消耗的功率；④转鼓及物料与空气摩擦消耗的功率。电机功率的选择对于超重力装置至关重要，直接影响超重力技术应用的经济性。超重力装置在不同的操作阶段（如启动、连续运转等）功率消耗不同。因此，必须根据其运行特性分别确定不同阶段所需的功率，以其中最大者作为选择电机轴功率的依据。在工业化应用超重力装置的设计过程中，减速机与变频器的使用将会在一定程度上减小超重力装置启动时所需要的功率。

九、超重力技术的发展与应用

超重力技术的出现对传质过程的强化可以说是一个质的飞跃，20世纪80年代以来，人们开始意识到这项技术在化工领域具有广阔的应用前景。目前，世界上许多大的化学公司都在竞相对超重力技术进行开发研究，并进行了一定的中试或工业化运行。目前已有多个加压、常压装置在运行，包括进行吸收、解吸、萃取、精馏等操作实验。在工程化方面有一定程度的进展。

英国 Newcastle 大学、美国 Case Western Reserve 大学、美国 Texas Austin 大学和美国 Washington 大学在超重力装置的研究开发中处于世界先进水平。1985年美国海岸警卫队建立了第一套用于脱除地下污水挥发组分的超重力装置，该装置成功运行了6年。1987年，美国 Flour Daniel 公司在新墨西哥州的 EL Paso 天然气公司建立了利用二乙醇胺对含有硫化氢和二氧化碳的天然气进行选择吸收硫化氢的超重力装置。该装置的经济指标明显高于传统的处理方法。同年7月，Clitsch 公司在路易斯安那州进行了在不含硫化氢的气体中利用二乙醇胺吸收二氧化碳和用三甘醇进行天然气干燥两项实验，并都获得了成功。

设在中北大学的山西省超重力化工工程技术研究中心在工程化应用方面做了大量的工作，其中包括脱硫除尘、脱除 H_2S、纳米粉体的制备等。

1. 纳米 $BaSO_4$ 制备

以廉价工业级 BaS 和 Na_2SO_4 为原料，在超重力场下连续合成性能好、分布窄的纳米 $BaSO_4$ 粒子，平均粒径为 25nm，实现了纳米粉体的低成本、大批量生产。它有效地解决了纳米粒子固液分离问题，产率达到 99.2%，副产物 Na_2S 浓度不低于 3.5%，符合现有 Na_2S 生产工艺规范要求，便于回收利用，实现了无污染生产，为液-液快速沉淀反应制备纳米粉体开拓了新的途径，在塑料、高档涂料等领域有广泛的应用前景。中北大学于 2003 年在山西运城建成了年产 2 万吨的纳米硫酸钡生产线。

2. 脱硫除尘

旋转填料床湿法脱硫除尘是将离心沉降、过滤、机械旋转碰撞捕获及扩散、水膜等多种除尘机理集于一体的除尘设备。中北大学提出了旋转填料床同时进行脱硫和除尘的思路。2003 年中北大学将直径为 1.2m 的超重机在山西运城应用于窑炉烟气的同时脱硫、除尘处理过程，结果表明：对亲水性和非亲水性的粉尘有同时净化能力，液体用量低于其他湿法，脱硫除尘率均达到 99%，超重机的出口气体达到排放要求，超重力除尘效率比电除尘器效率高，设备体积仅为电除尘器的 1/4，质量减小，设备及基建费用减少。

3. 富铵钙尾气除尘

传统的工业除尘器在除尘效率和处理量方面随着工业除尘标准的提高，已不能满足环境保护的要求。中北大学研究了利用旋转填料床捕集气体中的尘粒的技术，达到了净化气体的目的。2004 年将直径为 1.6m 的超重机在山西某集团公司应用于富铵钙生产过程中尾气的净化和产品回收过程，处理气量为 $4.3\times10^4 m^3/h$，气液比为 3000～4000，处理后尾气达到国家排放标准，经济效益明显。

4. 脱除 H_2S

2005 年 7 月，山西省超重力化工工程技术研究中心开发出应用于脱除 CO_2、尾气中 H_2S 的技术并在山西某集团公司投入了使用，处理气量为 $2.1\times10^4 m^3/h$，气液比为 50～200，利用超重机停留时间短、传质效率高的特点，增强了脱硫液对 H_2S 吸收的选择性，减少了副反应，降低了碱耗。

2005 年 8 月，山西省超重力化工工程技术研究中心凭借多年在超重力法脱硫除尘方面的开发经验，又开发出了“超重力法脱除煤气中H_2S”的工程技术方案，并在河北唐山焦炉煤气精脱硫工程中采用，处理气量为$1.3\times10^4m^3/h$，气液比为50～200，处理后的煤气中H_2S含量降低到$5mg/m^3$以下，替代天然气烧制陶瓷，极大地节约了成本，为企业创造了巨大的经济效益。

第十三章 新型相分离技术应用

Phase Separation Technology and Application

一项技术往往包含多个理论，而一套应用系统则是多个技术联合应用的结果，在相分离技术的应用方面，一套系统中往往同时包含气液、气固、固液分离等过程。既要达到好的分离效果，又要取得经济效益和降低能耗等优势，光解决单一分离问题是远远不够的，合理联用各种相分离技术组合成一整套分离系统则显得十分必要。本章就生产生活中新型相分离技术，以本书作者及团队独立开发的项目为主，尤其是多技术联合应用组成的相分离系统的应用实例进行介绍。

一、势能旋袋式除尘器的应用

势能旋袋式除尘器系统，是改良的袋式除尘器设备，整体系统包含气固分离、气液分离、固液分离等多种相分离过程。本节列举两个此项技术的应用实例，从设备安装到运行机理详细介绍这种新型袋式除尘器在工业上的应用。

1. 某厂冲天炉烟尘净化治理

铸造行业的冲天炉是企业生产中不可缺少的设备，伴随其产生经济效益的同时又有大量的烟尘排入大气，直接影响大气环境质量，由于其烟尘成分复杂，同时又有一定的温度，因此其治理难度成为行业难题。某公司技术人员根据其公司的专利技术，结合专家的专业知识及丰富的实践经验，开发制造出适用于冲天炉烟尘净化专用的设备，做到节能减排，造福于社会。

(1) 方案说明

① 本设备包括：换热器、鼓风机、势能旋袋式除尘器、锁灰器、灰车、洗气机、脱水器、加碱机、污水过滤器、隔膜出泥泵、循环水泵、电控。

② 冲天炉房顶原有集渣箱保留，在其出口安装管道先与换热器连接，将烟气降温，再与势能旋袋式除尘器连接，经初步除尘后再进入洗气机，烟尘被吸入洗气机净化，净化后气体经脱水器脱水后直接排入大气。

③ 10T 冲天炉烟尘净化设计采用换热器、势能旋袋式除尘器、CTL 型除尘洗气机串联安装。参数为：洗气机型号 CTL-10，风量 $Q=25000\sim35000\text{m}^3/\text{h}$，压力 $p=2600\sim4000\text{Pa}$，装机功率 $N=75\text{kW}$。电控配备变频器。

④ 换热器是将高温烟气首先降低温度。势能旋袋式除尘器是将烟

气中的大部分粉尘干式除掉，由灰车收集人工运走。洗气机的功能是将烟气中剩余粉尘净化。脱水器的功能是将净化后的空气与洗涤液分离，使洗涤液可以循环使用。电控部分配装变频器，可根据情况进行调节，达到方便使用和节能要求。

⑤ 换热器换热方式是水气双换热。烟气通道截面积为 $1m^2$。利用鼓风机向风道内吹风，换气量为 $20000m^3/h$，气表面积为 $90m^2$。换热水量为 $50m^3/h$，水管表面积为 $65m^2$，采用标管 $\Phi57\times3.5$（内水外气）。换热器设备加容重总质量为 7600kg。集渣箱位于换热器下部，由灰车收集人工运走。

⑥ 势能旋袋式除尘器是旋风除尘和布袋除尘的结合，除尘效率可达 99.9%以上。在冲天炉烟气出口经势能旋袋式除尘器除尘后到洗气机洗涤净化排放。

⑦ 供水系统中需配备一套污水过滤器，洗涤液经脱水器回到置换水池，液体中含有细微粉尘的污水经水泵输送至污水过滤器，经过滤料后变为清水循环使用。在过滤器下部有污泥处理器，它是将沉淀下来的污泥经强力过滤后，由隔膜泵排出到污泥车内。该过滤器还有自动反洗功能，可保证滤料长期使用。此方案配备过滤器的过滤能力为 50t/h，采用 316L 不锈钢制作。

⑧ CTL 洗气机配备一套供水系统，防腐耐磨泵一台，流量 $Q=40m^3/h$，扬程 $H=35m$，功率 $N=11kW$，电压 380V。循环水泵配装真空包，真空补水，防止停机再次开机时水泵不供水，避免洗气机无水运转。

⑨ 本套系统洗气机、脱水器、污水渗滤器全部采用 316L 不锈钢制作，换热器、势能旋袋式除尘器、风管采用碳钢制作。

⑩ 加碱机是系统中的加碱装置，将石灰或氧化钠加入置换池内。

⑪ 置换水池可用现有水泥池。

⑫ 烟筒总高度不小于 20m。

⑬ 在势能旋袋式除尘器入口处安装自动野风阀，当温度超过设定时野风阀打开，以此保护布袋不被烧损。

(2) 工艺介绍

① 技术说明。该冲天炉烟气除尘脱硫工程采用钠钙双碱法，脱硫剂为生石灰，设计脱硫效率大于 95%。系统中关键装置——洗气机，是将洗涤与动力设备风机合二为一，将净化功能置于风机内部，靠风机内部各种流场及机械旋转，形成气、液、固三相之间的高速相对运动来完成净化过程。其技术原理是把按线性排列和线性运动的静

态文丘里洗涤器变形为按圆周的径向排列和径向运动的动态文丘里洗涤器。

本技术运用流体力学、空气动力学及气溶胶理论，利用叶轮高速旋转的作用形成超强动力，使喷于其上的碱性浆液充分雾化，并与烟气以最大接触面积和最大冲击速度（60～150m/s）剧烈地碰撞、聚合，实现在最短的时间、最小的空间、最小的液气比下气液充分接触，进行高速传质的过程。在这一过程中，灰尘被液体捕捉，烟气中的 SO_2 被洗涤液吸收并发生化合反应，完成一系列的净化过程。烟气在洗气机中各阶段速度的变化，在理论上等效于湿式文丘里洗涤器，文丘里气液混合过程可以通过叶轮对气流形成动力的同时在洗气机内部来完成，可以说洗气机相当于动态的文丘里，由于烟气不是直线运动，所以洗气机的净化机理及效果等效并高于文丘里洗涤器，同时又避免了传统文丘里洗涤器高能耗这一缺陷，由于没有脱硫除尘专用设备，系统阻力只是其他脱硫除尘设备的 1/5～1/7。

本产品突破传统的概念，做到了效率的模块化、气体压力流量的非线性选择，基本达到了亚零排放，并且能耗最低、投资最小、适应性（高温、高湿、黏性、防爆）最强。

② 工作过程。

a. 烟气进入洗气机后，与在叶轮下方的洗涤液汇合进入叶轮，在高速旋转叶轮的强力作用下，洗涤液被充分雾化，烟气与洗涤液剧烈地碰撞、聚合，使得粉尘被水捕捉，烟气中的 SO_2 与碱性洗涤液发生剧烈的中和反应，完成一次净化过程。

b. 洗涤液与烟气在叶轮内完成一系列复杂运动后，以 69～150m/s 的速度离开叶轮，此时的高速气流在集风器与筒体间隙出口处形成负压区，形成喷枪效应，即将沿此间隙流出的一次洗涤液雾化，从叶轮飞出的高速洗涤液与一次洗涤液发生撞击，此时残余烟尘与 SO_2 被高密度的雾状洗涤液二次捕集。

③ 变频技术。本设计中配备变频技术可使系统中所需的各项指标如风量、风压等得以很好的实现，由于工况的设计与实际运行工况存在较大的差异，即在设计时按最大负荷设计，但由于工况不稳定，负荷较低，因此存在较大的浪费，较为理想的是按上限设计，使用时随机调控，而变频技术恰能满足此项要求，即上限设计，下限使用，能最大限度地满足工况要求，同时最少地消耗能源，节能可达 30%～40%以上；除此之外，还可起到保护设备不过热、不过载，自动检索故障等多项功能。

④ 特点。

a. 节能降耗：采用智能节电技术满足上限设计下限使用，降耗30%～40%。

b. 流程简单：采用三级脱硫除尘技术，使总效率更高。

c. 排放达标：除尘效率99%以上，脱硫效率95%以上。

d. 性能稳定：采用以水为介质的方法，既为高温烟气降温，又减少设备的磨损。

e. 净化时效：不会随着使用时间的推移而影响净化效果。

f. 结构新颖：体积小、能耗低、耐腐蚀、耐高温、振动噪声小、寿命长、投资少。

g. 便于维护：定期补水清除沉淀物即可。

(3) 实用效果

整套系统达到技术先进、所有设备的制造和设计安全可靠，满足可连续运行的要求，整套系统不影响机组正常安全运行。

除尘效率达到99%以上，脱硫 Ca/S 比为 1～1.2 范围内，脱硫效率不低于 95%，吸收净化碱液 pH 值 7～9。

经施工治理后可达到的排放标准：颗粒物含量＜30mg/m^3，SO_2含量＜50mg/m^3，既能满足国家二氧化硫排放标准，也能达到粉尘的排放标准，还能满足国家标准升级要求。

2. 某企业打磨切割车间空气净化方案

某公司的生产工艺流程中有打磨、切料工艺，这些工艺在实施过程中有不同程度的污染，为了保证工人的工作环境和室外大气环境，根据不同的工艺路线制订出空气净化方案。

(1) 设计方案

打磨切割方案示意图见图 13-1。

打磨和切割工段的工作性质很接近，所以可采用相同的净化技术路

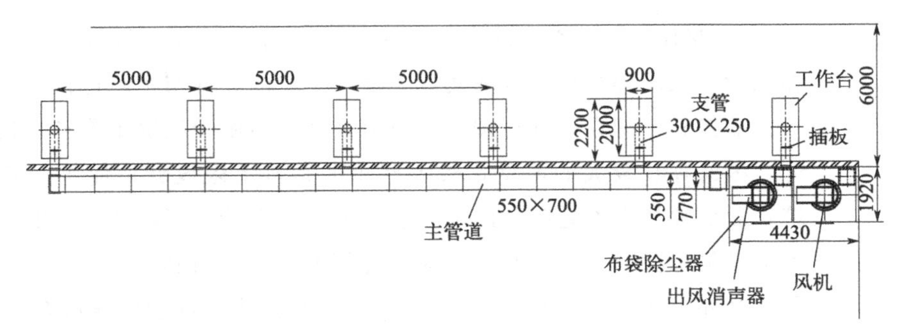

图 13-1 方案示意图

线，即采用袋式除尘器。打磨和切割位于同一车间，设定的总风量为 18000m³/h；设备选用 2 套袋式除尘器并排安装，总占地面积 8.5m²；配套 2 台风机，电机额定总功率 15kW；实际能耗 11kW；2 套袋式除尘器布袋过滤总面积 960m²。

主管道位于室外，沿地面布置，工作台吸风口要下吸风型式，所以工作台为单独设计（图 13-2）。每个工作台单独安装一根支管，与墙外主管道连接，主管道与除尘器进风口连接，含尘气体进入除尘器，经布袋过滤后，在风机的作用下气体经出风口排出，灰尘落入积灰室。每个工作台支管上单独安装插板，可调节单个工作台的风量。

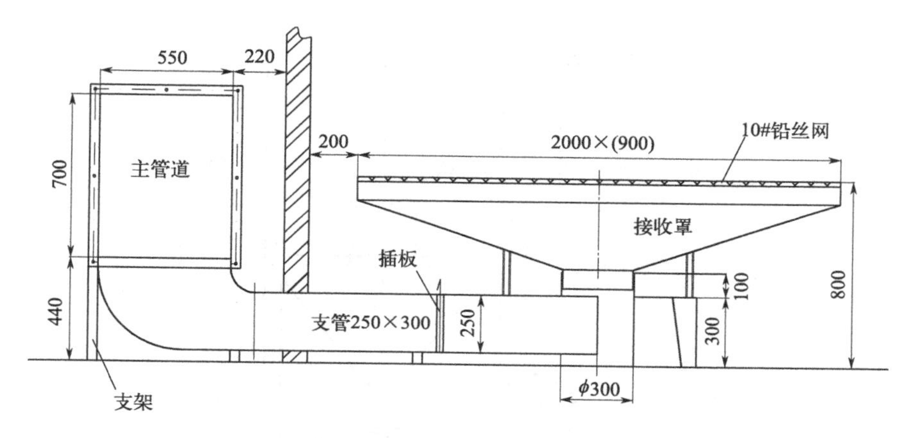

图 13-2　设备示意图（一）

风机置于袋式除尘器上方，出风口安装消声器，降低运行时的噪声，避免形成噪声污染。袋式除尘器及风机外形尺寸如图 13-3 所示。

风机电控采用变频控制，通过调整叶轮转速，使风机的各项参数得以很好的实现，实现上限设计下限使用，并且还可起到保护电机的作用。提供一次性线缆，由电控箱至动力风机，最远距离不超 15m。电控箱进线用户自理。

（2）势能旋袋式除尘器简介

势能袋式除尘器有别于传统的布袋除尘器，滤袋的结构为内外滤结合，在保证过滤功能的同时增加过滤面积。势能袋式除尘器内部流场见图 13-4。

势能是由于位置位形的变化而储存的能量，靠重力或压力和波动的风压形成弹性的过滤表面，当过滤表面的灰尘积累达到一定极限时，灰团可以自动剥落，灰团下落引起周边的空气场扰动变化，形成连锁反应或称雪崩效应。

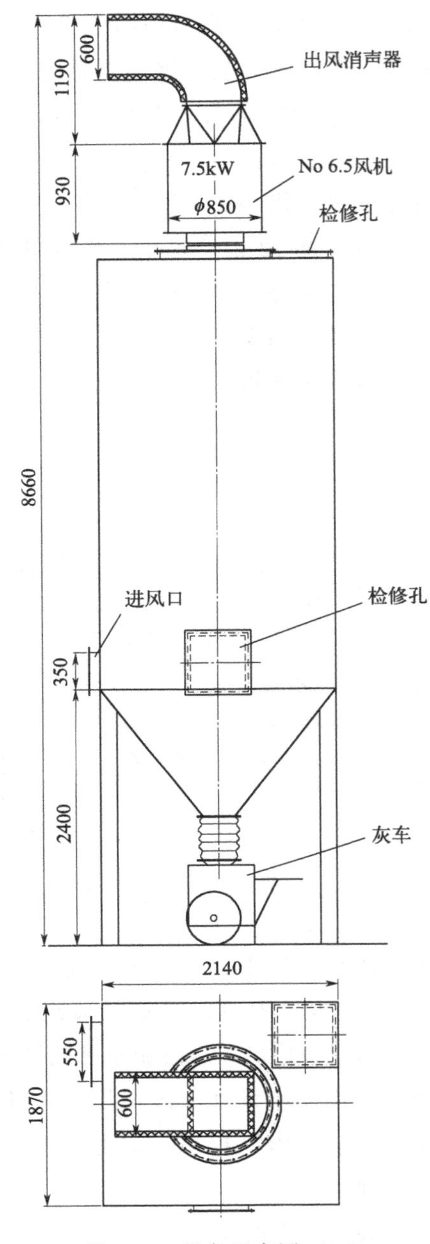

图 13-3 设备示意图（二）

传统布袋除尘器的风速在 2～3m/min，经过改良的势能袋式除尘器风速为 0.5～1m/min，不仅可以节省能耗还可以延长滤料的使用寿命。

由于纤维间的孔隙远大于粉尘粒径，所以刚开始过滤时，筛分作用很小，当滤布上逐渐形成一层粉尘黏附层后，则碰撞、扩散等作用变得很小，主要靠筛分作用，粉尘继续增加时靠粉尘层的自重自动脱落进行

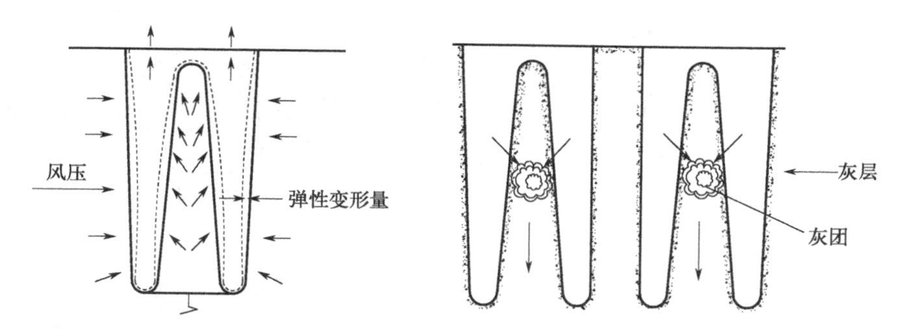

图 13-4 势能袋式除尘器内部流场

清灰，节省了除尘设备的维护成本。

（3）设计特点

① 超大比表面积，阻力很小且恒定。

② 无任何人为清灰机构，滤袋寿命长 2～3 倍以上。

③ 模块化的安装方式，使能耗大幅度下降。

④ 效率高达 99%以上，排放可小于 10mg/m^3。

⑤ 管理工作量及管理维修费用小，设备稳定性好。

⑥ 适应性强，大、中、小型均可同样使用。

二、新型旋风除尘器的应用

新型旋风除尘器是针对传统旋风除尘器的弊端进行改革后，一种新的设计。整体系统包含气固分离、气液分离、固液分离等多种相分离过程。本节以某阀门厂 7T 冲天炉烟尘净化治理方案的设计来说明这种新型旋风除尘器的应用效果。方案示意图见图 13-5。

1. 方案说明

① 本设备包括：多管除尘器、一级洗气机、二级洗气机、脱水器、置换水池、加碱机、污水过滤器、隔膜出泥泵、污泥车、清水泵、电控。

② 在冲天炉加料口下方安装管道，进风口在冲天炉内部，为下进风型式，安装管道先与多管除尘器连接，经初步除尘后再进入洗气机，烟尘被吸入洗气机净化，净化后气体经管道直接排入大气。

③ 7T 冲天炉烟尘净化按常规设计，采用两级 CTL 型除尘洗气机串联安装。参数为：一级洗气机型号 CTL-7.0，风量 $Q=13000\sim23000\text{m}^3/\text{h}$，压力 $p=1200\sim2000\text{Pa}$，装机功率 $N=15\text{kW}$。二级洗气

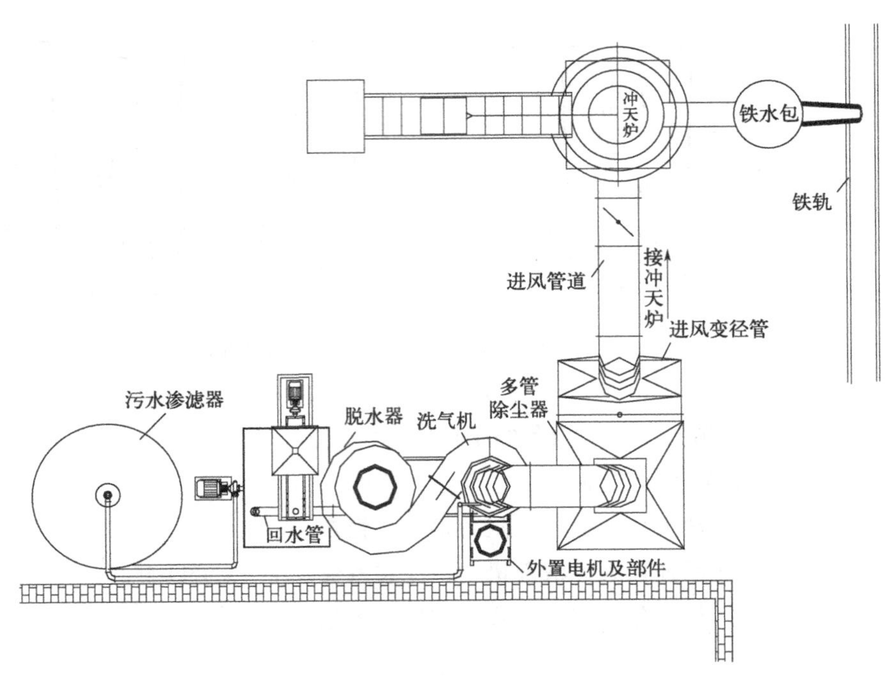

图 13-5 方案示意图

机型号 CTL-5.5，风量 $Q=15000\sim25000\mathrm{m^3/h}$，压力 $p=1700\sim3000\mathrm{Pa}$，装机功率 $N=45\mathrm{kW}$。电控配备变频器。

④ 一级洗气机、二级洗气机的功能是除尘净化。脱水器的功能是将净化后的空气与洗涤液分离，使洗涤液可以循环使用。置换水池的功能是储存洗涤液以供净化使用，可分置换水池和污水过滤器。电控部分配装变频器，可据情况进行调节，达到方便使用和节能要求。

⑤ 多管除尘器是以多管旋流除尘器为主体，除尘效率可达 90%左右。在冲天炉烟气出口经多管旋流除尘后到洗气机洗涤净化排放。

⑥ 供水系统中需配备一套污水过滤器，洗涤液经分离器回到置换水池，液体中含有细微粉尘的污水经水泵输送至污水过滤器，经过滤料后变为清水循环使用。在过滤器下部有污泥处理器，它是将沉淀下来的污泥经强力过滤后，由隔膜泵排出到污泥车内。该过滤器还有自动反洗功能，可保证滤料长期使用。此方案配备过滤器过滤能力为 150t/h，采用 316L 不锈钢制作。

⑦ CTL 洗气机配备一套供水系统，防腐耐磨泵一台，流量 $Q=25\mathrm{m^3/h}$，扬程 $H=30\mathrm{m}$，功率 $N=7.5\mathrm{kW}$，电压 380V。循环水池有效容积 $20\mathrm{m^3}$。

⑧ 本套系统一级洗气机、二级洗气机、脱水器全部采用 316L 不锈

钢制作，多管除尘器、风管采用碳钢制作。

⑨ 加碱机是系统中的加碱装置，将石灰或氧化钠加入回水槽内随洗涤液进入置换池内。

⑩ 置换池为主水箱，通过浮球阀控制水位并自动补水。

2. 实用效果

整套系统可利用率95%以上，除尘效率达到99%以上，脱硫Ca/S比为1～1.2范围内，脱硫效率不低于95%，吸收净化碱液pH值6～9。

经施工治理后可达到的排放标准：颗粒物＜$30mg/m^3$，SO_2＜$50mg/m^3$，既能满足国家二氧化硫排放标准，也能达到粉尘的排放标准，还能满足国家标准升级要求。

三、吸收法和吸附法净化VOCs废气

吸收法和吸附法是气气分离的重要方法。本章针对这两种方法对挥发性有机物（VOCs）废气的处理进行系统介绍。整个工艺流程包含气气分离、气液分离等多种相分离过程。

1. 吸收法净化VOCs废气

吸收法是采用低挥发或不挥发溶剂对VOCs进行吸收，然后利用VOCs与吸收剂物理性质的差异将二者分离的净化方法。其典型工艺流程如图13-6所示。

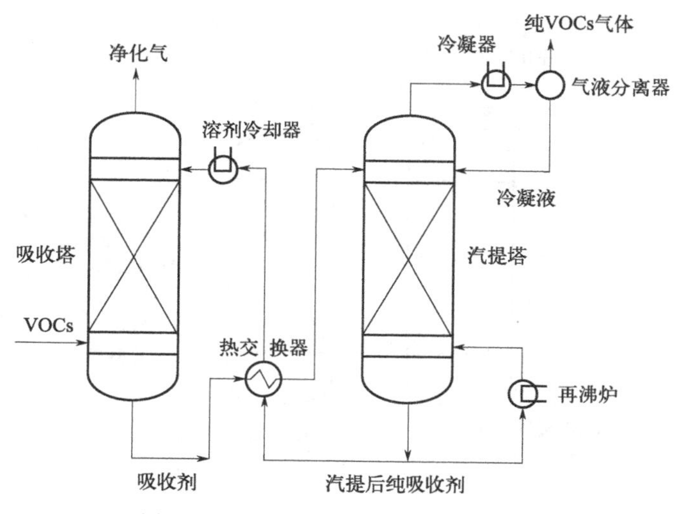

图13-6　吸收法处理VOCs工艺流程

含 VOCs 气体在吸收塔内的上升过程中，与吸收剂逆流接触而被吸收，净化后的气体从塔顶排出。含有 VOCs 的吸收剂通过热交换器，进入汽提塔，在高于吸收温度或低于吸收压力的条件下解吸，然后循环使用。解吸的 VOCs 气体经冷凝和气液分离后回收利用。

吸收法适合于浓度高、温度较低和压力较高的 VOCs 废气的净化。吸收效果主要取决于吸收剂的性能和吸收设备的结构特征。吸收剂选取的原则是：对 VOCs 溶解度大，选择性强，蒸气压低，无毒及化学稳定性好等。表 13-1 列出了净化挥发性有机废气常用的吸收剂。吸收设备选取的原则是：气液接触面积大，阻力小，易操作，运行稳定等。常用的吸收设备是填料塔。此外，液气比、VOCs 入口浓度、运行温度和压降以及吸收剂解吸性能也是影响吸收效果的主要因素。

表 13-1　净化有机废气常用的吸收剂

吸收剂	水	柴油、机油	氢氧化钾	盐酸、硫酸	次氯酸钠
吸收质	苯酚	苯环化合物	有机酸	胺类	甲醛、乙醛、甲醇

2. 吸附法净化 VOCs 废气

(1) 吸附工艺

吸附法是采用吸附剂吸附气相中的 VOCs，从而达到气体净化的目的。吸附法净化 VOCs 废气的工艺流程如图 13-7 所示。吸附过程常采用两个吸附器，一个吸附时另一个脱附再生，以保证过程的连续性。经吸附器吸附后的气体直接排出系统。吸附剂再生时采用水蒸气作为脱附

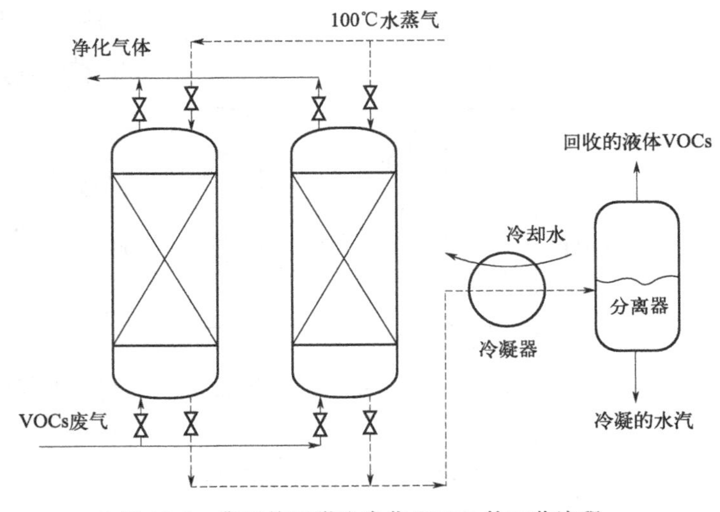

图 13-7　典型的吸附法净化 VOCs 的工艺流程

气体，水蒸气将吸附在表面的 VOCs 脱附并带出吸附器，再通过冷凝，将 VOCs 提纯回收。脱附气体也可以进行催化燃烧处理，这就是吸附浓缩-催化燃烧工艺，此时脱附气体应为热空气。

对于低浓度、大气量 VOCs 废气，目前应用最多，最成熟的方法是蜂窝轮浓缩法。其工作原理如图 13-8 所示，蜂窝轮连续不断将低浓度、大气量废气中的 VOCs 吸附，再用小风量的热风脱附得到高浓度的废气，浓缩后的气体再进入小型的催化燃烧装置或冷凝回收装置进行处理，从而构成经济、高效的有机废气处理系统。该系统体积小、费用低，在国内外已得到广泛应用。

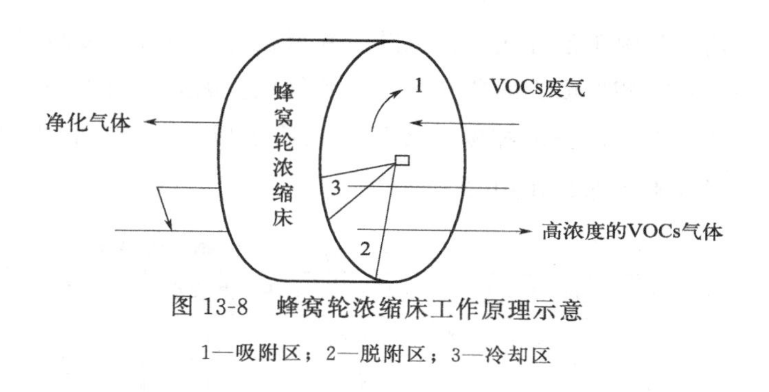

图 13-8　蜂窝轮浓缩床工作原理示意

1—吸附区；2—脱附区；3—冷却区

(2) 吸附剂

研究表明，活性炭吸附 VOCs 性能最佳，原因在于其他吸附剂（如沸石、硅胶等）具有极性，在水蒸气存在的情况下，水分子和吸附剂极性分子结合，从而降低吸附剂的吸附性能；而活性炭分子不易与极性分子结合，因而体现出较强的吸附能力。活性炭吸附剂具有以下特点：①对芳香族化合物的吸附优于对非芳香族化合物的吸附；②对带有支链的烃类的吸附优于对直链烃类的吸附；③对有机物中含有无机基团物质的吸附低于不含无机基团物质的吸附；④对分子量大、沸点高的化合物的吸附优于分子量小、沸点低的化合物的吸附。但是，也有部分 VOCs 被活性炭吸附后难以再从活性炭中脱除，对于此类 VOCs，不宜采用活性炭作为吸附剂，应当选用其他吸附材料。表 13-2 列出了部分难以从活性炭中去除的 VOCs。

表 13-2　难以从活性炭中去除的 VOCs

丙烯酸	丙烯酸乙酯	异佛尔酮	丙酸
丙烯酸丁酯	2-乙基乙醇	甲基乙基吡啶	二异氰酸甲苯酯
丁酸	丙烯酸二乙酯	甲基丙烯酸甲酯	三亚乙基四胺

续表

丁二胺	丙烯酸异丁酯	苯酚	戊酸
二乙酸三胺	丙烯酸丁酯	皮考啉	

（3）多组分吸附

当废气中含有多种 VOCs 时，活性炭对各个组分的吸附是有差别的。一般来讲，活性炭的吸附能力与化合物的相对挥发度近似呈负相关性。有机液体的相对挥发度为乙醚的蒸发量与相同条件下该有机物蒸发量的比值。表 13-3 列出了一些有机液体相对挥发度的数值。

含有多种 VOCs 的气体通过活性炭吸附层时，在开始阶段各组分平均地吸附于活性炭上，但随着沸点较高的组分在吸附层内保留量的增加，相对挥发度大的蒸气重新开始气化。因此，吸附到达穿透点后，排出的蒸气大部分由挥发性较强的物质组成。下面讨论两种 VOCs 混合蒸气吸附的保护作用时间计算。

表 13-3　一些有机液体的相对挥发度

物质名称	相对挥发度	物质名称	相对挥发度	物质名称	相对挥发度
乙醚	1.0	二氯乙烷	4.1	正丁醇	33.0
二硫化碳	1.8	甲苯	6.1	二乙醇-甲醚	34.5
丙酮	2.1	醋酸正丙酯	6.1	二乙醇-乙醚	43.0
乙酸甲酯	2.2	甲醇	6.3	戊醇	62.0
氰仿	2.5	乙醇(95%)	8.3	十氢化萘	94.0
乙酸乙酯	2.9	正丙醇	11.1	乙二醇-正丁醚	163.0
四氯化碳	3.0	醋酸异戊酯	13.0	1,2,3,4-四氢化萘	190.0
苯	3.0	乙苯	13.5	乙二醇	2625
汽油	3.5	异丙醇	21.0		
三氯乙烯	3.8	异丁醇	24.0		

含 A、B 两种 VOCs 的气体通过吸附层，设沸点较低的物质为 A，沸点较高的物质为 B，C_A 和 C_B 分别表示废气中 A 和 B 的浓度。图 13-9 表示当 A 透过吸附层时，吸附质沿吸附层长度的分布状况。根据图 13-9，吸附层全长 L 为各层长度 L_1、L_2、L_3、L_4 的总和。其中 L_1 为两种物质完全饱和的吸附层长度，活性炭对 A 的吸附容量为 a_{AB}（a_{AB} 是与 A 的浓度为 C_A、B 的浓度为 C_B 的气流呈平衡时，活性炭对 A 的吸附容量），活性炭对 B 的吸附容量为 a_{BA}；L_2 为被 A 所饱和，尚能吸附 B 的吸附层长度；L_3 为被 A 饱和的吸附层长度，其中 A 的吸附容量为

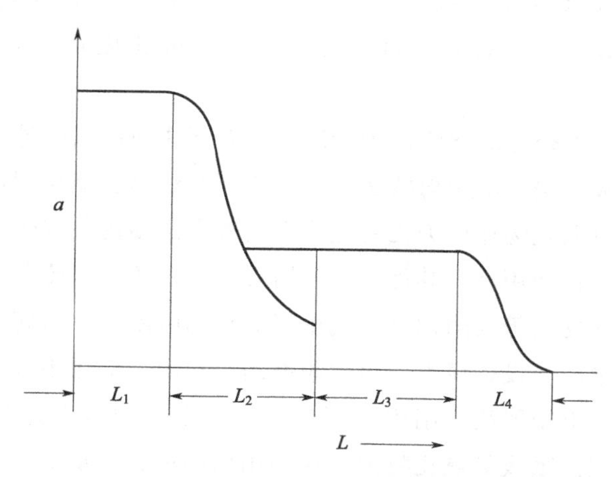

图 13-9　吸附容量沿吸附剂层高度的分布简图

a_A；L_4 是能吸附 A 的工作层。

由于 B 的存在，A 的吸附量减少，所以 a_A 大于 a_{AB}。当吸附 B 的工作层向前推进时，那里原来吸附的 A 有一部分被取代下来。因此在 L_3 这一段中物质 A 在气流中的含量较原来的 C_A 高，以 C'_A表示，根据经验公式：

$$C'_A = C_A + aC_B \tag{13-1}$$

其中 a 为取代系数，可按下式求得：

$$a = \frac{a_A - a_{AB}}{a_{BA}} \tag{13-2}$$

由于缺乏 a_{AB} 和 a_{BA} 的数据，通常无法计算取代系数 a，作为近似计算可以假定 $a=1$，因此

$$C'_A = C_A + C_B \tag{13-3}$$

据此假定，在缺乏混合蒸气吸附等温线的情况下可做近似计算。从组分 A 的吸附等温线求出与气相浓度 C'_A呈平衡的吸附容量，即对应 C'_A的静平衡活度值，然后按吸附质 A 计算保护时间。

四、超重力场中净化硝烟

1. 背景

硝烟产生于如硝基苯、硝基炸药、硝基染料的生产过程，以及金属与非金属表面硝酸处理过程、硝基化合物分解过程等。该污染物不同于工业锅炉高温燃烧产生的烟道气，排气口呈深黄色，也常被称为“黄

烟”。硝烟成分复杂，主要为 N_2O、NO、NO_2、N_2O_4、N_2O_5 的混合物，其排放量较小，排放点集中，扩散速度快，危害严重，治理难度大。

国内外氮氧化物治理情况主要有干法与湿法两种，干法有催化还原法、吸附法与电子射线法等。催化还原法是在催化剂作用下，利用还原剂将氮氧化物还原为无害氮气，这种方法多用在锅炉烟气的净化，但投资和运行费用高，其催化温度需要 300℃以上。吸附法是用硅胶、分子筛、活性炭等吸附剂将废气中氮氧化物吸附，然后解吸。该法由于吸附剂用量多、设备庞大、再生频率高等原因，应用不够广泛。电子射线法是采用电子射线照射燃烧尾气，目前该法很少有达到工业化规模的程度。湿法吸收氮氧化物的装置采用填料塔、泡罩塔、筛板塔等，多采用单级或多级吸收工艺。在吸收剂选择方面，企业依据各自生产的特点，有些利用清水作为吸收剂；其中有的采用碳酸钠、氢氧化钠等碱性液体作为吸收剂进行化学吸收处理。多年来，研究人员在此基础上进行改进，包括尝试用多个塔串联多级吸收、使用活性填料，仍不能达到处理要求，“黄烟”现象仍然很常见。综合现有氮氧化物治理方法，无论从技术层面或经济角度考虑，低浓度的氮氧化物的烟气多采用干法治理，而高浓度的氮氧化物治理方面干法无能为力。湿法处理硝烟包括水吸收法、酸吸收法、碱吸收法、氧化吸收法、吸收还原法、络合吸收法等，表 13-4 所列为几种典型的湿法处理氮氧化物的比较。

表 13-4 几种湿法处理氮氧化物比较

处理方法	技术要点	主要缺点
臭氧/氧化吸收	把臭氧和氮氧化物混合，使 NO 氧化，然后水溶液吸收	臭氧要用高电压电离制取，设备昂贵，耗电量大，费用高
ClO_2/氧化吸收还原	ClO_2 使 NO 氧化成 NO_2，然后用 Na_2SO_3 水溶液吸收，使 NO_2 还原成 N_2	设备易腐蚀，氧化剂及吸收液处理较困难
吸收还原	将 NO 用还原剂还原成 N_2	NO_2 氧化度对吸收效果影响大
络合吸收	Fe-EDTA 配合物将 NO 固定，然后用 Na_2SO_3 将 NO 还原成 N_2	配位剂损失及再生造成成本高

2. 原理

湿法净化硝烟过程中水合反应是快速过程，扩散传质是整个过程的控制步骤，即 $NO(g) \rightarrow NO(l)$；$NO_2(g) \rightarrow NO_2(l)$；$N_2O_3(g) \rightarrow N_2O_3(l)$。

从气相向液相传递过程的速率是影响吸收效果的关键因素。为了增加吸收速率、提高吸收效果，通常采用化学吸收。实践表明，通过提高两端推动力来提高吸收效果的程度是有限的。湿法处理硝烟的最大障碍是NO的吸收，NO除生成络合物外，无论在水中或碱液中都几乎不被吸收。NO可以采用催化氧化和氧化剂直接氧化成NO_2。催化氧化要在一定温度（70℃）条件下作用才明显，所以很少被采用。直接氧化剂分为气相氧化剂和液相氧化剂两种。气相氧化剂有O_2、O_3、Cl_2、ClO_2等；液相氧化剂有HNO_3、$KMnO_4$、$NaClO_2$、NaClO、H_2O_2、$KBrO_3$、$K_2Br_2O_7$、Na_2CrO_4、$(NH_4)_2Cr_2O_7$等。此外还有用紫外线氧化的，其实际应用取决于氧化剂的成本，硝烟氧化时成本较低，其他氧化剂成本较高。硝酸生产行业常采用硝烟（44%～47%）氧化，其实质是NO_2形成酸的逆反应，导致更多的氮氧化物产生，其氧化机理如下：$2HNO_3+NO \longrightarrow 3NO_2+H_2O$。由于火炸药行业的氮氧化物浓度已经很高，采用硝烟氧化生成的NO_2极大地增加了吸收负荷，更不可行的是如果采用水吸收，仍然有1/3的NO生成，构成闭循环。

山西省超重力化工工程技术研究中心率先提出采用超重力技术治理火炸药行业的硝烟，硝烟中N_2O、NO、NO_2、N_2O_4、N_2O_5等由气相向液相传递是整个过程的控制步骤，也是影响整个吸收效果的关键因素，将超重力装置作为硝烟吸收器，就是通过其极大强化气-液传递速率的特性，提高硝烟控制步骤的吸收速率，从而加快整个吸收过程的吸收速率，提高氮氧化物化学吸收过程的吸收率，达到高浓度氮氧化物深度净化的目的。同时可以减少吸收的循环量，降低通过设备的气相阻力，降低泵及风机的电耗。本套系统包含气气分离、气液分离、固液分离等相分离过程。

3. 工艺说明

工艺流程如图13-10所示，工艺参数如表13-5所列。

硝烟气体在引风机作用下经集气罩收集后，从气体入口10进入旋转填料床1，在压差作用下，扩散进入旋转填料4，吸收液由泵9从槽20送至旋转填料床内的液体分布器5，喷向填料内侧，气体和液体在填料中逆流接触并吸收，处理后气体在排气口11的空腔和氧化剂发生器3产生的氧化剂混合，将一氧化氮氧化为二氧化氮，气体进入旋转填料床2，在旋转填料6中吸收液接触吸收氮氧化物，处理后气体经除雾器后排空，吸收液循环使用。该技术适合于不同场合硝烟气体的治理，易于操作，尾气排放达标。

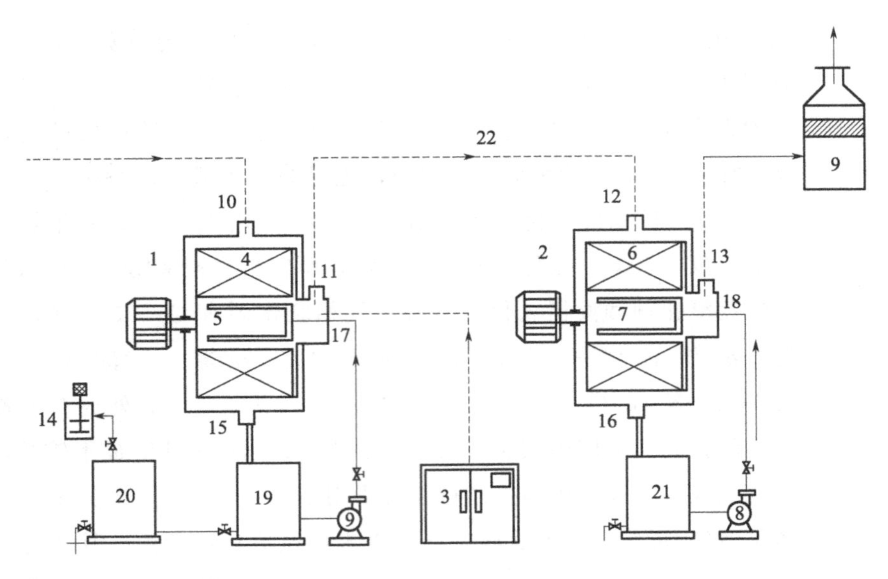

图 13-10　超重力场净化硝烟工艺

1—第一旋转填料床；2—第二旋转填料床；3—氧化剂发生器；4—第一旋转填料；5—第一液体分布器；6—第二旋转填料；7—第二液体分布器；8—第二循环泵；9—第一循环泵；10—第一旋转填料床进气口；11—第一旋转填料床排气口；12—第二旋转填料床进气口；13—第二旋转填料床排气口；14—搅拌槽；15—第一旋转填料床出液口；16—第二旋转填料床出液口：17—第一旋转填料床进液口；18—第二旋转填料床进液口；19,20—第一循环槽；21—第二循环槽；22—连通管路

表 13-5　工艺参数

项目	操作参数	项目	操作参数
硝烟处理量	600～20000m^3/h	吸收停留时间	0.3s
NO_2 进口浓度	18000～20000mg/m^3（标准状态）	氧化停留时间	60s
NO_2 出口浓度	≤1000mg/m^3（标准状态）	水力负荷	10～20m^3/(m^2·h)
液气比 L/G	20L/m^3	吸收剂	新型高效吸收剂
操作气速	0.2～0.3m/s		

五、超重力法脱除二氧化碳体系中的硫化氢

针对工业气体中的硫化氢脱除的处理技术很多，应用较为广泛的主要有干法脱硫与湿法脱硫两种。其中干法脱硫有锰矿法、氧化锌法等，这些方法的脱硫剂再生困难，脱硫饱和后的脱硫剂必须废弃。因此，不但会增加脱硫成本，而且废弃后的脱硫剂会造成环境污染，硫容相对较

低。此类方法一般用于高精度脱硫。湿法脱硫是在液相中将硫化氢（H_2S）经碱液吸收，并在催化剂的作用下将硫化物氧化为单质硫的一种脱硫方法，常用的吸收液有碳酸钠、氨水、有机胺（有机碱）等。各种湿法氧化脱硫方法的区别主要在于催化剂，吸收剂的作用主要是提供碱性环境，差异不大，比如在处理焦炉煤气时，采用氨水吸收剂，主要是基于焦化厂自产的碱源（氨水）具有经济上的优势来考虑的。而催化剂不同，其脱硫特点亦不同。

山西省某集团公司合成氨厂采用低温甲醇洗的脱碳工艺，由于 CO_2 过剩等原因，排出的气体中，其各组分体积分数分别为：CO_2 98.97%，H_2S 0.68%（浓度为 10.6g/m^3），甲烷、乙烷等其他气体为 0.35%。

从气体的组成来看，气体中 CO_2 和 H_2S 含量都很高。要解决的问题是在高浓度 CO_2 中脱除高浓度 H_2S。不难看出，采用普通的湿法脱硫技术，以下的问题有待考虑。

① 由于 CO_2 和 H_2S 均属酸性气体，在脱硫的过程中，脱硫液中的碱性成分必然要与两者进行反应。结果是在吸收硫化氢的过程中，必将同时把 CO_2 部分或全部脱除，这样会使得吸收液中碱的消耗增加，极大地增加脱硫成本。

② 由于 H_2S 的浓度是常见气体脱硫浓度的 10 倍左右，这就要求脱硫液要具备更高的硫容或在脱硫过程中相应地加大脱硫液的用量。

③ 实际上，湿法脱硫过程中，H_2S 与脱硫液中碱性物质进行化学反应的化学活性比 CO_2 的化学活性高，能利用这个特性实现高选择性脱硫是解决这个问题的关键。

④ 采用传统的塔设备脱硫，由于气体在塔内的停留时间长，在脱除 H_2S 的过程中，不可避免地有较多的 CO_2 将被脱除，造成脱碳液碱性物质的大量消耗，成本急剧增加。

对于这样的特殊体系，面临的问题是在高浓度 CO_2 体系中高选择性高效率地脱除 H_2S。对于这样的难题需要从两方面加以考虑：一方面，从设备和工艺上，选择传质效率高的设备，利用 H_2S 化学活性比 CO_2 高的差异，在极短的时间能有效地将 H_2S 脱除，而在此时间内 CO_2 还来不及进行反应的工艺来实现；另一方面，脱硫剂须具备高硫容、易再生、清澈和低固含量等优点。

超重力装置传质系数是普通塔设备的数十倍，停留时间小于 1s（塔设备气相停留时间为 10～70s），符合高效率、短时间吸收反应的特性。PDS催化剂具有硫容高、固含量低、易再生等特性。因此，选定超重力装置和PDS催化剂的工艺。将二氧化碳体系中脱除硫化氢作为脱硫研究具有示范性和代表性，下面将以该体系的工业化应用情况来介绍超重力场吸收工艺过程。本套系统包含气气分离、气液分离、固液分离等相分离过程。

1. 脱硫过程

（1）工艺流程

超重力装置为山西省超重力化工工程技术研究中心自主研发，处理山西某集团合成氨厂的含硫废气：其中体积分数 H_2S 为 0.68%（10600mg/m^3），CO_2 为 98.97%；采用 PDS 催化剂，PDS 浓度为 5.0×10^{-6}～20×10^{-6}；纯碱和水是工业级，试验进出口 H_2S 含量采用化学碘量法分析，处理气量标准状态下为 21000m^3/h，气液比 50～200，利用超重力装置停留时间短、传质效率高的特点，增强了脱硫液对 H_2S 吸收的选择性，减少了副反应，降低了碱耗。

超重力法选择性脱除 CO_2 体系中的 H_2S 工艺流程如图 13-11 所示，原料气经输气管路进入超重力装置，自下而上通过高速旋转的填料层。贫液槽中的贫液在输液泵的作用下，沿超重力装置进液管进入超重力装置转子内缘，在强大离心力的作用下，气液传质得到强化，气液两相在高湍动、强混合及相界面高速更新的情况下完成脱硫液对硫化氢气体的吸收，在进出口管线上分别装有采样管抽取气体样品以分析进出口的含硫浓度。脱硫后的尾气由超重力装置气体出口排出，经除雾器将夹带的少量液雾和液滴分离后排出。吸收硫化氢后的脱硫液变为富液，经超重

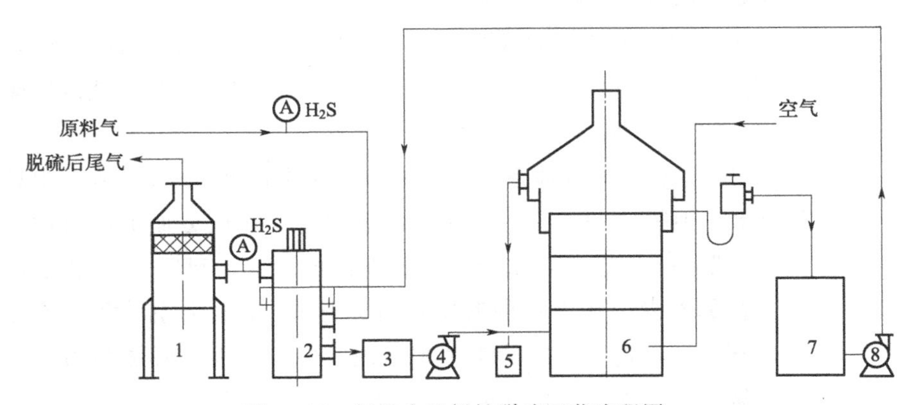

图 13-11 超重力选择性脱硫工艺流程图

1—除雾器；2—超重力装置；3—富液槽；4—富液泵；
5—硫沫槽；6—再生槽；7—贫液槽；8—贫液泵

力装置液体出口进入富液槽。富液在富液泵的作用下打入再生槽，在再生槽内与引入再生槽的新鲜空气逆流接触，在 PDS 催化剂的作用下催化再生，再生后的贫液经再生槽贫液出口进入贫液槽，再经贫液泵引入超重力装置循环使用。再生过程中产生的硫沫经再生槽的硫泡沫出口进入硫沫槽。

（2）脱硫效果的评价方法

H_2S 脱硫率（η）的定义为 $\eta=\frac{c_1-c_2}{c_1}\times100\%$，式中 c_1、c_2 分别为 H_2S 在超重力装置进出口的体积含量。

H_2S 吸收选择性（S）的定义为

$$S=\frac{[H_2S]_1/[CO_2]_1}{[H_2S]_g/[CO_2]_g} \tag{13-4}$$

式中，下标 1 为吸收后富液液相；g 为尾气气相；［H_2S］或［CO_2］为分析出的物质的量。

2. 操作参数对脱硫率的影响

（1）液气比对脱硫率的影响

图 13-12 所示为体系温度为（22±2）℃、超重力因子为 106.2、吸收液中碳酸钠碱含量（$w_{Na_2CO_3}$）为 12g/L、PDS 含量为 15×10^{-6} 的操作条件下脱硫率随液气比的变化关系。由图 13-12 可知，尾气脱硫率随液气比的增加而增大。在固定气体流量的条件下，液体流量的增大引起在相同操作条件下的液滴流速、液膜更新速度及填料表面的润湿程度的增大，加之液相中 H_2S 的平衡分压降低，吸收推动力增大，强化了气液间的传质速率，从而脱硫率得以提高。当液气比为 8.5L/m^3，脱硫

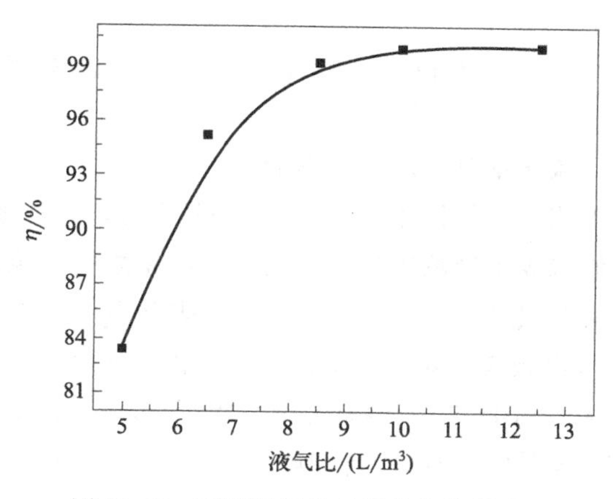

图 13-12 不同液气比对脱硫率的影响

率达 99%，仅为传统方法液气比的 1/8～1/40。当液气比较大（大于 8.5L/m^3）时，脱硫率略有增加，但不十分明显。所以，液气比控制在此范围内，既保证脱硫效果，又可以节省运行费用。

（2）超重力因子对脱硫率的影响

下面在控制反应体系温度为（22±2)℃、液气比为 10L/m^3、碱含量（$w_{Na_2CO_3}$）为 12g/L、PDS 含量为 15×10^{-6} 的条件下，考察 H_2S 脱硫率随超重力因子的变化关系。如图 13-13 所示，脱硫率随着超重力因子的增加而增加，这是由于旋转填料床强化气液相间传质的结果。旋转的填料对液体有一巨大剪切力的作用，使液体被分割成一片片极薄的液膜和细小的液滴，从而增大了气液接触面积；另外，径向流动的液体受到旋转填料的作用，液体的流动边界层和传质边界层不断更新，气液两相实际接触面积随着超重力因子的提高也大大增加，诸多因素的共同作用使传质效率得到了强化，脱硫率相应地增加。当超重力因子大于 106.2 时，超重力因子的增加对脱硫效果的影响已经不大，所以选择超重力因子为 106.2 为宜。

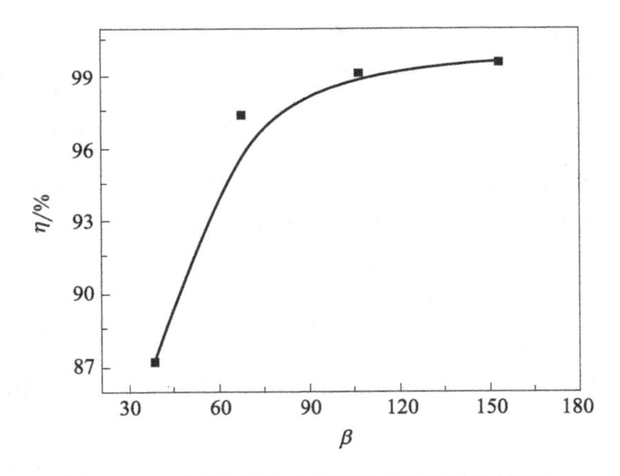

图 13-13 不同超重力因子对脱硫率的影响

（3）碱含量对脱硫率的影响

由于该工业气体中含有高浓度的 CO_2，因此脱硫液中 Na_2CO_3 浓度的高低就成了影响脱硫效率的重要因素之一。控制体系温度为（22±2)℃，液气比为 10L/m^3，超重力因子为 106.2，PDS 含量为 15×10^{-6}，考察碱含量对脱硫率的影响。由图 13-14 可知，在合适的超重力因子（大于 106.2）和液气比（大于 8.5L/m^3）条件下，当溶液中 Na_2CO_3 浓度保持在 10～14g/L 时，出口硫化氢小于 50mg/m^3，7～9g/L 时出口 H_2S 维持在 50～80mg/m^3，当 $w_{Na_2CO_3}$ 小于 7g/L 时脱硫达不到环保要求，出口 H_2S 在 300mg/m^3 以上。另外，虽然脱硫液的碱度与脱硫效率成正比，但过高的碱度也会加速副反应，并促进副产物盐类的生成，既不利于溶液的再生，直接影响脱硫效率，又会增加碱耗。因此，体系中碱度控制在 10g/L 左右为宜。

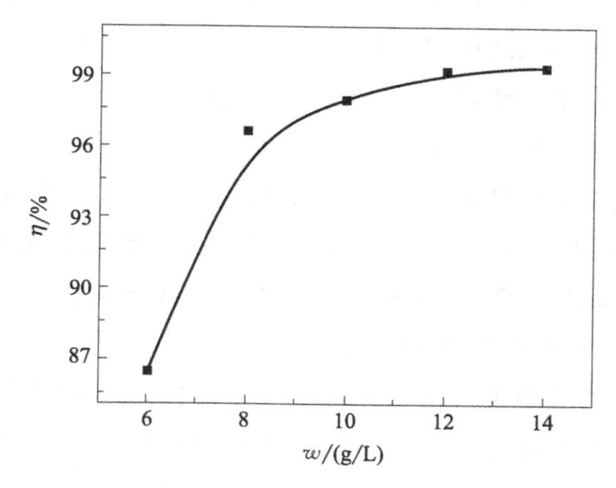

图 13-14　不同碱含量对脱硫率的影响

(4) PDS 浓度对脱硫率的影响

当操作条件为液气比 10L/m^3、超重力因子为 106.2，$w_{Na_2CO_3}$ 为 12g/L 时，考察了不同体系温度时 PDS 浓度对脱硫率的影响。脱硫结果如图 13-15 所示。当 PDS 含量由 5.0×10^{-6} 增加到 15×10^{-6} 时，尾气脱硫率增加 15%左右，而当浓度由 15×10^{-6} 增加到 20×10^{-6} 时，脱硫率增加不足 1%。所以，PDS 浓度宜控制在 15×10^{-6} 左右，这样既可以保证脱硫效果，同时也可以节省脱硫成本。

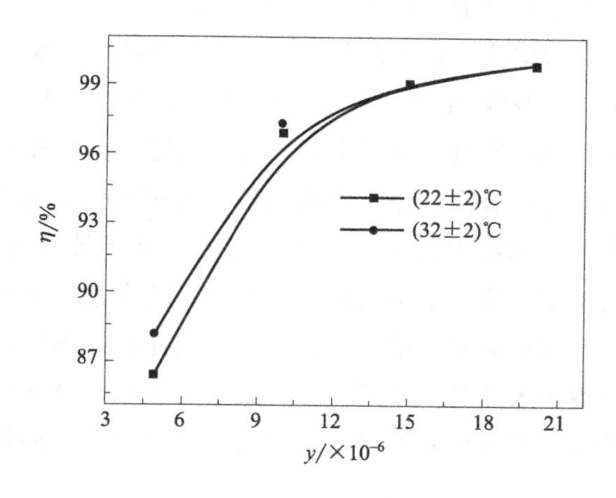

图 13-15　不同 PDS 浓度对脱硫率的影响

(5) 温度对脱硫率的影响

在其他条件不变的前提下，分别对(22±2)℃和(32±2)℃两个温度段进行考察。结果说明，温度对脱硫效果有一定影响，但影响不大。从试验现场看到，当温度在(32±2)℃时对硫泡沫的聚集和浮选明显有利，但如果温度过高（高于40℃），生成硫代硫酸钠的副反应加快，造成碱量消耗随之增加变快；反之，温度过低（低于20℃），氧化再生缓慢，不利于脱硫效果。所以选择温度(32±2)℃为宜。

(6) CO_2含量对脱硫效果的影响

当工业气体的脱硫率大于99%时，CO_2进出口的浓度变化不足0.5%，进一步验证了超重力法对H_2S有较高的选择性。当选择适宜条件，脱硫率大于99%时，超重力法对H_2S的选择性大于98.5%，明显高于PDS在填料塔中的选择性。

山西省超重力化工工程技术研究中心凭借多年在超重力法脱硫除尘方面的开发经验，开发了超重力法脱除煤气中H_2S，并在某陶瓷企业的焦炉煤气精脱硫工程中采用。工艺煤气气量为13000～15000m^3/h，硫化氢含量为300～500mg/m^3，气液比为50～200，吸收剂为纯碱，浓度为0.2～0.6mol/L，pH值为7～10，选用CoS催化剂，浓度为20×10^{-6}～80×10^{-6}。超重力装置直径为1.4m，高为2.5m，超重力因子为80，处理后的煤气中硫化氢含量降低到5mg/m^3以下，净化后的煤气替代了原来所使用的液化气，解决了液化气运输困难的实际问题，操作费用降低30%，极大地节约了生产成本，取得明显的经济效益。与完成同样任务的干法脱硫工程费用相比，直接的投资为原来的1/2，这个工程由煤气替代液化气、由超重力技术替代干法脱硫技术的实现，为企业创造了巨大的经济效益。

超重力湿法高精度脱除低浓度煤气中的硫化氢的成功运行，有望替代传统干法脱除H_2S的工艺。可以广泛应用于煤气、天然气等工业气体中的脱硫。通过上述两个超重力法脱除工业气体中的硫化氢工业应用的实例，可以看出，超重力技术能高效率脱除高浓度CO_2体系中的高浓度H_2S，这样的技术指标和运行成本是传统脱硫塔技术远远达不到的；高精度脱除煤气中的硫化氢技术，基本达到干法精脱硫的效果，但其经济技术指标明显优于干法技术。因此，有理由相信，超重力装置可广泛应用于天然气、炼厂气、合成气、煤气、半水煤气、焦炉煤气和变换气等气体中硫化氢的脱除，将会带来明显的经济效益和社会效益。

六、离心式洗气机的应用

离心式洗气机是洗气机技术的分支之一，洗气机技术包含气液、气固的相分离过程。而本套系统包含气固分离、气液分离、固液分离等相分离过程。本节通过三个应用实例说明离心式洗气机整套系统在实际生产生活中的应用。

1. 制冷降温

某厂配电室降温。工厂配电室是工厂的中枢系统，保障配电设备的正常运行是一项重要的工作内容，带钢厂配电室工作状态存在着室温过高的现象，通风降温又存在着空气含尘量较高的现象，容易污染室内电器，所以公司提出治理方案，选用一套洗气机，净化介质为自来水或循环水，使水源保证地下水的温度，在水与空气从混合到分离的过程中，两者之间通过热交换使温度相等，即水吸收热量温度升高，空气放出热量温度降低，同时又净化了自然空气中的尘，使送入配电室的气体温度既低又干净，保证了配电设备的正常运行。设备工艺示意图见图 13-16。

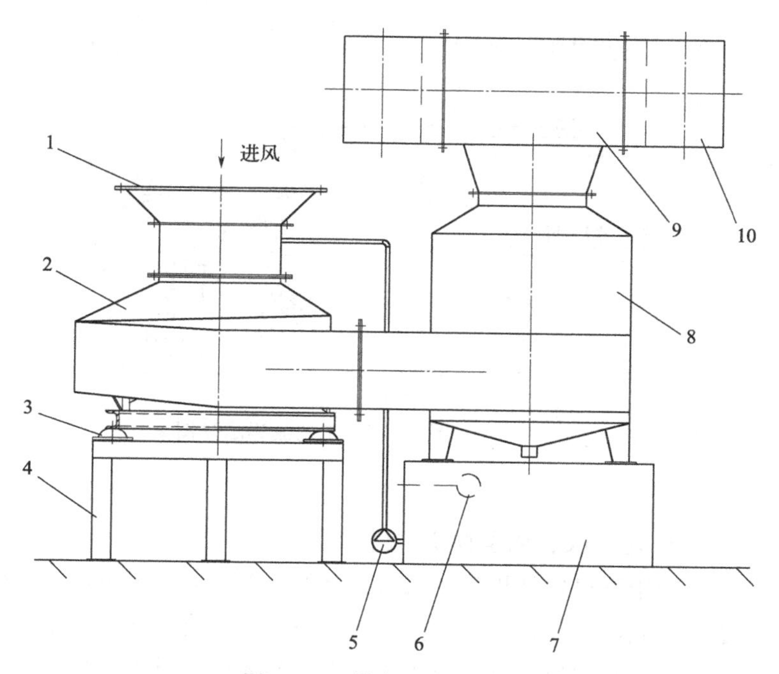

图 13-16　设备工艺示意图

1—集风器（带网）；2—净化风机 5#；3—减振器；4—风机支座；5—水泵；6—自动补水；7—沉淀水箱；8—脱水器；9—出风三通；10—出风变口弯头

2. 锅炉烟气脱硫除尘

我国是以矿石燃料煤为主要燃料的国家，在人们的生产生活中离不开的热能设备——锅炉，正是应用此种燃料，然而煤在燃烧时会产生大量的烟尘、二氧化硫及氮氧化物，这些是空气污染的主体。目前对这些污染治理的设备，均存在着体积大、能耗大、造价高、效率低等问题，而洗气机在锅炉上的应用则解决了这些问题，除此之外，洗气机的应用还取代了与锅炉配套的引风机，做到了集风机、脱硫、除尘、脱氮多功能于一身的要求，如果选用灰水分离器及污泥分离机，则还省去了沉淀池。经过十余年的使用证明，洗气机在这一领域里的应用可以做到低耗、高效，即在目前锅炉的标准配置下可达到和满足地方标准，脱硫除尘率分别在99%以上，其他各项经济技术指标均优于其他类型的净化设备。工艺流程示意图如图13-17所示。

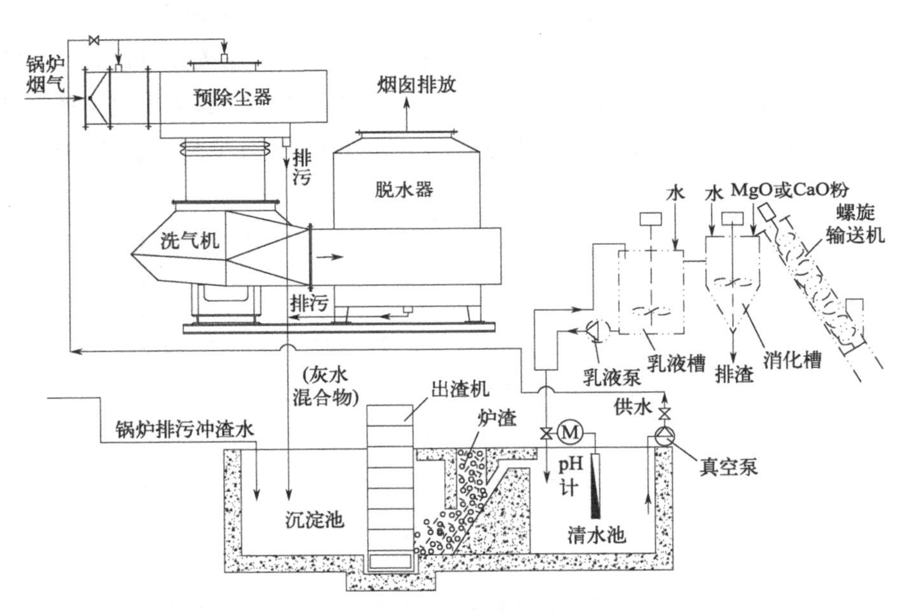

图13-17 工艺流程示意图

3. 用于吸收化学物质“肼”

用于飞机发动机生产试运行尾气治理。肼是无色油状液体，有类似于氨的刺激气味，是一种强极性化合物，能很好地混溶于水、醇等极性溶剂中，与卤素、过氧化氢等强氧化剂作用能自燃，长期暴露在空气中或短时间受高温作用会爆炸分解，具有强烈的吸水性，贮存时用氮气保护并密封。有强还原性，能腐蚀玻璃、橡胶、皮革、软木等。有碱性，能与无机酸形成盐。在空气中能吸收水分和二氧化碳气体，并会发烟。肼和水能按任意比例互相混溶，形成稳定的水合肼 $N_2H_4 \cdot H_2O$ 和含水 31%的恒沸物，沸点 121℃。

发动机尾气经强力传质洗气机设备降温、净化，用洗涤液循环吸收，净化后气体经脱水器脱水后排入大气，洗涤液流回循环水箱。洗涤液可循环使用，需要加入药液，还需根据实际运行情况定时彻底更换。

七、旋流式洗气机的应用

旋流式洗气机是洗气机技术的另一分支，洗气机技术包含气液、气固的相分离过程。而本套系统包含气固分离、气液分离、固液分离等相分离过程。本节通过两个应用实例说明旋流式洗气机整套系统在实际生产生活中的应用。

1. 在煤矿行业中的应用

煤矿洗煤厂洗选车间煤炭洗选整个过程包括粗选、筛分、破碎、精选等，当皮带机落料时，物料向下由于落差气流反冲激起大量粉尘；振动筛工作时，物料在振动筛中震动，于是大量粉尘从振动筛中扩散出来。以上工艺过程由于机械作用产生大量的粉尘，对工作环境造成严重污染，对工人的人身健康构成很大的影响，同时由于煤炭粉尘的可爆性，对环境安全也构成极大的威胁。

通过实践证明，洗气机对于洗煤厂污染源的适应性及运行的稳定性，具有很强的优越性，集空气动力、收集净化粉尘、气液混合与分离于一体，可彻底消灭烟雾现象，使工作环境卫生明显好转，达到工业级运行标准，并且煤尘收集后可定期清理（回收），不会造成二次污染。在矿业的应用范围为：采掘、筛分、转运、落料、破碎、搅拌（如图 13-18 所示）。

2. 在餐饮油烟净化中的应用

中国的餐饮业是一个非常宽大的领域，由于中餐的特点，在烹饪过程中产生的油烟是城市空气的主要污染源。洗气机在此领域得到广泛的应用。目前油烟的净化效率可以达到 95%以上，这对于控制城市污染及对 PM2.5 的控制起到了重要的作用。

洗气机能高效净化油烟的机理是利用了油脂机械乳化的原理，油脂为有机物，它的特性是不溶于水，若想让油脂与水结合有两种方法，一种是化学乳化，即利用乳化剂实现水与油脂结合；另一种是机械乳化的原理，即两种互不相溶的液体，经过高速的机械运动而结合的就叫机械乳化。机械乳化的优点是油水的结合是暂时的，经十几分钟以后它们会自动分离，水可循环使用，完全能达到油烟净化的目的。常规安装示意图如图 13-19 所示。

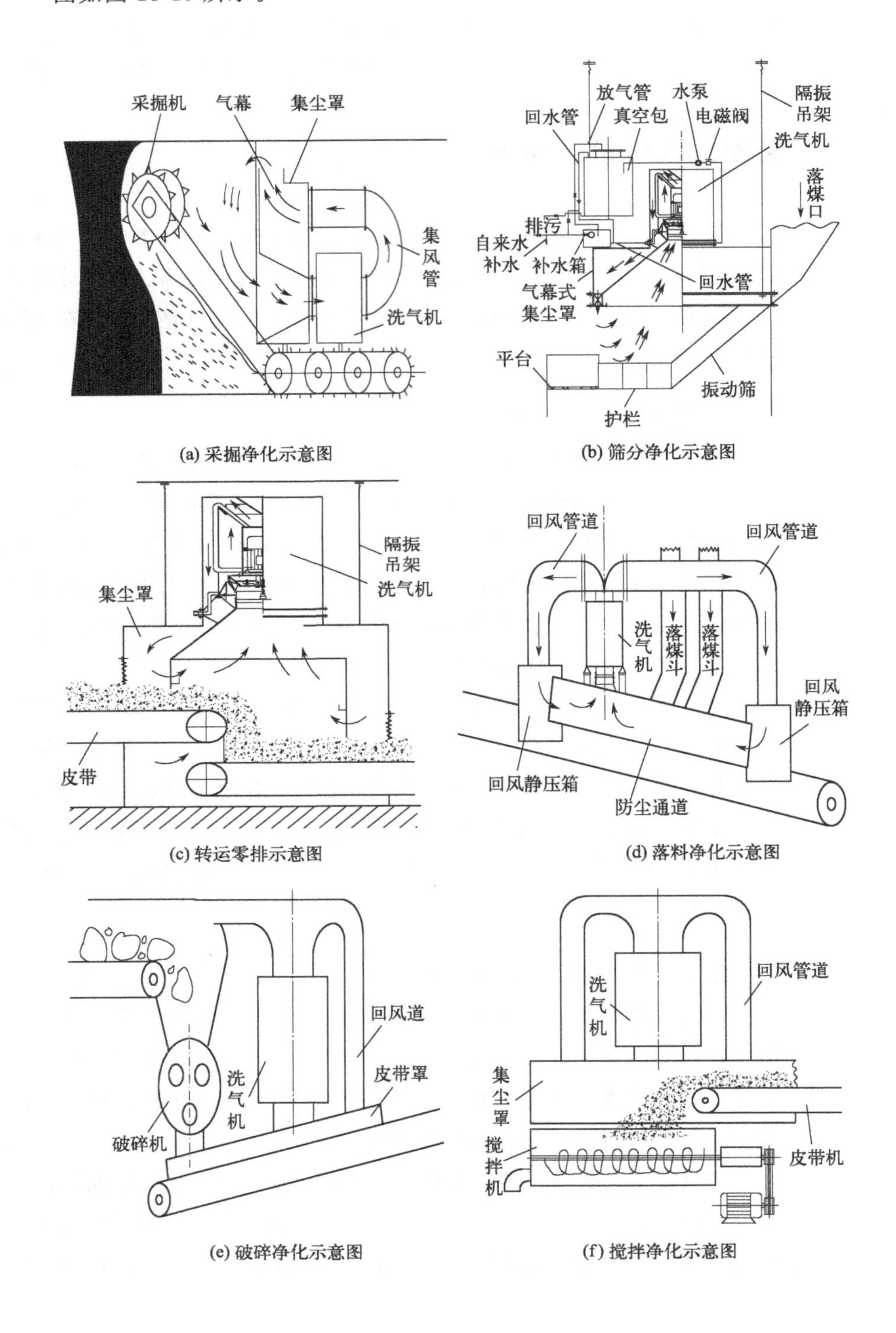

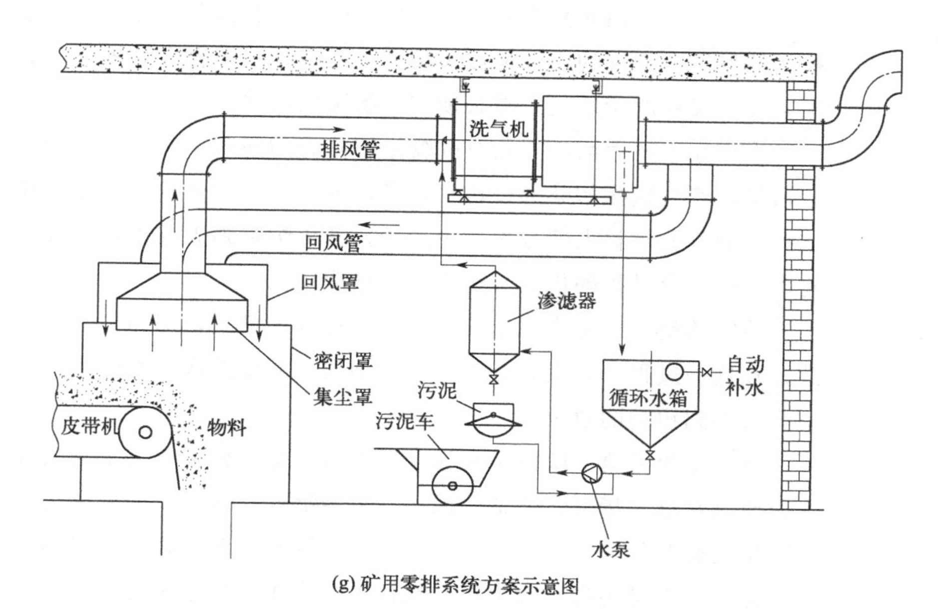

(g) 矿用零排系统方案示意图

图 13-18　旋流式洗气机在矿业中的应用

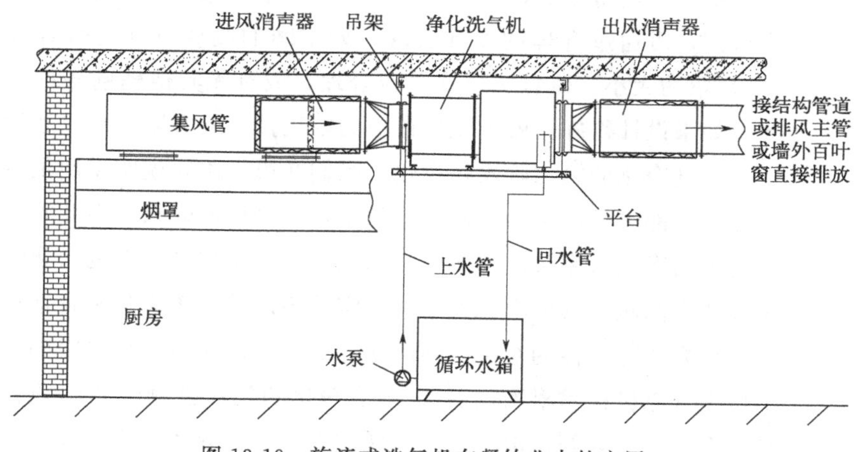

图 13-19　旋流式洗气机在餐饮业中的应用

八、中气回用与零排技术

节能减排是国家当前的总方针，在各领域，创新是实现这一目标的重要手段，改革旧的工艺、改进传统的操作方式、改变传统的思维方式、开发新的技术、创立新的理论都是实现这一目标的重要措施，尤其是在传统领域其潜力是巨大的。

空气和水、阳光同为人类赖以生存的三大必备条件之一，随着人类社会的发展，空气的质量也被污染到人类生存不可容忍的程度，如何解决生存与发展的矛盾是人类必须首要解决的问题。

人们在生产生活必需品及改变生存状态的同时，制造了大量的气溶胶污染，产生这些污染的过程有物理过程、化学过程及物理化学复合的过程，如矿业建材大部分为物理过程，各种炉窑则表现为化学过程，而物理化学复合过程的代表行业则为餐饮业。

传统的空气净化模式是一种简单、粗放的模式，即捕集、净化、排放，在这一过程中，没有做到精准、细致，致使造成很大的浪费，往往也会得不到预期的效果。

空气净化的第一阶段是捕集。捕集效率是人们关注的重要指标，为完成或满足这一指标，通常的做法是靠足够的空气量，而要满足足够的空气量就要有足够的动力，而动力的产生则靠能源或资源。我们通常所说的捕集效率是污染物收集率，在这个概念中人们很少考虑或注意污染物的载体——空气或空气量，如果我们把污染物的量作为分子，把载体空气量作为分母，就得到一个新的参数——载体效率，载体效率越高，证明空气使用量越低，所用动力能源消耗也就越低。那么如何使载体效率最高，可通过合理的设计实现，如空间的流场设计是否合理，集尘（气）罩的大小、位置、形状是否合理，或有无其他辅助条件，如气幕等，如果设计得好，就可使用最小的空气量，最大限度地输送污染物。

空气净化的第二阶段是净化。我们在第一阶段说明了用最少的空气输送尽可能多的污染物，使载体效率达到最佳的效果，在此阶段要解决的是提高净化效率及净化效率的稳定性，不论哪种类型的净化装置都存在这两个问题，其中净化效率的稳定性不能等同于净化装置运行的稳定性，如袋式除尘器的布袋破损问题、静电式净化器的比电阻问题及电场不稳定（电极板黏附物过多）、湿法净化的气液接触传质问题、活性炭吸附饱和问题等等。由于以上问题的存在，使效率达不到设计要求，大量的污染物排放就不可避免，空气质量降低也不可避免。

空气净化的第三阶段是排放。净化后的空气不论效率高低，都是要排放的，在此有一个被人们忽视了的问题，随着污染物的排放，空气所具有的动能也随之排放了，做了无用的功。能否将已产生的动能回收并加之利用，达到节能的目的，答案是肯定的，中气回用就是解决此问题的途径之一。如图 13-20 所示。

从图示中可以看出，传统方式的污染物净化排放，风机除了要克服管道、净化设备的阻力而消耗能量外，还要能使污染物周边的空气产生

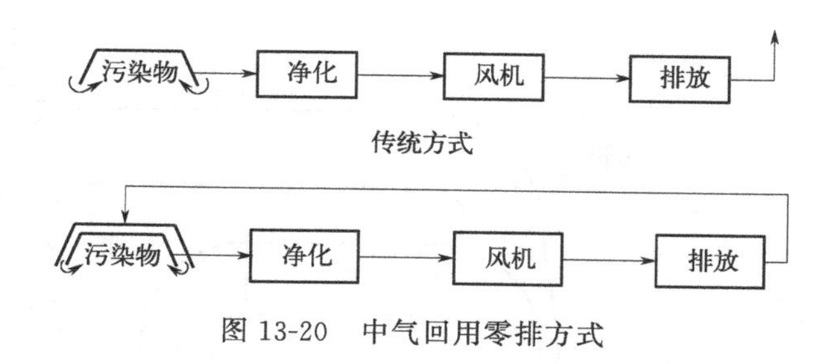

图 13-20　中气回用零排方式

一定的压力，使其流动，才能达到整体系统的作用；而中气回用零排方式，可利用净化后空气的压力解决污染物的收集输送的能耗问题。此外，还可通过设计，利用流体力学和空气动力学的原理，减少压力和空气需要量，从而达到节能降耗的目的。

1. 中气回用净化系统

中气回用净化系统可分为两种形式，一种是无管道式（一体式），即空气动力源风机与净化器结合，再与集尘罩出风口直接相连，中间无管道；另一种是有管道式（分体式），即空气动力源风机与净化器结合，再通过管道与集尘罩出风口相连。以上两种形式中的集尘罩均为气幕式，经过净化后的气体可直接返回集尘罩，作为补风，形成污染源的屏蔽，阻止自然风过多地进入集尘罩。如图 13-21、图 13-22 所示。

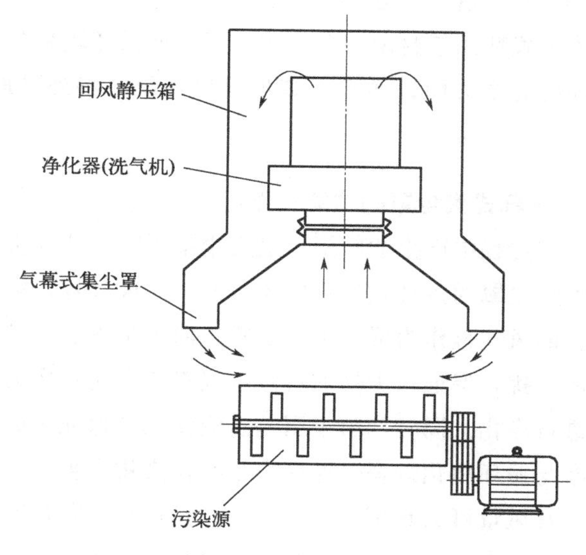

图 13-21　无管道式

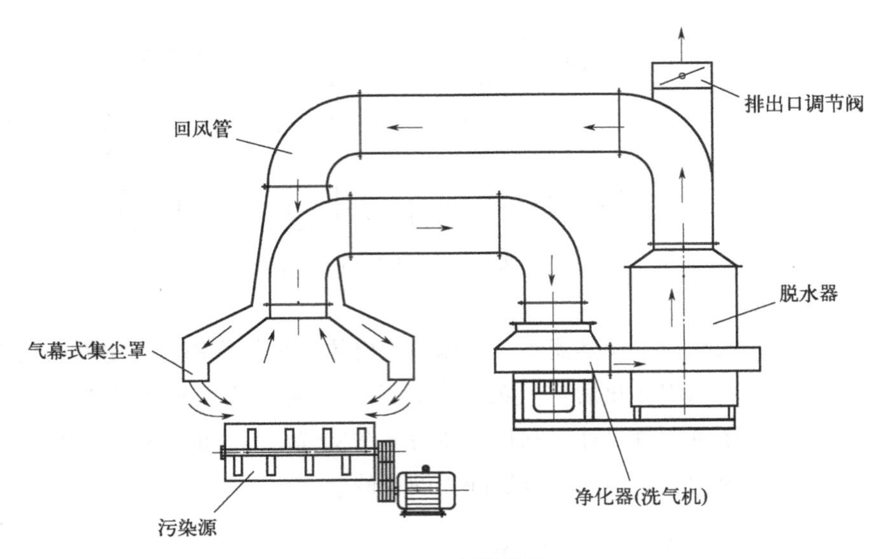

图 13-22 有管道式

(1) 无管道式（一体式）

该形式适合用于半封闭或无封闭的车间或场所，其原理是粉尘在上升气流的作用下进入洗气机，粉尘在洗气机内部实现转乘（进入水中），经高效净化后的空气流回静压箱，进入气幕式集尘罩的夹层形成气幕，气幕又将粉尘携带进入洗气机完成循环。

(2) 有管道式（分体式）

该形式适用于封闭的车间或场所，如果环境具备送排风系统，可将外排阀门完全关闭，如果无其他排风系统，将外排阀门打开 1/5 左右即可。

2. 气幕式集尘罩的功能及作用

工作过程中产生的粉尘经过集尘罩被吸入洗气机，净化后的气体被输送到集尘罩的条缝式气幕回风口处，形成气幕，可起到补风和屏障的作用。回风气幕作为屏障可抑制粉尘向集尘罩以外扩散，同时可防止横向气流干扰，保证很少量的自然空气参与净化；作为补风可携带新生污染物进行净化。同时，由于压差射流作用，保证污染物在一个密闭空间全部参与循环净化过程，这样由于在污染物产生的空间形成有序稳定的流场，其风量可大量减少，约在 50%以上，所以用于通风的总能耗可减少 50%～70%。

3. 中气回用零排技术的应用

某制药车间搅拌机粉尘治理方案如图 13-23 所示。

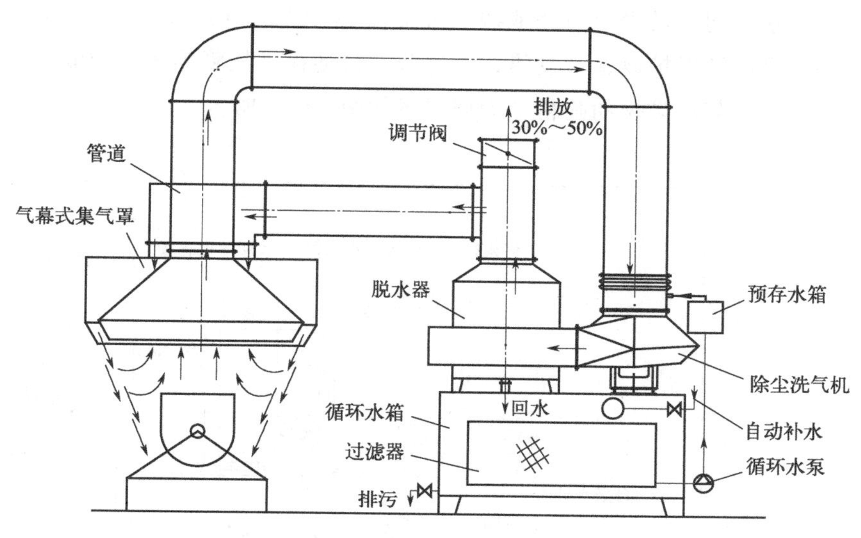

图 13-23　治理方案示意图

将集气罩设计为气幕式集气罩，带有条缝式风幕回风口，使气幕对搅拌粉尘形成屏障，保证粉尘不外逸，同时保证只有少量自然空气被携带净化。

在脱水器的出口安装三通管，其中一路供集气罩风幕回风，携带粉尘净化，另一路接排风主管或直接排放，两路风量可通过阀门进行调节，比例为 1∶1。

除尘洗气机净化效率等效或高于文丘里洗涤器，它是通过叶轮旋转形成叶片与气流的高速相对运动使空气与洗涤液混合，并在混合过程发生一系列的、复杂的物理作用，使空气中的有害粒子与洗涤液结合达到净化目的。洗涤液完成混合洗涤作用后与气体同时进入脱水器，由于脱水器的分离作用，净化后的气体可直接排入大气，分离后的洗涤液流回水箱，经过滤后被重新循环利用。

循环水箱内设计有过滤器，可对洗涤液中的污物进行过滤，经排污口排出，干净洗涤液重新参与净化洗涤。

本设计中的预存水箱在停机时可对循环水箱中的过滤器起到反冲洗的作用。

本设计中配备变频技术可使系统中所需的各项指标如风量、风压等得以很好的实现，由于工况的设计与实际运行工况存在较大的差异，即在设计时按最大负荷设计，但由于工况不稳定，负荷较低，因此存在较大的浪费，较为理想的是按上限设计，使用时随机调控，而变频技术恰能满足此项要求，即上限设计，下限使用，能最大限度地满足工况要求，同时最少地消耗能源，节能可达30%～40%以上；除此之外，还可起到保护设备不过热、不过载，自动检索故障等多项功能。

某厂矿振动筛粉尘治理方案如图13-24所示。

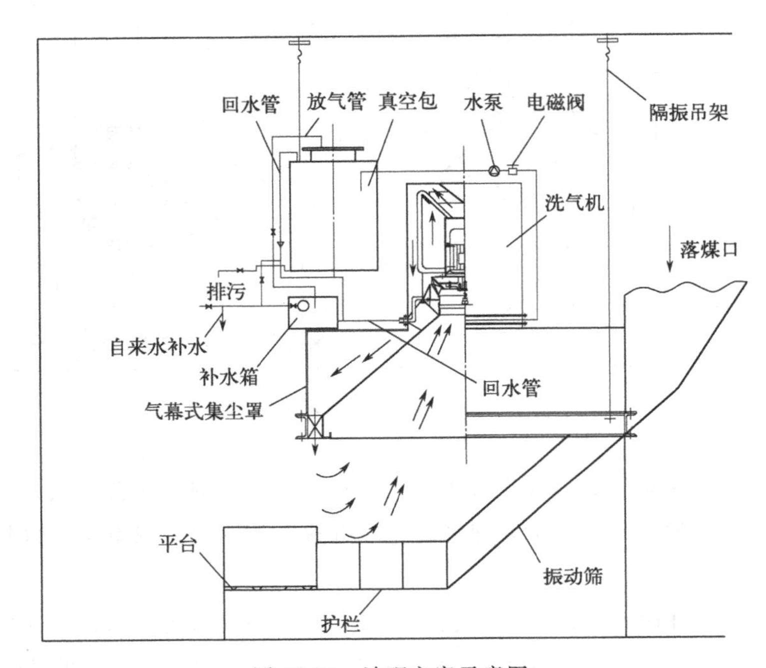

图13-24　治理方案示意图

本方案为粉尘零排式。主机为倒立式洗气机，结合与现场相配置的气幕式集尘罩，使净化后的气体作为送风使用。

节约能源。将粉尘源封闭，使粉尘更有效地送入洗气机内进行净化，不向大气排放粉尘。

省掉了风管道的设计安装。

水系统自动循环过滤、排渣。

某酒家厨房排烟净化方案如图13-25所示。

本案例为厨房排烟净化，主设备为湿式油烟净化洗气机，现场配合气幕式烟罩使用，烹饪中的油烟经烟罩，由管道进入洗气机，在洗气机内部完成净化后，由脱水器进行气水分离，净化后的气体一部分送回烟罩，形成气幕，重新利用，另外多余的很小的一部分由排出管道排放到室外，由调节阀控制。

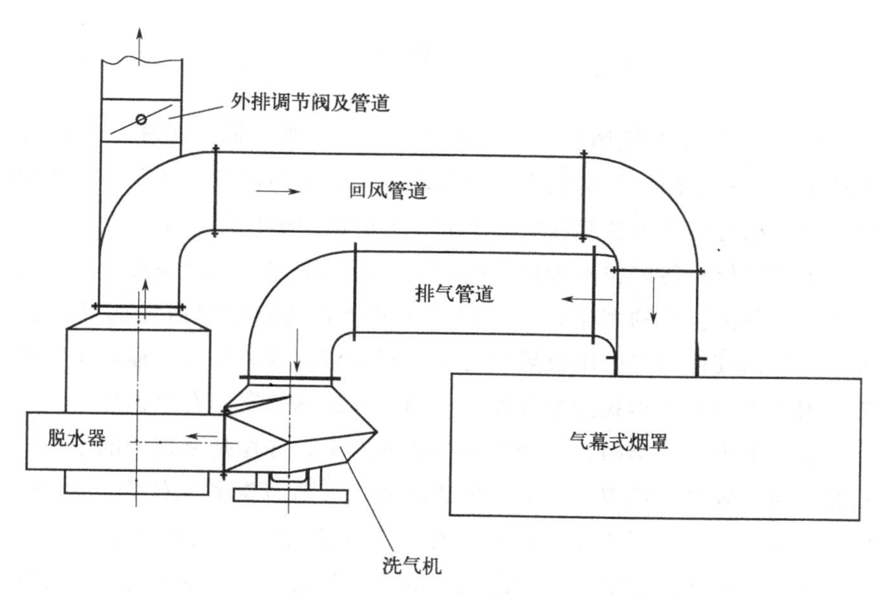

图 13-25　治理方案示意图

零排概念自提出之日起至今已有 10 余年时间，在此期间经多次理论探讨及实践应用，证明理论可行，实际可用。在制药、煤炭、餐饮等领域的应用实践中积累了很多经验，设备长时间连续运行可达五年以上，并得到了用户的认可，为环境保护安全做出积极贡献。

结语

《相分离技术及应用》一书全面介绍了气、液、固三相相互之间的分离技术理论及工程应用，从基础理论到技术设备，再到多设备联合的系统应用，综合阐述了相分离机理及其在实际工业生产生活中的应用。

本书不但对传统技术理论及应用有全面的论述、归纳和总结，还整理了若干新型相分离技术的理论，其中包括作者及其团队独立研发的理论技术和设备，也包括其他当代应用效果好的新型相分离技术，并有工程应用实例作为支撑。因此本书对推动我国相分离技术理论和技术的发展有重大意义。

正如书中所提出的，一个新型技术的诞生，往往是多理论的结合，而要达到好的应用效果，适应国民生产生活的要求，则需要多技术联合应用的一整套相分离系统。在实际工业生产中，往往都是多相态分离相互作用的结果，因此，在处理实际问题中，只考虑某一单一相分离是远远不够的，尤其要注意多相态分离的特点，结合实际情况做出针对性的设计，这也是全书所传达的核心思想。

全书内容充实，学科跨度大，理论专业性强，可作为一线工程技术人员和相关科研人员的选修读本。由于相分离技术广泛应用于环保、化工、冶金、矿业、建材以及医药等工业领域，因此本书对于从事这些领域的相关工作人员有很好的参考和指导意义。

参考文献

[1] 刘建军，章宝华．流体力学［M］．北京：北京大学出版社，2006.

[2] 谭天恩，窦梅．化工原理［M］．北京：化学工业出版社，2013.

[3] 马广大．大气污染控制工程［M］．北京：中国环境科学出版社，2003.

[4] Rushton A，Ward A S，Holdich R G. Solid-liquid filtration and separation technology［M］．北京：化学工业出版社，2005.

[5] 朱慧铭．超重力场传质的研究及在核潜艇内空气净化中的应用［D］．天津：天津大学，1991.

[6] 焦纬洲．错流旋转床填料结构与特性研究［D］．太原：中北大学，2006.

[7] 焦纬洲，刘有智，刁金祥，等．多孔波纹板错流旋转床的传质性能［J］．化工进展，2006，25（2）：209-212.

[8] 焦纬洲，刘有智，祁贵生，等．超重力旋转填料床的有效比表面积［J］．化学反应工程与工艺，2007，23（4）：296-301.

[9] 焦纬洲，刘有智，王蕊欣，等．塑料孔板旋转填料床吸收性能研究［J］．天然气工业，2005，25（12）：125-127.

[10] 李晓，李少萍，詹敏，等．高选择性脱硫吸收剂的研制［J］．华东理工大学学报，1999，25（3）：265-268.

[11] 刘仁万．PDS法煤气脱硫装置的操作经验［J］．燃料与化工，2003，34（1）：47.

[12] 田波，李振华，宋旗跃，等．NH_3-PDS法焦炉气脱硫脱氰的模拟研究［J］．燃料化学学报，1994，22（3）：292.

[13] 周文．PDS技术在天然气脱硫中的应用［J］．石油与天然气化工，2001，30（5）：251.

[14] 崔磊军，刘有智，焦纬洲，等．超重力法回收火炸药厂的混合溶剂［J］．火炸药学报，2007，30（6）：51-53.

[15] 崔磊军．超重力法吸收醋酸尾气的技术研究［D］．太原：中北大学，2008.

[16] 刘有智，李鹏，李裕，等．超重力技术治理氮氧化物废气中试研究［J］．化工进展，2007，26（7）：1058-1061.

[17] 李鹏，刘有智，李裕，等．旋转填料床治理氮氧化物废气的研究［J］．化工科技，2007，15（1）：64-67.

[18] 李鹏，刘有智，李裕，等．旋转填料床-氢氧化钠法治理火炸药行业氮氧化物尾气的研究［J］．火炸药学报，2006，6（30）：67-70.

[19] 李鹏，刘有智，李裕，等．旋转填料床治理火炸药行业氮氧化物尾气研究［J］．含能材料，2007，15（3）：277-280.

[20] 李鹏．超重力法治理高浓度氮氧化物的研究［D］．太原：中北大学，2007.

[21] 李鹏，刘有智，李裕，等．超重力技术治理火炸药行业氮氧化物的初步研究［J］．环境污染与防治，2007，29（7）：545-547.

[22] 康荣灿，刘有智，刘振河，等．密封式错流旋转填料床气膜控制传质过程研究［J］．化学工程，2007，35（12）：1-4.

[23] 骆永正．矿业工程概论［M］．长沙：湖南人民出版社，2006.

[24] 刘长河，冯艳峰．强力传质洗气机技术及应用［M］．北京：化学工业出版社，2022.